AF532802

Bezzel | Die schönsten Vogelgeschichten aus *„Brehms Thierleben“*
- ausgewählt und heute erzählt

Einhard Bezzel

Die schönsten Vogelgeschichten aus *„Brehms Thierleben“*

– ausgewählt und heute erzählt

AULA-Verlag Wiebelsheim

Bibliografische Information der Deutschen Nationalbibliothek
Die Deutsche Nationalbibliothek verzeichnet diese Publikation in der Deutschen Nationalbibliografie; detaillierte bibliografische Daten sind im Internet über http://dnb.d-nb.de abrufbar.

Umschlagabbildungen: vorne: Abbildung Alfred Brehm: Wikimedia Commons/Kreidefossil (gemeinfrei); links von oben nach unten: Fünfstück, H.-J.; Grimm, M.; Schäf, M.; Fünfstück, H.-J.; rechts von oben nach unten: Gartenlaube (1880); Buch der Welt (1851); Gartenlaube (1875); Chromolitho (1900) hinten: Buch der Welt (1880)

Druck und Verarbeitung: Belvédère Print & Packaging b. v.
Printed in Europe/Imprimé en Europe
ISBN 978-3-89104-844-3

Inhaltsverzeichnis

Geschichten aus der Geschichte

Alfred Edmund Brehm (1829-1884) gilt aus wissenschaftlicher Sicht als geschickter Popularisator der Zoologie[1]. Er versuchte in seinem Buch „Das Leben der Vögel" durch Unterhaltung von Haus und Familie die Liebe zu den gefiederten Geschöpfen zu wecken und das Verständnis für den Vogelschutz zu fördern[2]. Zum internationalen Bestseller des weit gereisten Autors wurde das „Illustrierte Thierleben", dessen 1. Auflage in Lieferungen 1863-1869 erschien. Noch im 19. Jahrhundert erschienen eine neue Ausgabe und 2 weitere Auflagen, von denen die hier ausgewählten Vogelgeschichten aus den drei Vogelbänden der 2. „umgearbeiteten und vermehrten Auflage" von 1876 bis 1880 (neu gedruckt 1882 und 1886) stammen. Alle Texte wurden wörtlich in der damaligen Schreibweise übernommen, eckig eingeklammerte Punkte markieren zur besseren Lesbarkeit weggelassene Textteile. Die 3. Auflage 1890-1893 gilt als der letzte „echte" Brehm, denn 1911-1918 erschien die 4. Auflage mit einem dem aktuellen Forschungsstand angepassten Text. Ihr folgten im 20. Jahrhundert eine Jubiläumsausgabe 1928-1933 und viele Bücher, die sich auf Brehm berufen[2]. Der Titel des Bestsellers blieb also über eineinhalb Jahrhunderte populär und wurde zu einem festen Begriff der Naturkunde für den Hausgebrauch.

Der Erfolg hat mehrere Väter. Die „liebevolle Schilderung des wirklichen Lebens der Tiere"[2] machte das Werk zu einem beliebten Volksbuch. Die Gesellschaft war für Berichte aus der Natur aufnahmebereit. In die zweite Hälfte des 19. Jahrhunderts und dann in dichter Folge um die Jahrhundertwende fallen die Gründungsjahre vieler heute noch bestehender wissenschaftlicher Gesellschaften der Ornithologie, in die „Gründerzeit des Naturschutzes"[3] auch viele der Vereine, die heute als Non-governmental Organizations (NGOs) im Naturschutz eine entscheidende Rolle spielen. Brehm hat sich in seinen Geschichten um heimische Vögel wo irgend möglich für den Vogelschutz in zeitgenössischer „Beweisführung" eingesetzt. Und er hat die richtige Sprache gefunden, seinen Zeitgenossen Tiere und Natur nahezubringen. Es ist heute noch ein Genuss, im Originaltext zu lesen.

Aber unter den Ornithologen in Deutschland hatten die Gegner der Thesen Darwins das Übergewicht, in die sich Brehm einordnete. Ein Ziel seiner Tiergeschichten war also, das Vordringen der neuen Lehre zugunsten einer harmonischen Naturbetrachtung zu verhindern. Materialistische Lehre des Darwinismus gegen Vermenschlichung der Tierseele[1]. Die Anordnung der Vögel in einem System orientierte sich nach naturphilosophischen Konstruktionen, Ähnlichkeiten wurden nur als formale Gegebenheiten beschrieben. Für Alfred Edmund Brehm ist der Vogel ein hochstehendes Wesen, die Vögel haben „Charakter". Jede vorurteilsfreie Beobachtung beweist einen „sehr ausgebildeten Verstand der Vögel". Unhaltbar erweist sich diese vermenschlichende Deutung des Verhaltens. Aber es bleibt das Verdienst, zoologische Kenntnisse in Kreise gebracht zu haben, die von der Wissenschaft nicht erreicht wurden. Brehm war ein Volkserzieher in Biologie.

Bleibt die Frage, warum es sich lohnt, alte Geschichten, die unter einem überholten wissenschaftlichen Weltbild vor rund eineinhalb Jahrhunderten erzählt wurden, wieder aufzuwärmen. Das grundsätzliche Problem, Wissenschaft unters Volk zu bringen, hat sich nicht verändert, sondern sogar verschärft. Der Abstand zwischen wissenschaftlichen Einsichten und dem, was die Öffentlichkeit davon erfährt, wächst. Auch bildungsaffine Schichten der Gesellschaft haben oft nur nebulöse Vorstellungen von Selektion und Anpassung, von einer faktengestützten Deutung eigener Beobachtungen, ganz zu schweigen von neuen Einsichten in viele aktuelle Methoden und Fragen der Forschung. Das Verhalten der Vögel zu beobachten macht Freude und gewinnt immer mehr an Zuspruch in einer Citizen Science. Aber in der Interpretation und Gewichtung von Erlebnissen und Beobachtungen stehen Gefühl und viel zitierter gesunder Menschenverstand nach wie vor oft im Vordergrund. Geschichten anstelle lexikalischen Faktenwissens müssen daher heute aus der Vielfalt Zusammenhänge herausgreifen, exakt beschreiben und nach Fakten zu erklären versuchen. Sie bieten, wenn sie nicht in Fantasie ausarten, sondern sachlich fundierte Schwerpunkte auswählen, eine Möglichkeit des Zugangs zur Wissenschaft in einer modernen Informationsgesellschaft.

Solche Möglichkeiten zu nutzen, wird vor allem im Naturschutz immer dringlicher. Wenn sich Politiker vor der Kamera zur Artenvielfalt bekennen, ist das gut gesprochen. Aber es bleibt das Gefühl des kritischen Zuhörers und Lesers von Botschaften, Artenvielfalt sei in den Köpfen vieler nur ein statistisches Aufgebot an Formen, die es zu unterscheiden und (warum?) zu bewahren gilt. Ein Volksbegehren Artenschutz musste sich auf Bienen reduzieren, um eine breite Allgemeinheit zu erreichen. Was Vielfalt bedeutet, lässt sich an ausgewählten Geschichten aus dem Leben weniger Arten veranschaulichen. Um diese Vielfalt zu beschreiben, hat Brehm in seinem Thierleben einen Ansatz gewählt, der auch heute noch wirken kann. „Politische Entscheidungen mit Auswirkungen auf Natur und Umwelt müssen auf wissenschaftlichen Erkenntnissen beruhen..." lautet eine der Bergenhusener Thesen zum

Verhältnis von Wissenschaft und Naturschutz[4]. Die Brücke kann häufig nicht mehr über Artikel in Fachzeitschriften, Internetportalen oder pdf-Dateien geschlagen werden. Mit wissenschaftlichen Erkenntnissen die richtigen Adressaten zu erreichen, fordert Information und Ausbildung auf vielen Wegen. Gute Geschichten zu erzählen ist einer davon, vor allem, wenn eine lineare Schilderung nicht ausreicht und ein Thema von verschiedenen Blickwinkeln aus beleuchtet werden muss. Geschichten können Schwerpunkte auswählen und Zusammenhänge andeuten, von Anekdoten berichten und auch Vermutungen aussprechen. Die Auswahl der Themen in diesem Buch soll vor allem zeigen, wie viel man über das Leben der Vögel weiß und wie komplex sich manche scheinbar ganz einfachen linearen Beziehungen bei näherem Hinsehen entpuppen. Redundanzen sind bewusst eingebracht, denn auch sie können Vielfalt signalisieren, wenn unterschiedliche Arten gleiche Strategien entwickelt haben und gleichen Herausforderungen genügen müssen oder die gleiche Herausforderung unterschiedliche Antworten anstößt. Geschichten können weit mehr als Faktensammlungen die Erwartungen und Freude bedienen, die mittlerweile zehntausende Naturfreunde erfasst hat. Sie dürfen allerdings nicht zu lang sein, wenn sie möglichst viele Leser und Zuhörer beiderlei Geschlechts, unterschiedlichen Alters, Interessen- und Bildungshintergrunds erreichen wollen.

Brehms Vogelgeschichten bieten, abgesehen von schwärmerischer Vorstellung einer harmonischen Natur mit fühlenden und geistig sehr hochstehenden Vögeln, eine Zusammenfassung dessen, was Ornithologen des 19. Jahrhunderts beobachteten. Er stützt sich auf Gewährsleute, die zu den wichtigsten Vertretern der europäischen Ornithologie zählen. Erstaunliches Wissen wurde zusammengetragen, von dem nicht alles bis heute überlebt hat, sodass die Nachsuche im Wortlaut manches wieder zutage fördert, was vergessen wurde. Manches ist auch nur eine historische Anekdote, die erledigt scheint, aber bei genauerem Hinsehen durchaus interessante Denkanstöße befeuern kann. Geschichten zur Geschichte können zum Verständnis der langzeitlichen Dynamik des Lebens beitragen.

An erster Stelle als Gewährsmann für Vogelgeschichten ist Vater Christian Ludwig Brehm (1787-1864) zu nennen, langjähriger Pfarrer in Renthendorf/Thüringen. Er war als gewissenhafter und gründlicher Naturbeobachter seiner Zeit weit voraus. Seine Vogelsammlung umfasste bei seinem Tod fast 15 000 genau etikettierte Bälge, in denen auch verschiedene Kleider einer Art und viele Unterschiede zwischen den Arten studiert werden konnten. Er war für seinen Sohn eine reichlich genutzte Quelle, ebenso wie vorher für Johann Friedrich Naumann (1780-1857), dem Autor der „Naturgeschichte der Vögel Deutschlands", dessen Lebenswerk die Ornithologie in Deutschland auf Jahrzehnte beflügelte. Auf Naumann beruft sich A. E. Brehm fast in jedem seiner Vogelkapitel.

Die in diesem Buch getroffene Geschichtenauswahl zitiert einige weitere Gewährsleute, die das zeitgenössische Bild der Ornithologie und Vogelbeobachtung abdecken[5].

Johann Bernard Altum (1824-1900), Dominikanerpriester und promovierter Zoologe, lehrte an der Forstakademie Eberswalde. Er war ein hervorragender Naturbeobachter, aber auch ein Gegner des Darwinismus. Seine Streitschrift „Der Vogel und sein Leben" (1. Aufl. 1868) wandte sich gegen übertriebene Vermenschlichung des Vogels und damit gegen A. E. Brehm. Viele seiner Beobachtungen und kritischen Deutungen beflügelten auch die nachfolgende ornithologische Forschung.

Eugen Ferdinand von Homeyer (1809-1889) bewirtschaftete zunächst ein eigenes Rittergut und wechselte ab 1874 in ein schriftstellerisches Forscherleben. Seine Sammlung umfasste schließlich 8000 Vogelbälge, dazu viele Nester und Eier. Er reiste mit Kronprinz Rudolf und A. E. Brehm nach Südosteuropa und stand mit vielen Ornithologen im Briefwechsel. Er war ebenfalls ein Gegner der Deszendenztheorie.

Rudolf, Kronprinz von Österreich-Ungarn, (1858-1889) war Freund und Gönner der Ornithologie; sein Interesse galt vorwiegend Greifvögeln und Federwild. Er war u. a. mit A. E. Brehm befreundet und neben anderem Schirmherr des auf dem 1. Internationalen Ornithologen-Kongress 1884 in Wien gegründeten Internationalen permanenten ornithologischen Komitees für Beobachtungsstationen als Ansatz für neue Forschungsmethoden.

Carl August Bolle (1821-1909) betätigte sich als Privatgelehrter mit abgeschlossenem Studium der Naturwissenschaften und Medizin. Seine ornithologischen Interessen wurden vor allem durch Aufenthalte auf den Kanarischen Inseln geweckt, im Alter lebte er in Berlin. Er präsentierte sich als erfolgreicher und vielseitiger Publizist, der auch das breite Publikum erreichte.

Constantin Wilhelm Lambert Gloger (1803-1863) studierte in Berlin und wurde in Breslau mit einer ornitho-geschichtlichen Arbeit promoviert. Nach einem aus gesundheitlichen Gründen abgebrochenen Schuldienst lebte er als Privatmann in Berlin, teilweise unterstützt vom Zoologischen Museum, dem er Vogelbälge aus Oberschlesien lieferte. Er stand mit J. F. Naumann und anderen Ornithologen in Kontakt und trat mit vielen volkstümlichen Schriften für den Vogelschutz der zeitgemäßen Auffassung ein.

Harald Othmar Lenz (1798-1870), promovierter Altphilologe, war Gymnasiallehrer, der sich später als Autodidakt naturwissenschaftlichem Unterricht widmete und eine „Gemeinnützige Naturgeschichte" in fünf Bänden 1831-1839 veröffentlichte, die mehrere Auflagen erreichte. Band 2 förderte die Beschäftigung mit den Vögeln. Bereits in den 1850er-Jahren erschien seine Schrift „Aufforderung zur Schonung und Pflege der nützlichen Vögel". Der Darwinismus war für ihn ein „Phantasiegebilde“, das nicht in die Naturgeschichte gehörte.

Die passionierten Vogelbeobachter und -sammler dieser Zeit waren also in der Regel Amateure, für die Feldornithologie mindestens einen wesentlichen Teil ihres Lebens bedeutete. Sie versuchten nicht nur, wissenschaftliche Kenntnisse zu mehren, sondern auch die Öffentlichkeit zu informieren, zu schulen und für den Vogelschutz zu gewinnen.

Austernfischer

Man kann ihn nicht übersehen

Wer irgendeine Küste der Nordsee durchsucht, wird gewiß die Bekanntschaft eines Strandvogels machen, welcher hier fast allerorten häufig vorkommt und sich durch sein Betragen so auszeichnet, daß man ihn nicht übersehen kann. Die Küstenbewohner sind mit ihm ebenso vertraut worden, wie wir mit einem unserer Raben oder mit dem Sperlinge [...]. Der Austerfischer fällt auf durch seine Gestalt und hat außer seinen Sippschaftsangehörigen keine ihm nahe stehenden Verwandten [...]. Ihn kennzeichnen gedrungener Leib und großer Kopf, welcher einen langen, geraden, sehr zusammengedrückten, vorn keilförmigen harten Schnabel trägt, der mittelhohe, kräftige Fuß, dessen drei Zehen sich ebensowohl durch ihre Kürze wie ihre Breite und eine große Spannhaut zwischen der äußeren und mittleren auszeichnen [...]. Das Gefieder ist auf der Oberseite, dem Vorderhals und Kropfe schwarz, etwas schillernd, auf dem Unterrücken und Bürzel, unter dem Auge, auf der Brust und dem Bauche weiß: die Handschwingen und Steuerfedern sind an der Wurzel weiß, übrigens schwarz. Das Auge ist lebhaft blutrot, am Rande orangefarbig, ein nackter Ring um dasselbe mennigrot; der Schnabel zeigt dieselbe Färbung, hat aber eine lichtere Spitze; die Füße sehen dunkelrot aus [...].

Austernfischer (Brehms Thierleben. *2. Aufl.)*

So plump und schwerfällig unser Vogel aussieht, so bewegungsfähig zeigt er sich. Er läuft [...] absatzweise, gewöhnlich schreitend oder trippelnd, nöthigenfalls aber auch ungemein rasch dahin rennend. Kann sich Dank seiner breitsohligen Füße, auf dem weichsten Schlicke erhalten, schwimmt, und keineswegs bloß gezwungen, vorzüglich und fliegt sehr kräftig und schnell, meist geradeaus, aber oft auch in kühnen Bogen und Schwenkungen dahin, mehr schwebend als die meisten übrigen Strandvögel. Seine Stimme, ein pfeifendes „Hyip" wird bei jeder Gelegenheit ausgestoßen, zuweilen mit einem langen „Kwihrrrr" eingeleitet, manchmal auch kurz zusammengezogen, so daß sie wie „Kwik, kwik, kewik, kewik" klingt. Am Paarungsorte trillert er wundervoll, wohltönend, abwechselnd und anhaltend.

Sein Betragen erklärt die Beachtung, welche ihm überall gezollt wird. Es gibt keinen Vogel am ganzen Strande, welcher im gleichen Grade wie er rege, unruhig, muthig, neck- und kampflustig und dabei doch stets wohlgelaunt wäre. Wenn er sich satt gefressen und ein wenig ausgeruht hat, neckt und jagt er sich wenigstens mit seinesgleichen umher; denn lange still sitzen, ruhig auf einer Stelle verweilen, vermag er nicht. Solches Necken geht zuweilen in ernsten Streit über, weil jeder eine ihm angethane Unbill sofort zu rächen sucht [...]. Aufmerksamer als jeder andere Küstenvogel, finden sie fortwährend Beschäftigung, auch wenn sie vollständig gesättigt sind. Jeder kleine Strandvogel, welcher naht oder wegfliegt, wird beobachtet, jeder größere mit lautem Rufe begrüßt, keine Ente, keine Gans übersehen. Nun nahen der Küste aber auch andere Vögel, welche jene als Feinde, mindestens als Störenfriede der Gesammtheit kennen gelernt haben. Sobald einer von diesen, also ein Rabe oder eine Krähe, eine Raub- oder große Seemöwe, von weitem sich zeigt, gibt ein Austerfischer das Zeichen zum Angriffe, die übrigen erheben sich, eilen auf den Feind zu, schreien laut, um seine Ankunft auch anderen Vögeln zu verrathen, und stoßen nun mit größter Wuth auf den Eindringling herab [...]. Daß das übrige Strandgeflügel bald lernt, ihre verschiedenen Stimmlaute zu deuten, den gewöhnlichsten Lockton z. B. vom Warnungsruf zu unterscheiden, versteht sich von selbst. Da, wo es Austerfischer gibt, sind sie es, welche vor allen übrigen das große Wort führen und das Leben des vereinigten Strandgewimmels gewissermaßen ordnen und regeln [...].

Welcher Handlung der Austerfischer seinen gewöhnlichen Namen verdankt, ist schwer zu sagen, denn er fischt gewiß niemals Austern. Allerdings nimmt er gern kleinere Weichthiere auf, frißt wohl auch eine größere Muschel aus, welche todt an den Strand geschleudert wurde, ist aber nicht imstande eine solche zu öffnen. Seine Nahrung besteht vorzugsweise aus Gewürm, und wahrscheinlich bildet der Uferwurm den größten Theil seiner Speise. Daß er dabei einen kleinen Krebs, ein Fischchen und ein anderes Seethier nicht verschmäht, bedarf der Erwähnung nicht, ebenso wenig, daß er in der Nähe des an der Küste weidenden Viehes Kerbthiere erjagt.

Diejenigen Austerfischer, welche als Standvögel betrachtet werden können, beginnen um die Mitte des April, die, welche wandern, etwas später mit dem Nestbaue. Die Vereine lösen sich, und die Pärchen vertheilen sich auf dem Brutplatze. Jetzt vernimmt man hier das Getriller der Männchen fortwährend, kann auch Zeuge ernster Kämpfe zweier Nebenbuhler um ein Weibchen werden. Dagegen leben die Austerfischer auch auf dem Brutplatz mit allen harmlosen Vögeln, welche denselben mit ihnen theilen, im tiefsten Frieden. Kurze, grasige Flächen in der Nähe der See scheinen ihre liebsten Nistplätze zu sein; wo diese fehlen, legen sie das Nest zwischen den von Hochfluten ausgeworfenen Tangen am Strande an. Das Nest ist eine seichte, selbstgekratzte Vertiefung; das Gelege besteht aus drei, oft auch nur aus zwei, sehr großen, bis sechzig Millimeter langen, vierzig Millimeter dicken, spitzigen oder rein eiförmigen, festschaligen, glanzlosen, auf schwach bräunlich rostgelbem Grunde mit hell violetten oder dunkel graubraunen und grauschwarzen Flecken, Klexen und Punkte, Strichen, Schnörkel etc. gezeichneten Eiern, welche übrigens vielfach abändern. Das Weibchen brütet sehr eifrig, in den Mittagsstunden aber nie, weshalb es auch von dem Männchen nicht abgelöst wird; doch übernimmt dieses die Sorge für die Nachkommenschaft, wenn die Mutter durch irgendeinen Zufall zugrunde geht. Nach etwa dreiwöchiger Bebrütung schlüpfen die Jungen und werden von den Alten weggeführt. Bei Gefahr verbergen sie sich gewöhnlich, wissen aber auch im Wasser sich zu bewegen; denn sie schwimmen und tauchen vortrefflich, können sogar auf dem Grunde und unter Wasser ein Stück weglaufen. Beide Alten sind, wenn sie Junge führen, vorsichtiger und kühner als je [...].

Austernfischer – nach Brehm sind Austern im Plural in den deutschen Namen gekommen – bilden eine Vogelfamilie von 12 Arten[1], die sich von Aussehen, Lebensraum und Verhalten sehr ähnlich und in einer Gattung vereinigt sind. Der Kanarenausternfischer, beschränkt auf engem Küstenraum einer Inselgruppe, hat das Schicksal mancher auf einzelne Inseln begrenzter Brutvögel (Endemiten) geteilt und ist in der Neuzeit ausgestorben. Alle Austernfischer sind als Typ unverkennbar, kompakte schwarz oder schwarz-weiß befiederte Bodenvögel auf stämmigen rosaroten bis roten Beinen mit relativ langem, kräftigem, rotem Schnabel. Die einzelnen Arten lassen sich nur schwer voneinander unterscheiden, zumal sich der Neuseeland-Austernfischer mit dem hilfreichen wissenschaftlichen Namen *unicolor* (einfarbig) in einer schwarzen und in einer schwarz-weißen Form präsentiert. Von den übrigen 11 Arten sind sieben ganz schwarz und vier schwarz-weiß, wie unsere Art an Nord- und Ostseeküste. Die Schwierigkeiten, Arten voneinander zu trennen, betreffen aber nicht nur die Vogelbeobachtung, auch Systematik und Taxonomie hatten damit ihre Probleme. Die bahnbrechend sorgfältige Liste der Vögel der Welt von Hans E. Wolters kennt 1975 erst acht verschiedene Arten[2]. Wahrscheinlich ist aber das letzte Wort über die Frage der Artabgrenzungen innerhalb der Gattung noch nicht gesprochen[3].

Mit Ausnahme der Polarregionen und tropischer Küstenabschnitte in Afrika und Asien sind Austernfischer global verbreitet, fast überall auf Küsten und ihr Hinterland beschränkt. Nur der europäische Austernfischer besiedelt von Osteuropa bis ins mittlere Sibirien weite Grünlandgebiete im Binnenland. Vielleicht hat die sonst weltweite lineare Anordnung der Austernfischer an Küsten damit zu tun, dass zum Verwechseln ähnliche Vögel sich heute als Arten präsentieren. Unter global sehr ähnlichen Lebensbedingungen bestand bisher kein geänderter Selektionszwang für Anpassungen von Populationen, die in neue Küstenabschnitte einwanderten. Es blieb bei ähnlichem Aus-

Austernfischer bei Trillerzeremoniell

sehen und Verhalten. Andererseits gab es auf den relativ schmalen Verbreitungslinien weit auseinander geratener Brutpopulationen keine Kontaktzonen, sodass Genaustausch nicht mehr stattfand. Genetische Unterschiede konnten sich also im Lauf der Zeit durchaus entwickeln, auch unter ähnlichen ökologischen und geografischen Bedingungen unabhängig voneinander auffallende Parallelen. In allen drei weit auseinanderliegenden Fällen, in denen zwei Austernfischerarten in einer Region leben, findet man einen schwarzen oder in mehreren Schwarz-Weiß-Verteilungen auftretenden Spezialisten für Felsküsten und eine schwarzweiße Art, die auf weichem Untergrund lebt[3]. In weiten Teilen ihrer schnurförmigen Verbreitung sind Austernfischer nicht gezwungen, als Zugvögel größere Strecken zu wandern. Daher kommen sie auch nicht in saisonalen Kontakt mit anderen Populationen. Kaum eine andere Vogelfamilie gleicher Größenordnung der Artenzahl mit nahezu weltweiter Verbreitung vermittelt ein so einheitliches Bild des Aussehens und der Lebensweise ihrer Arten.

Schon Brehm sah eine Inkonsequenz in der Namensgebung, denn nach seinen Daten fischten Austernfischer keine Austern. Früher war man offenbar anderer Meinung, denn dem Austernfischer entspricht der englische oystercatcher und auch der wissenschaftliche Artname *ostralegus*, was als Austern- oder Muschelsammler übersetzt werden kann[4]. Daraus könnte man folgern, dass früher tatsächlich Austern die Hauptnahrung bildeten[5]. Wahrscheinlicher aber ist die Vermutung, dass man es früher mit der Beobachtung zur Nahrungswahl nicht so genau nahm und Austern einfach für Schalentiere setzte. In den letzten hundert Jahren hat man Ernährung und Nahrungswahl des Austernfischers eingehend in vielen Studien untersucht. Der an der Küste leicht zu beobachtende Vogel und Möglichkeiten, aus den Überbleibseln vieler Nahrungstiere Schlüsse zu ziehen, luden dazu ein. Die wichtigsten Beutetiere außerhalb der Brutzeit, für manche Küstenpopulationen auch zur Brutzeit, stellen Muscheln dar, und zwar Miesmuscheln, Herzmuscheln, Baltische Plattmuscheln und einige andere Arten. Austern werden nur ausnahmsweise nachgewiesen. Brutvögel der Felsküsten halten sich zur Brutzeit vor allem an Napfschnecken. Krebstiere verschiedenster Größe und Lebensweise ergänzen den Speiseplan. Eine wichtige Rolle spielen vielborstige Ringelwürmer auch für die Ernährung der Jungen an Schlick- und Sandküsten und Regenwürmer neben Insektenlarven als Hauptnahrung für Austernfischer, die im Binnenland brüten. Fische werden nur ganz ausnahmsweise erwischt. Damit sind aber nur wichtige Beutetiergruppen genannt.

Neben Untersuchungen zur Zusammensetzung der Nahrung haben die Forschung Fragen beschäftigt, wie Austernfischer mit hartschaliger Beute fertig werden und wie sie unter verschiedenen Bedingungen, wie Muschelbänke, an Küstenfelsen anhaftende Napfschnecken oder Ringelwürmer in

Schlick- und Sandstränden, ihre Beute auswählen. Das führt dann zur Abschätzung der Auswirkungen nahrungssuchender Austernfischer auf Populationen von Beuteorganismen. Genaue Analysen enthüllten dabei oft überraschende und komplexe Zusammenhänge.

Ein Ansatz befasste sich mit der Frage, wie in größeren Austernfischertrupps die Konkurrenz zwischen den nahrungssuchenden Individuen etwas entspannt wird. Die grundlegende Entdeckung war, dass unter den in Europa überwinternden Vögeln drei Schnabeltypen zu unterscheiden sind: meißelartige, spitze und stumpfe Schnäbel sowie Zwischenformen. Spitzschnäbel sind im Durchschnitt länger als die beiden anderen Typen und häufiger bei Jungvögeln als bei älteren und unter Weibchen zahlreicher als unter den Männchen. So haben Weibchen längere Schnäbel als Männchen. Wachsende Schnabellänge mit zunehmendem Alter ließ sich nur bei einer von zwei verglichenen Rastpopulationen feststellen. Unter weitgehend natürlich gehaltenen Austernfischern erwies sich jeder Schnabeltyp als besonders geeignet für eine bestimmte Nahrungswahl. Meißelschnäbel schoben ziemlich rasch von der Ventralseite her ihre Schnabelenden zwischen die beiden Schalenhälften einer Muschel, Spitzschnäbel fummelten etwas länger daran herum, bis sie es schafften, zwischen die Schalenhälften zu gelangen. Stumpfschnäbeln gelang es nicht, ihr Schnabelende zwischen die Schalenhälften einer Muschel zu schieben. Sie hämmerten nach mehreren tastenden Ansätzen etwa in der Mitte zwischen Muschelrücken und der Bauchseite auf die Schale, um sie zu brechen. Spitz- und Meißelschnäbel hinterließen weitgehend sauber ausgefressene Muschelschalen, Stumpfschnäbel aber nicht unerhebliche Reste des Muskelfleisches. Hatten einzelne Individuen nur einen bestimmten Beutetyp zur Verfügung, änderte sich mit der Zeit die Form des Schnabelendes zum zweckmäßigen Typ. In der Phase der Schnabelanpassung waren die Vögel weniger erfolgreich in der Zahl bewältigter Muscheln pro Zeiteinheit. Junge Austernfischer tragen alle einen spitzen Schnabel, der sich ändert, wenn sie sich später in ihrem Leben auf eine bestimmte Beute spezialisieren. Alters- und geschlechtsspezifische Unterschiede in der Häufigkeit von Schnabelformen und auch die Möglichkeit, die Schnabelform einem Nahrungstyp anzupassen, verringert vermutlich die innerartliche Konkurrenz und lässt auch Möglichkeiten offen, auf Veränderungen der Umwelt zu reagieren[6]. In der Tat fanden sich in einer britischen Studie die drei Schnabeltypen als Schlicksucher (Spitzschnäbel), Muschelöffner (Meißelschnäbel) und Schalenbrecher (Stumpfschnäbel) unterschiedlich über die Geschlechter verteilt. Unter den Meißelschnäbeln gab es gleichviel Männchen und Weibchen, Spitzschnäbel waren zu 70% Weibchen, 90% der Stumpfschnäbel Männchen. Die Geschlechter gingen sich also bei der Nahrungssuche weitgehend aus dem Weg[7].

Änderung der Beutewahl kann mit Alter und Erfahrung zusammenhängen, aber auch durch Umweltveränderungen rasch erzwungen werden. Junge Austernfischer im ersten Lebensjahr hatten im August bei Miesmuscheln nur eine Effizienz von 44% im Vergleich zu Altvögeln, im Februar aber den Altvogelwert erreicht, den sie dann auch in den kommenden Jahren schon im Herbst beibehielten. Altvögel bewältigten im Herbst größere Muscheln als Jungvögel. Im Winter wurden größere Muscheln in langsamerem Tempo verzehrt, im Frühjahr und Sommer bevorzugten Vögel aller Altersklassen kleinere Muscheln, die in rascherem Tempo zu bewältigen waren. Dadurch glich sich die Erfolgsrate von Alt und Jung an[8]. Dies hängt wiederum damit zusammen, dass größere und daher ältere Muscheln im Frühjahr an Gewicht verlieren, weil sie laichen[9]. Anders liegt der Fall bei Napfschnecken. Sie verteilen sich an Felsküsten des Nordatlantiks einzeln oder in lockerer Anordnung, aber auch stark geklumpt. Austernfischer suchen trotz geringerer Beutedichte bevorzugt einzeln oder in kleinen Gruppen an Felsen haftende Napfschnecken und meiden dicht geklumpte. Wahrscheinlich waren einzelne zwischen Tang an Felsen angeheftete Exemplare leichter von der Unterlage zu lösen[10]. Schließlich wechselten Austernfischer in Südwestengland saisonal bedingt von Seeringelwürmern (*Nereis*) auf Pfeffermuscheln (*Scrobicularia*), als die Ausbeute an Ringelwürmern nicht mehr lohnte. Eine totale Umstellung vor Ort ersetzte ein Abwandern zu möglicherweise unsicheren Nahrungsgründen[11].

Direkt unter der Oberfläche sitzende Herzmuscheln entdecken Austernfischer, indem sie gezielt auf erkennbare Oberflächenmarken picken. Bei Dunkelheit stecken sie ihren Schnabel in einem Winkel von etwa 70° ein bis zwei cm tief in den Schlick und schreiten mit einer seitlich auslenkenden Sensenbewegung des Kopfes voran, ohne den Schnabel aus dem Substrat zu nehmen. Ist die Muscheldichte niedrig, wird untertags das gezielte Picken mit Sensentechnik kombiniert. Welche Technik jeweils erfolgreicher ist, lässt sich nicht so leicht ermitteln, denn Austernfischer finden nahezu jede Muschel im einheitlichen Schlick, aber entscheiden unmittelbar nach dem Fund, ob sie die Muschel öffnen oder nicht. Bei Helligkeit werden mehr geöffnet, wahrscheinlich weil der Vogel ohne langes Herumklopfen jetzt präzise zwischen die Schalenhälften kommt und den Aduktormuskel der Muschel durchbeißen kann. Öffnen untertags geht also schneller als bei Dunkelheit. Trotzdem war im Experiment die pro Vogel aufgenommene Muskelfleischmenge mit 3,4 g Trockengewicht pro Stunde bei Tag und bei Nacht gleich. Die Sensentechnik scheint also bei Dunkelheit und niedriger Muscheldichte erfolgreicher zu sein, das gezielte Zupacken mit dem Schnabel nimmt weniger Zeit in Anspruch[12].

Austernfischer sind so gut wie regelmäßig zu hören, sie nützen ihren offenen Lebensraum zu akustischer Kommunikation.

Im Sitzen wie im Fliegen hört man laute und durchdringende kurze Rufe, die bei Aufregung im Brutgebiet zu Reihen aneinandergehängt werden. Im Singflug mit besonders weit ausholenden Flügelschlägen werden wohlklingende, ein- oder zweisilbige Laute geäußert. Ein besonderes optisch-akustisches Spektakel bietet das Trillerzeremoniell. Ein Austernfischer nimmt eine merkwürdig starre Haltung ein, der Hals wird nach vorne gestreckt, der geöffnete Schnabel zeigt nach unten, Nacken- und Schulterfedern sträuben sich. Einleitende „kewick"-Rufe steigern sich in rascher Folge zu einem Triller. Trillernde Vögel laufen umeinander herum und drehen sich. Dabei handelt es sich in der Regel nicht um einen werbenden Gesang, sondern um eine aggressive Handlung gegenüber einem Artgenossen an der Reviergrenze oder auch den Versuch, in einer nahrungssuchenden Schar eine individuelle Distanz herzustellen. Männchen und Weibchen trillern und verteidigen ihr Revier gemeinsam. Beteiligt sich der Eindringling oder kommen benachbarte Reviervögel dazu, kann es zu ausgesprochenen Trillerturnieren kommen, bei denen die Vögel erregt nebeneinander herlaufen. Das umständliche Zeremoniell verhindert in den meisten Fällen richtige Kämpfe. Die Beteiligung mehrerer Reviervögel hat zur Folge, dass Reviere nicht nur von Einzelvögeln verteidigt werden müssen, sondern sich auch Nachbarn gemeinsam gegen Eindringlinge zur Wehr setzen.

Austernfischer können alt werden. Der älteste freilebende Ringvogel wurde 43 Jahre und 6 Monate alt und von einem Sperber geschlagen[13]. Erst mit drei bis fünf Jahren werden sie geschlechtsreif, bis dahin aber können über 60% der bereits erwachsenen Jungvögel gestorben sein. Paare halten lange zusammen. Wahrscheinlich ist lebenslange Partnertreue die Regel. Jahrzehntelange Partnerschaften sind jedenfalls nachgewiesen. Das schließt aber nicht aus, dass gar nicht so selten ein Männchen zwei Weibchen hat, deren Nester dann oft dicht nebeneinanderliegen.

Langes Leben mit langer Paarbindung verschafft die Möglichkeit, z. B. Fragen individueller Schicksale und Erfolge zu untersuchen. Bei Scheidungen gewann der Partner an sozialem Status, der aktiv den anderen verließ, im Vergleich zum verlassenen. Blieb der Geschiedene im Revier, so verlor er nichts, wenn er den Partner vertrieben hatte, sank aber in der sozialen Rangordnung, wenn er verlassen wurde. Die Überlebenswahrscheinlichkeit war für zurückgebliebene verlassene Vögel geringer als für solche, die ihren Partner verlassen hatten. Scheidung durch Weggang des Partners war in Revieren geringerer Qualität höher als zwischen Partnern in optimalen. Dafür fanden in hochwertigen Revieren mehr gewaltsame Partnerwechsel statt. Die Lebensaussichten von Scheidung Betroffener unterschieden sich also zwischen verlassen werden und aktiv verlassen sowie nach der Qualität des Reviers. Damit verteilen sich die individuellen Überlebenskosten von Scheidungen gegenüber dem Vorteil dauerhafter gut eingespielter Paarbindung[14]. Die Ergebnisse deuten an, dass viele Scheidungsvorgänge mit unterschiedlicher Qualität der Partner zusammenhängen.

Woran können sich gute und weniger gute Brutreviere unterscheiden? Auf Schiermonnikoog gab es z. B. Residenzreviere, in denen Nestrevier und Nahrungsplatz unmittelbar aneinandergrenzten, und Springreviere, in denen Nest- und Nahrungsplatz 200-500 m auseinanderlagen. In Residenzrevieren wurden im Mittel 3,5-mal so viele Jungen groß, obwohl das Nahrungsangebot für beide Typen gleich war. In Springrevieren waren die Altvögel nicht in der Lage, in den ersten Tagen ausreichend Nahrung zu den Jungen zu transportieren. Um dieselben Futtermengen für die noch in Nestnähe weilenden kleinen Jungen hätten die Vögel von Springrevieren zu den Ebbezeiten rund 4000 Flüge absolvieren müssen. Das schafften sie nicht[15].

Bachstelze

Beweglich, unruhig und munter

Bei uns zu Lande erscheint sie bereits zu Anfang März, bei günstiger Witterung oft schon in den letzten Tagen des Februar und verläßt uns erst im Oktober, zuweilen noch später wieder. Sie meidet den Hochwald und das Gebirge über der Holzgrenze, haust sonst aber buchstäblich allerorten, befreundet sich mit dem Menschen, siedelt sich gerne in der Nähe seiner Wohnung an, nimmt mit Urbarmachung des Bodens an Menge zu, bequemt sich allen Verhältnissen an und ist daher auch in großen Städten eine regelmäßige Erscheinung.

Beweglich, unruhig und munter im höchsten Grade, ist sie vom frühen Morgen bis zum späten Abend ununterbrochen in Thätigkeit. Nur wenn sie singt, sitzt sie wirklich unbeweglich, aufgerichtet und den Schwanz hängend, auf einer und derselben Stelle; sonst läuft sie beständig hin und her, und wenn nicht, bewegt sie wenigstens den Schwanz. Sie geht rasch und geschickt, schrittweise, hält dabei den Leib und den Schwanz wagerecht und zieht den Hals etwas ein, steigt leicht und schnell, in langen, steigenden und fallenden Bogen, welche zusammengesetzt eine weite Schlangenlinie bilden, meist niedrig und in kurzen Strecken über dem Wasser oder dem Boden, oft aber auch in einem Zuge weit dahin, stürzt sich, wenn sie sich niedersetzen will, jählings herunter und breitet erst kurz über dem Boden den Schwanz aus, um die Wucht des Falls zu mildern […].

Bachstelze (Brehms Thierleben. *2. Aufl.*)

Sie liebt die Gesellschaft ihresgleichen, aber auch mit ihren Gesellschaftern sich zu necken, spielend umherzujagen und selbst ernster zu raufen. Anderen Vögeln gegenüber zeigt sie wenig Zuneigung, eher Feindseligkeit, bindet oft mit Finken, Ammern und Lerchen an, und befehdet Raubvögel. „Wenn Stelzen einen solchen erblicken" sagt mein Vater, „verfolgen sie ihn lange mit starkem Geschreie, warnen dadurch alle anderen Vögel und nöthigen auf solche Weise manchen Sperber, von seiner Jagd abzustehen. Ich habe hierbei oft ihren Muth und ihre Gewandtheit bewundert und bin fest überzeugt, daß ihnen nur die schnellsten Edelfalken etwas anhaben können. Wenn ein Schwarm dieser Vögel einen Raubvogel in die Flucht geschlagen hat, dann ertönt ein lautes Freudengeschrei, und mit diesem zerstreuen sie sich wieder. Auch gegen den Uhu sind sie feindselig; sie fliegen auf der Krähenhütte um ihn herum und schreien stark; doch zerstreuen sie sich bald, weil der Uhu nicht auffliegt."

Kerbthiere aller Art, deren Larven und Puppen sucht die Bachstelze an den Ufern der Gewässer, vom Schlamme, von Steinen, Miststätten, Hausdächern und anderen Plätzen ab, stürzt sich blitzschnell auf die erspähte Beute und ergreift sie mit unfehlbarer Sicherheit. Dem Ackermann folgt sie und liest hinter ihm die zu Tage gebrachten Kerfe auf; bei den Viehherden stellt sie sich regelmäßig ein, bei Schafherden verweilt sie oft tagelang […].

Bald nach der Ankunft im Frühjahr erwählt sich jedes Paar sein Gebiet, niemals ohne Kampf und Streit mit anderen derselben Art; denn jedes unbeweibte Männchen sucht dem gepaarten die Gattin abspenstig zu machen. Beide Nebenbuhler fliegen mit starkem Geschreie hinter einander her, fassen zeitweilig festen Fuß auf dem Boden, stellen sich kampfgerüstet einander gegenüber und fahren nun wie erboste Hähne ingrimmig aufeinander los. Einer der Zweikämpfer muß weichen; dann sucht der Sieger seine Freude über den Besitz „des neu erkämpften Weibchens" an den Tag zu legen. In ungemein zierlicher und anmuthiger Weise umgeht er das Weibchen, breitet abwechselnd die Flügel und den Schwanz und bewegt erstere wiederholt in eigenthümlich zitternder Weise. Auf dieses Liebesspiel folgt regelmäßig die Paarung. Das Nest steht an den allerverschiedensten Plätzen: in Felsritzen, Mauerspalten, Erdlöchern, unter Baumgewürzel, auf Dachbalken, in Hausgiebeln, Holzklaftern, Reisighaufen, Baumhöhlungen, auf Weidenköpfen, sogar in Booten etc. […]. Das Weibchen brütet allein; beide Eltern nehmen an der Erziehung der Jungen theil, verlassen sie nie und reisen sogar mit Fahrzeugen, auf denen sie ihr Nest erbaueten, weit durch das Land oder hin und her.

Bachstelzen zählen in Mitteleuropa zu den verbreitetsten Vögeln und fehlen nur in geschlossenen Wäldern. Die enge Verbindung zum „Ackermann", wie sie Brehm beobachtete, dürfte allerdings vielerorts der Vergangenheit angehören, denn offene Ackergebiete ohne jede Struktur werden kaum mehr besiedelt. Wenn Nahrung fehlt oder schwer erreichbar ist und kaum geeignete Neststandorte angeboten werden, sind auch für einen erstaunlich vielseitigen Brutvogel die Möglichkeiten erschöpft. Die Geschichte der Bachstelze als Brutvogel zeigt, dass sie sich „mit dem Menschen befreundet" hat, nüchtern gesagt Kulturfolger geworden ist. Sie siedelte sich als Brutvogel längst weitab von Bächen, Flüssen, Teichen und Seen an und brütete schon im 19. Jahrhundert in Dörfern und Städten. Mittlerweile haben sich Bachstelzen auf Dachlandschaften gut eingelebt, denn ihre Jagd auf Insekten findet zu Fuß meist auf kahlen oder spärlich bewachsenen Flächen statt; Dächer sind weitgehend störungsfreie Jagdgründe, besonders in der Stadt und in dicht bebauten Wohnlandschaften[1]. Bauernhöfe mit Stallungen und Nebengebäuden, aber auch Dörfer und lockere Wohnbezirke bieten traditionelle Brutplätze. In dörflich geprägten ländlichen Gebieten ist auch heute noch die Siedlungsdichte am höchsten. Einzelne Paare dringen in Industrieanlagen und Fabrikgelände vor, besonders wenn Ödflächen oder Wasserstellen im Angebot sind. Wasser hat auch in großen Stadtgebieten hohe Anziehungskraft[2].

Die Nester stehen vor allem in Halbhöhlen oder Nischen, heute wohl am häufigsten in und an menschlichen Bauten, etwa unter Dachfirsten oder lockeren Ziegeln, in Mauerlöchern, Schuppen, Ställen, auf Dachbalken unter vorstehenden Dächern, auf Fensterbänken, in Holzstößen oder Steinhaufen, in Kletterpflanzen und auf Trägerkonstruktionen, z. B. an Brücken oder Industrieanlagen und Werkshallen. Abseits von menschlichen Bauwerken bieten Unebenheiten am Boden, Böschungen oder Abbruchkanten Nistplätze. An Seeufern sind Bootshäuser beliebte Brutplätze, auf extensiv bewirtschaftetem Grünland Feldscheunen und traditionelle Heustadel in Balkenkonstruktion mit vielen Möglichkeiten für Nischen und Höhlungen.

Wahrscheinlich haben in Mitteleuropa Bachstelzen im Lauf der letzten beiden Jahrhunderte parallel zur Ausdehnung der Kulturlandschaft mit offenen und halboffenen Flächen zugenommen. Die Vielseitigkeit in der Wahl der Brutplätze hat dazu geführt, dass sie hier so gut wie nirgends fehlen. Das scheint sich aber in den letzten Jahrzehnten geändert zu haben, denn jetzt sind in unterschiedlichen Gebieten Abnahmen registriert worden[3]. Zunehmender Flächenfraß mit Bodenversiegelungen und wachsende Intensivflächen der Agrarwirtschaft, allgemeine Insektenarmut oder Verlust von Brutplätzen durch Gebäudesanierungen beschränken selbst die Lebensgrundlagen eines Vogels, der in unterschiedlichen Bruthabitaten zurechtkommt.

Während der Brutzeit leben Bachstelzen ausgesprochen territorial, wie das schon Brehm lebhaft schildert. In günstigen Fällen enthält das verteidigte Revier nicht nur das Nest, sondern umfasst auch die Fläche, auf der das Paar Futter für seine Nestlinge sucht. Das bedeutet, dass Bachstelzen zwar zu den verbreitetsten, aber regional nicht zu den häufigsten Brutvögeln zählen und so durch Bestandsabnahme rasch größere Verbreitungslücken entstehen, da die Siedlungsdichte gering ist. Das geometrische Mittel zwischen Maximum und Minimum der Bestandsschätzungen 2005-2009 ergibt für Deutschland lediglich 1,7 Bachstelzenpaare pro km², die nur auf Agrarflächen brütende Feldlerche schafft es immerhin auf 4,5 Paare/km², die Amsel auf 22,6. Im Süden und Osten Deutschlands sind Bachstelzen besonders dünn gesät, die höchsten Dichten erreichen sie in NW-Deutschland, sind aber auch dort an den Brutplätzen vorwiegend „Einzelgänger"[3]. Außerhalb der Brutzeit sammeln sich Bachstelzen meist in Schwärmen und machen ihrem Namen insofern Ehre, als solche Konzentrationen

Bachstelze, Männchen im Prachtkleid

sich häufig an flachen Ufern in Wassernähe oder auf Flusskiesbänken bilden, vom Angebot an Insekten angelockt. Aber auch dort werden oft kleine Nahrungsterritorien gegen Artgenossen verteidigt. Die Verhältnisse sind komplex und sehr dynamisch. Einzelne Vögel können zwischen Revierverhalten und Anschluss an einen Schwarm hin- und herwechseln. Meist verteidigen Männchen allein oder zusammen mit einem untergeordneten Artgenossen, einem sogenannten Satelliten, über Wochen ein Nahrungsrevier. Der Satellit ist je nach Situation geduldeter Mitnutzer oder wird vertrieben[4]. Seine Duldung bringt immerhin den Vorteil, dass er sich bei hohem Konkurrenzdruck an der Verteidigung des Reviers beteiligt.

Soziales Verhalten von Bachstelzen ist also flexibel, zumindest außerhalb der Brutzeit, wenn Einzelgänger die Nähe von Artgenossen suchen. Im Sommer verbringen kleinere Trupps von flüggen Jungvogeln und Altvögeln, die ihre Brut bereits beendet haben, häufig im Schilfröhricht die Nacht. Einzelne suchen auch während der Brutzeit bestimmte Schlafplätze auf, jetzt vor allem Männchen. Im Herbst und in Gebieten, in denen Bachstelzen den Winter in größerer Zahl verbringen, können Gemeinschaftsschlafplätze mehrere hundert oder sogar bis 2000 Vögel umfassen[5]. Sie übernachten dann meist dicht gepackt in altem Schilf, in Büschen oder auf Bäumen. Wie beim Star haben auch die Schlafplätze der Bachstelze die Vogelbeobachtung angeregt, denn viele wurden in Dörfern und Städten entdeckt und hier überraschenderweise häufig an beleuchteten Stellen. Man vermutete daher, dass Licht Bachstelzen anzieht[6]. Wenn dem so wäre, mag der Grund darin liegen, dass bei Beleuchtung angreifende Beutefeinde eher entdeckt werden. Nachts jagen z. B. Waldkäuze, für die in Siedlungsgebieten Vögel die wichtigste Nahrungsgrundlage darstellen. Mit der Zeit scheinen sich übernachtende Bachstelzen an störende Geräusche der Umgebung zu gewöhnen.

Nach bisherigen Beobachtungen scheinen Massenschlafplätze von Bachstelzen in Siedlungen in der Regel kaum historische Dimensionen zu erreichen, wie das für Stare bekannt ist. Allerdings verhalten sich Bachstelzen viel weniger auffällig und wurden oft übersehen. Ein Schlafplatz in Feigenbäumen an einem Platz in Valetta lebte nachweislich über 40 Jahre und wurde über mehrere Jahre durchschnittlich pro Winter von 5000 (Maximum über 7700) Bachstelzen besucht. Nach Ringfunden stammen Überwinterer in Malta aus mindestens fünf Ländern von Ungarn bis Schweden. Die Geschichte wird aber zur Episode, da 2010 ein Environment Landscape Consortium die Bäume kräftig stutzte und damit den traditionellen Schlafplatz weitgehend zerstörte[7]. Großzügig angesetzte „Baumpflege“ ist außerhalb des für Zugvögel unrühmlichen EU-Gefahrenlandes Malta auch bei uns ein häufig unbedachter Eingriff im Sinne der Ordnungsliebe von Kommunen und Grundstücksbesitzern, der nicht nur Vögeln Möglichkeiten nimmt, sondern viel Biodiversität in menschlichen Siedlungen schädigt. Das scheint manchen Verantwortlichen immer noch nicht bewusst zu sein.

Bachstelzen sind Kurzstreckenzieher, die hauptsächlich nach Südwesten abziehen. In Deutschland zur Brutzeit beringte Vögel überwinterten hauptsächlich im Süden der Iberischen Halbinsel und in Nordwestafrika. Der Abzug kann sich bis in den November hinziehen, die ersten kommen bereits im Februar wieder zurück[8]. In den letzten Jahrzehnten haben Winterbeobachtungen in Deutschland zugenommen, möglicherweise eine Folge des Klimawandels. So weist die Datenbank ornitho.de für den Januar 2020 nicht weniger als 1690 Bachstelzenbeobachtungen von der Küste bis ins Alpenvorland aus. Vielleicht also wird in absehbarer Zeit nur noch ein Teil der Brutvögel in ein südwestwärts gelegenes Winterquartier abziehen und aus dem Kurzstrecken- ein Teilzieher.

Ohne Hinweis auf charakteristische Bewegungsmuster ist eine Geschichte über die Bachstelze unvollständig, denn sie haben ihr in mehreren Sprachen einen Namen gegeben. *Motacilla* als Gattungsname weist ebenso wie das britische Wagtail oder das niederländische Kwikstaart auf einen „graziösen Vogel, der ständig mit dem langen, schwarzen Schwanz mit weißen Außenkanten wippt“[9]. Die deutsche „Stelze“ meint wohl, dass der graziöse Vogel gut zu Fuß ist, die Italiener sehen das eleganter und sprechen von „Ballerina bianca“. Das bezeichnende Schwanzwippen aller Stelzen beginnt mit dem Abwärtsschlag und ist am Boden bei ruhigen Schritten schwach oder nur gelegentlich zu sehen. Wird aus gemächlichem Schreiten rasches Laufen, etwa in der Verfolgung einer Beute, werden die Auf- und Abschläge größer und schneller, wie auch unmittelbar nach einer Landung auf festem Untergrund. Vor einem Abflug, oder wenn der Vogel nach einer Landung gleich weiterläuft, ist das Schwanzwippen meistens nicht zu sehen. Man nimmt an, dass es sich um eine Balancebewegung beim Übergang von schneller zu ruhiger Bewegung handelt. Es ist aber auch nicht abwegig, den auffälligen Bewegungen eines kontrastreich schwarz-weiß gefärbten Schwanzes Signalwirkung zuzusprechen in der Kommunikation mit Artgenossen.

Auch im Flug geht es bei Bachstelzen auf und ab, denn ihr Streckenflug verläuft in einer lebhaften wellenförmigen Bahn. Mit schnellem Flügelschlag treiben sie ihren Flug an, schalten aber dazwischen mit angelegten Flügeln eine kurze Ruhephase ein, in der sie den vorher erreichten Schwung ausnutzen. Dabei verlieren sie an Höhe, die sie jedoch mit anschließendem Kraftflug wieder erreichen. Der auffällige Wellenflug vergrößert zwar den zurückgelegten Weg von A nach B, ist aber wegen der Ruhephasen, die den erarbeiteten Schwung nutzen, energetisch günstiger[10].

Blässhuhn

Treibt sich mehr im Wasser als auf dem Lande umher

Entsprechend seinen Schwimmfüßen treibt sich das Wasserhuhn mehr auf dem Wasser als auf dem Lande umher. Letzteres betritt es nicht selten, namentlich in den Mittagstunden, um hier sich auszuruhen und das Gefieder zu putzen. Es läuft noch ziemlich gut auf ebenem Boden dahin, obgleich die ungefügen Füße dazu nicht besonders sich eignen, schwimmt aber doch viel öfter und länger. Seine Füße sind vortreffliche Ruder; denn was den Schwimmlappen an Breite abgeht, wird durch die Länge der Zehen vollständig ersetzt. Im Tauchen wetteifert es mit vielen Schwimmvögeln, steigt in bedeutende Tiefe hinab und rudert mit Hülfe seiner Flügel auf weite Strecken hin unter dem Wasser fort. Der Flug ist etwas besser als der des Teichhuhnes, aber immer noch schlecht genug: deshalb entschließt es sich selten zum Fliegen und nimmt, ehe es sich erhebt, einen langen Anlauf. Indem es flatternd auf dem Wasser dahinrennt, und mit den Füßen so heftig aufschlägt, daß man das Plätschern, welches es verursacht, auf weithin vernehmen kann. Seine Stimme ist ein durchdringendes „Köw" oder „Küw", welches im Eifer verdoppelt und verdreifacht wird und dann dem Bellen eines Hundes nicht unähnlich klingt; außerdem hört man ein kurzes, hartes „Pitz" und zuweilen ein dumpfes Knappen [...].

Während der Brutzeit hält jedes Pärchen ein bestimmtes Gebiet fest und duldet innerhalb desselben keine Mitbewohnerschaft; sofort nach Beendigung des Brutgeschäfts aber schlagen sich die Familien und Vereine zusammen, und diese wachsen nach und nach zu unzählbaren Scharen an, welche in der Winterherberge zuweilen buchstäblich unabsehbare Strecken der nahrungsreicheren Seen bedecken. Aber auch hier mögen diese Gesellschaften andere Schwimmvögel nicht gern unter sich leiden und suchen namentlich die Enten wegzujagen.

Wasserkerfe, deren Larven, Würmer, kleine Schalthiere und allerlei Pflanzenstoffe, welche sie im Wasser erbeuten, bilden die Nahrung des Wasserhuhnes [...]. Seine Nahrung sucht es schwimmend und tauchend, indem es sie von der Oberfläche abliest oder vom Grund hervorholt. Im Süden soll es zuweilen vom Wasser aus nach den benachbarten Getreidefeldern gehen, um sich hier zu äsen [...].

Da, wo das Wasserhuhn auf kleinen Teichen sich angesiedelt hat, beginnt es sofort nach seiner Ankunft mit dem Nestbaue; auf größeren Gewässern, wo mehrere Pärchen leben, hat es erst mancherlei Kämpfe auszufechten, bevor es sich ein bestimmtes Gebiet sichert. Wo viele zusammenwohnen, nimmt, wie Naumann sagt, das Jagen, Herumflattern, Platschen und Schreien kein Ende. Die Nachbarn überschreiten sehr oft die Grenzen und der Inhaber eines Gebiets eilt dann augenblicklich mit Wuth herbei, um den Eindringling zu verjagen. In gebückter Stellung, mit dem Schnabel knappend und ins Wasser schlagend, schwimmen die Kämpfer aufeinander los, erheben sich plötzlich und wenden nun jede Waffe an, welche sie besitzen, den Schnabel zum Hacken, die Flügel zum Schlagen, die Füße zum Prügeln, bis einer den Rückzug antritt. Das Nest steht regelmäßig auf der Wasserseite im oder am Schilfe, oft auf umgeknickten Rohrhalmen und dergleichen, ebenso oft aber auch schwimmend auf dem Wasserspiegel selbst. Seine Grundlage bilden alte Rohrstoppeln und Halme, die obere Lage dieselben etwas besser gewählten Stoffe, Wasserbinsen, dünne Halme, Grasstöckchen und Rispen, welche zuweilen sorgsam verarbeitet werden. Um die Mitte des Mai findet man die sieben bis funfzehn großen [...] glanzlosen, auf bleich lehmgelben oder blaß gelbbraunen Grunde äußerst zart mit dunkel aschgrauen, dunkel- und schwarzbraunen Pünktchen und Flecken gezeichneten Eier vollzählig im Neste; zwanzig oder einundzwanzig Tage später schlüpfen die zierlichen, mit Ausnahme des brennend roten Kopfes schwarzdunigen Jungen aus den Eiern, werden nach dem Abtrocknen sofort auf das Wasser geführt, von beiden Eltern geatzt, zuweilen gehudert, bei Gefahr gewarnt, gen schwächere Feinde auch muthvoll verteidigt, überhaupt höchst sorgfältig behandelt. Anfangs halten sie sich viel im Rohre und ebenso auf gesicherten Stellen des Festlandes auf; nachts kehren sie gewöhnlich in das Nest zurück; später entfernen sie sich mehr und mehr von den Alten, und ehe sie noch flügge sind, haben sie sich bereits selbständig gemacht.

Obgleich das Fleisch des Wasserhuhnes noch schlechter schmeckt als das der Verwandten, wird dieses hier und da doch eifrig gejagt. "Wenn zu Ende des September", erzählt Naumann, „tausende von diesen Vögeln auf großen, von Rohr und Schilf freien Teichen sich versammelt haben, vertheilen sich eine Anzahl von Schützen auf zwölf bis zwanzig Kähne und lassen diese in bester Ordnung langsam gegen die schwarze Schar rudern. Anfänglich flattert nur hin und wieder ein einzelnes Wasserhuhn ein Stück auf dem Wasserspiegel fort; bald aber, wenn sich der Schwarm in die Enge getrieben sieht, wird die Gesammtheit unruhig, die Bewegung allgemeiner; endlich erhebt sich alles zum Fliegen, und das diesem vorhergehende sich durchkreuzende Geplätscher gibt ein Getöse, welches an das eines entfernten Wasserfalls erinnert. Da sie sich

Blässhühner im Vordergrund. Teichhuhnfamilie im Hintergrund (Xylographie aus Gartenlaube um 1875)

nicht entschließen können, über Land zu fliegen, ziehen sie einzeln über die Kähne weg, und was hierbei vom Jäger nicht herabgeschossen wird, fällt drei- bis vierhundert Schritte von den Kähnen wieder auf der Mitte des Wasserspiegels ein. Es werden nun die erlegten aufgelesen und die Kähne zum neuen Jagdzuge geordnet, bis endlich die erschreckten Vögel hoch aufsteigen und sich entfernen. Für Schützen, welche Freude an vielem Knallen und Tödten haben, ist diese Jagd ein köstliches Vergnügen."

Die Schilderung von Treibjagden auf Blässhühner aus einer Auswahl „schöner“ Vogelgeschichten herauszunehmen, würde das Bild verfälschen. Das hässliche Schauspiel aus der ersten Hälfte des 19. Jahrhunderts, das Naumann zur sarkastischen Bemerkung über die Schützen veranlasste, blieb als Tradition der „Belchenschlacht“ am Bodensee noch bis in die zweite Hälfte des 20. Jahrhunderts lebendig. Die „gemeinschaftliche Wasservogeljagd“ konnte dort erst durch den unerschrockenen Einsatz naturverbundener Menschen 1984 abgeschafft werden[1]. Auch in großen östlichen Winterquartieren gab es traditionelle “Belchenschlachten“ als organisierte Nutzung der überwinternden Blässhuhnscharen[2]. In Treibjagden war, wie Naumann anschaulich beschreibt, an einem Tag leichte Beute in Massen zu machen, was wohl ihren schlechten Geschmack des Fleisches wieder aufwog. „Er steht dem Wohlgeschmack den anderen Sumpf- und Wasservögeln bedeutend nach“ stellt 1914 ein Tiermediziner fest und meint, wenn „man dem Tiere die Haut abzieht, so gibt es immerhin ein ganz angenehmes Gericht“[3].

Das Schwarze Wasserhuhn bei Brehm hat in deutschen Artenlisten mehrfach seinen Namen gewechselt. Zu lebhafter Diskussion führte grundsätzlich, dass, wie das kleinere Teichhuhn, das Wasserhuhn kein Hühnerverwandter ist, sondern zur Familie der Rallen zählt, die ihrerseits wieder der Ordnung Kraniche angehört. Also bemühte man sich um die systematisch korrekte Bezeichnung Blässralle oder Teichralle. Das hat sich aber nicht durchgesetzt, auch wenn man es manchmal noch hört und liest. Auch Seepferdchen, Walross oder Flusspferd sind bekanntlich keine Pferde – wichtig ist auch für einen Trivialnamen, dass man weiß, wer gemeint ist. Blässhuhn hat in unterschiedlicher Schreibweise auch viele regionale Namenschöpfungen abgelöst, die zeigen, wie bekannt der häufige und auffallende Wasservogel in der Bevölkerung war. Das norddeutsche Lietze orientierte sich wohl an der Stimme, das altbaierische Duckantl könnte auf geduckte Schwimmhaltung bei der Nahrungssuche bezogen werden, drückt aber aus, dass der Schwimmvogel tauchen kann. Das fällt auf, denn jeder Tauchvorgang beginnt mit einem Kopfsprung, bei dem der ganze Körper aus dem Wasser kommt.

Viele Aktionen und Bewegungen von Blässhühnern wirken nicht locker oder elegant, sondern eher etwas ungelenk und fast mühevoll. Das hängt wohl damit zusammen, dass Spezialisierung auf bestimmte Bewegungen zugunsten erstaunlicher Vielseitigkeit zurückgetreten ist. Blässhühner können enorm viel, u. a. schwimmen, tauchen, gründeln, auf dem Land und auf der Wasseroberfläche laufen, vom Wasser und vom festen Boden aus zum Flug starten, sich im Rohrdickicht bewegen und sogar etwas klettern. Solche Vielseitigkeit ist nur mit Kompromissen zu meistern.

Im Vergleich zu anderen Schwimmvögeln laufen Blässhühner erstaunlich gut auf festem Boden und bewegen sich auch geschickt auf umgeknicktem Schilf oder in Pflanzendickichten. Bei jedem Schritt werden die langen Zehen zusammengelegt und nach vorne geführt, der Lauf aber nicht sehr hoch angehoben, sodass die Schritte trotz verhältnismäßig langer Beine kurz sind. Muss es schnell gehen, helfen die Flügel nach. Die langen Zehen sind nicht wie bei spezialisierten Schwimmvögeln durch eine Schwimmhaut verbunden. An den Seiten der Zehenglieder sitzen Schwimmlappen, deren Fläche ausreicht, den Körper durchs Wasser zu treiben, die aber beim Laufen auf dem Land oder im Röhricht nicht so stark hindern wie eine geschlossene Schwimmhaut. Blässhühner liegen beim Schwimmen relativ hoch im Wasser. Bei jedem Schwimmstoß nicken sie mit dem Kopf. Genau betrachtet bewegen sie ihren Kopf horizontal. Er stößt in dem Augenblick vor, in dem das rudernde Bein den Ausschlag nach hinten abgeschlossen hat. Mit dieser typischen Kopfbewegung wird die Umgebung so lange wie möglich auf der Netzhaut im Auge festgehalten. Nach dem Vorwärtsstoßen bleibt der Kopf bewegungslos, bis sich der Körper nach vorne bewegt hat und der Kopfstoß nach vorne den folgenden Bewegungsablauf einleitet. Der bewegliche Hals verkürzt den Anteil des Kopfes an jeder Bewegungsphase. Der Kopf bleibt bei jedem Ruderschlag der Beine für kurze Zeit stationär, sodass die Umgebung gut kontrolliert werden kann. Das Tauchen beginnt mit einem Kopfsprung, der bei größerer Tauchtiefe höher ausfällt. Wassertiefen von einigen Metern werden erreicht. Meist dauert ein Tauchgang weniger als 20 Sekunden. Nach dem Sprung, der die Körperachse in die Vertikale bringt, bewegen sich die Füße abwechselnd nach hinten, die Flügel bleiben geschlossen. Beim Gründeln werden aus dem Schwimmen heraus Kopf und Hals unter Wasser gestreckt, dann der Körper vertikal gestellt, sodass Beine und Hinterkörper aus dem Wasser ragen. Die Beine bewegen sich heftig, um die Lage stabil zu halten; das Wasser spritzt hoch auf.

Droht Gefahr, schlagen die schwimmenden Vögel die kräftigen Beine mit den langen Zehen in schnellem Rhythmus, sodass der Körper etwas aus dem Wasser gehoben wird und der Vogel regelrecht über das Wasser läuft, ohne seine Flügel zu benutzen. Zum Flug starten Blässhühner von der Wasseroberfläche in einem Fluglauf von etwa 20 m. Auch auf dem Land laufen sie vor dem Start eine kurze Strecke oder springen am Standort ein kleines Stück in die Luft. Wann immer möglich, wird gegen den Wind gestartet. Der schnelle Flug wirkt hastig, denn die Flächenbelastung der Flügel ist hoch. Kurz vor der Landung sieht man rasche Laufbewegungen der Beine, die Füße berühren zuerst das Wasser, dann fängt die Brust den Schub auf. Schwimmen, laufen, tauchen und fliegen werden also jeweils für sich betrachtet keinesfalls optimal gemeistert. Vielfalt des Verhaltens aber kann den Anforderungen eines Lebens an Land, in der Verlandungszone von Gewässern und auf dem offenen Wasser offensichtlich genügen.

Auch in der Ernährung sind Blässhühner als „Allesfresser“ vielseitiger als viele andere Wasservögel. Die meiste Nahrung wird aus dem Wasser geholt, submerse und schwimmende Algen, unter Wasser wachsende Pflanzen, aber auch im Wasser lebende Insektenlarven, kleine Muscheln, Wasser- und Schlammschnecken. Fische und Fischlaich scheinen bis jetzt nur in Sonderfällen nachgewiesen zu sein. Pflanzen des Verlandungsgürtels (Schilf) und Landpflanzen, darunter auch Getreide, können saisonbedingt eine große Rolle spielen. Allerlei genießbarer Abfall und Aas ergänzen den Speisezettel. Im Winter wird an Futterstellen auch Brot genommen.

Auch ein vielseitiger Opportunist hält feste Regeln ein, wenn dadurch die Ernährung vor Ort gesichert ist. So ergab die Untersuchung der Winternahrung von Blässhühnern in der Schweiz an verschiedenen Gewässern als Hauptnahrung in zwei Fällen Schilf und je einmal Gras, Flutender Hahnenfuß und Dreikantmuschel. Als Zusatznahrung dienten Algen, Tausendblatt, Laichkraut, Wasserpest und verrottende Pflanzen. Schilfblätter sind noch im September reich an Rohprotein und Zucker. Hohe Energiewerte führen zu besonderer Beliebtheit von Schilf. Ein Brutpaar vertilgt pro Tag bis zu 1400 g Schilftriebe oder 1100 g Schilfblätter. Hohe Blässhuhndichte kann also zur Schädigung des ökologisch wichtigen und durch viele menschliche Einwirkungen ohnehin bedrohten Schilfsaums an Gewässern führen. Andererseits befreien nahrungssuchende Blässhühner Gewässer von wuchernden Wasserpflanzen und faulenden Pflanzen. Die Wahl der Nahrung wird von Kosten begleitet. Messgrundlage ist der Ruheumsatz, jener Energieaufwand, der nötig ist, nur um das innere Milieu konstant zu halten. Gras weiden auf einer Wiese fordert den 1,8-fachen, nach Wasserpflanzen tauchen in einem stehenden Gewässer den 2-fachen, in einem Fließgewässer den 2,9-fachen Ruheumsatz[4].

Die Kosten verschiedener Strategien des Nahrungserwerbs beschränken sich aber nicht auf den Energieaufwand für einzelne Nahrungsportionen. Es ist auch auf mögliche Feinde zu achten und die nächsten Artgenossen. In nahrungssuchenden Blässhuhnscharen betrug der Abstand zum nächsten Nachbarn auf dem Wasser 5,2, an Land aber nur 2,8 Körperlängen. Im Wasser dauerte eine Phase ungestörter Nahrungssuche und -aufnahme 12,2, an Land 9,4 Sekunden[5]. Das deutet an, dass sich Blässhühner auf dem Wasser sicherer fühlen als auf Land. Genaue Registrierung des Verhaltens zeigt auch, dass mit zunehmendem Abstand vom Ufer Sicherungen mit erhobenem Kopf als Unterbrechung der Nahrungsaufnahme weniger werden. Näher am Ufer schwimmende Artgenossen investieren mehr Zeit in Wachsamkeit[6]. Steigt die Konkurrenz um ein begrenztes Nahrungsangebot, rücken die Individuen in einem Trupp näher zusammen und die der wachsamen Kontrolle der Umgebung dienenden Unterbrechungen der Nahrungsaufnahme nehmen ab. Unter wachsendem Konkurrenzdruck leidet also die Wachsamkeit[7].

Trotz begrenzter Fähigkeit zu tauchen, können Blässhühner schon wegen ihrer Menge wichtige Indikatoren für Veränderungen sein, die unterhalb des Wasserspiegels eintreten. Am Bodensee, dem wohl wichtigsten Winterquartier Mitteleuropas mit bis maximal 77 000 Vögeln, hatte der Rastbestand mit der Invasion der Dreikantmuschel (*Dreissena*) um 1965 deutlich zugenommen. Die Blässhühner reagierten rasch auf das neue Nahrungsangebot. In den 1970er-Jahren kam es wieder zu einem auffallenden Rückgang der Blässhuhnzahlen, da die Bestände von Armleuchteralgen einbrachen, eine wichtige Grundnahrung. Anschließend gingen die Bestände aber wieder hoch, weil keine Belchenschlacht mehr stattfand und Bemühungen, die Wasserqualität zu verbessern (Re-Oligotrophierung) erfolgreich waren, die Armleuchteralgen kehrten wieder zurück[1]. Rückblickend ergibt sich, dass eine hohe Nährstoffanrei-

Bevor sie abheben, starten Blässhühner mit einem Lauf über Wasser oder Land.

cherung im Wasser von den Blässhühnern mithilfe der Dreikantmuschel als Ersatznahrung überstanden wurde, dann aber die Folgen des Nährstoffeintrags zum Verschwinden der traditionellen Hauptnahrung Armleuchteralgen führten, die erst wieder nach umfassenden Maßnahmen der Verbesserung des Wasserqualität als Ernährungsgrundlage zur Verfügung stand. Untersuchungen, die sich mit Fragen der Ernährung des Blässhuhns befassen, haben eine Reihe interessanter Ergebnisse und Hypothesen erbracht, die künftigen Forschungen Wege weisen.

In einer britischen Studie kartierte man die Verteilung von Blässhühnern auf einem Gewässer im Herbst. Vor Beginn der Jagdsaison hielten sich 45% der Vögel im Flachwasserbereich auf. Nach Jagdbeginn verteilten sie sich abseits der bejagten Fläche in einer geschützten Zone neu, sodass nur noch 5% im ursprünglich gewählten Flachwasserbereich zurückblieben. Die neue Verteilung außerhalb der bejagten Fläche brachte aber die Blässhühner in Bereiche tieferen Wassers. Auch hier war eine ausreichende Menge Wasserpflanzen für die Ernährung vorhanden. Aber im tieferen Wasser waren mehr Tauchgänge nötig, deren Häufigkeit von ursprünglich 14 auf 35% stieg. Im tieferen Wasser wuchsen also die Kosten des Nahrungserwerbs, nicht weil weniger Nahrung vorhanden war, sondern weil sich ihre Erreichbarkeit verschlechterte[8]. Solche auf den ersten Blick kaum zu erkennenden Folgen von Störungen betreffen grundsätzlich auch andere Wasservögel. Sie sind nicht nur der Wasservogeljagd zuzuschreiben, sondern werden zunehmend ein Problem des Freizeitbetriebs auf dem Wasser, der sich dank moderner Ausrüstung längst nicht nur auf die Sommermonate beschränkt.

In den Niederlanden entdeckte man Zusammenhänge zwischen der Biomasse von Insekten und der Überlebensrate von Küken. In den ersten 10 Tagen nach dem Schlupf erfasste man die Biomasse der Insekten, die zu den Jungen gebracht werden. Sie war exakt mit der Biomasse des Angebots im Brutgebiet korreliert und erwies sich als die ursächliche Verbindung zwischen Schlüpfdatum, Nahrungsangebot und Überlebensrate der Jungen[9]. Dazu passt ein Ergebnis aus Polen. Im Umfeld eines Gewässers ließ sich in 30 Jahren eine Zunahme der Apriltemperaturen um 3,5° C feststellen. Blässhühner begannen eher ihre Eier zu legen. Die Gelegegröße blieb gleich, ebenso der Anteil an Brutausfällen und die mittlere Reproduktionsrate. Aber die Zahl der Jungen, die in erfolgreichen Bruten groß wurden, nahm signifikant ab. Der Grund hierfür lag wohl darin, dass die Zeiten heranwachsender Jungvögel und des maximalen Angebots an Insektenlarven, die aus dem Wasser genommen werden, nicht mehr optimal zusammenfielen[10]. Die Entkoppelung verschiedener, bisher zeitlich aufeinander abgestimmter Vorgänge ist als „mismatch“ in die wissenschaftliche Literatur eingegangen und Gegenstand vieler Arbeiten, die

Auswirkungen des Klimawandels auf die Reproduktion von Vögeln untersuchen.

Tauchende Blässhühner arbeiten manchmal auch für andere. Wenn Wasservögel verschiedener Arten auf einem Rastplatz zusammenkommen, halten sich Enten, die nicht nach Nahrung tauchen können, an auftauchende Blässhühner, die ihre unter Wasser ergriffene Nahrung noch nicht verschluckt haben, und jagen ihnen die Beute ab. Dieses als Kleptoparasitismus bezeichnete Verhalten ist zwar nicht die Regel, kann aber z. B. von Schnatterenten und Pfeifenten unter bestimmten Voraussetzungen als regelrechte Ernährungsstrategie ausgeübt werden[11,12]. Offenbar sind die auftauchenden Blässhühner etwas erschöpft und reagieren weder mit rascher Flucht oder raschem Verschlucken der mit dem Schnabel gehaltenen Nahrung, noch mit Aggression. Auch zwischen Blässhühnern in einer Schar kommt es zu Mundraub. In einer Studie aus Schweden war die Erfolgsrate der Attacken kleptoparasitischer Individuen beachtliche 85%[13].

Buchfink

Rivalität, winterlicher Zölibat und schwindende Wanderlust

Der Fink ist ein munterer, lebhafter, geschickter, gewandter und kluger, aber heftiger und zänkischer Vogel. Während des ganzen Tages fast immer in Bewegung, verhält er sich nur zur Zeit der größten Mittagshitze etwas ruhiger. Auf den Ästen trägt er sich aufgerichtet, auf der Erde mehr wagerecht; auf dem Boden geht er halb hüpfend, halb laufend, auf den Zweigen gern in seitlicher Richtung; im Fluge durchmißt er weite Strecken in bedeutender, kurze in geringer Höhe, schnell und zierlich flache Wellenlinien beschreibend und vor dem Aufsitzen mit gebreiteten Schwingen einen Augenblick schwebend.

In Deutschland gibt es wenige Gegenden, in denen der Edelfink nicht zahlreich auftritt. Er bewohnt Nadel- wie Laubwälder, ausgedehnte Waldungen wie Feldgehölze, Baumpflanzungen oder Gärten und meidet eigentlich nur sumpfige oder nasse Strecken. Ein Paar lebt dicht neben dem anderen; aber jedes wahrt eifersüchtig das erkorene Gebiet und vertreibt aus demselben jeden Eindringling der gleichen Art. Erst wenn das Brutgeschäft vorüber, sammeln sich die Paare zu zahlreichen Scharen, nehmen unter diese auch andere Finken- und Ammerarten auf, wachsen allgemach zu starken Flügen an und streifen nun gemeinschaftlich durch das Land. Vom Anfange des September an sammeln sich die reiselustigen Vögel in Flüge; im Oktober haben sich die gedachten Herden gebildet, und zu Ende des Monats verschwinden sie, bis auf wenige in der Heimat überwinternde Männchen, allmählich aus unseren Gauen. Dann nehmen sie in Südeuropa und in Nordwestafrika Besitz von Gebirg und Thal, von Feld und Garten, Busch und Hecken, sind überall zu finden, aber auch überall in Gesellschaft, zum Zeichen, daß sie hier nicht in der Heimat, sondern nur als Wintergäste leben. Wenn im Süden der Frühling beginnt, wenden sie sich wieder heimwärts […]. Die Finken wandern nämlich, wenigstens auf dem Rückzuge, nach Deutschland, in getrennten Scharen, die Männchen besonders und zuerst, die Weibchen einen halben Monat später. Selten kommt es vor, daß beide Geschlechter fortwährend zusammen leben, also auch zusammen reisen. Bei schönem Wetter erscheinen in Deutschland die ersten Männchen bereits zu Ende des Februar; die Hauptmasse trifft im März bei uns ein, und die Nachzügler kommen erst im April zurück.

Jedes Männchen sucht den alten Wohnplatz wieder auf und harrt sehnsüchtig der Gattin. Wenn diese eingetroffen ist, beginnen beide sofort die Anstalten zum Nestbaue. Die Wiege für die erste Brut scheint fertig zu sein, ehe die Bäume sich völlig belaubt haben. Beide Gatten durchschlüpfen, emsig suchend, die Kronen der Bäume, das Weibchen mit großem Ernste, das Männchen unter lebhaften Bewegungen sonderbarer Art und Hintansetzung der dem Finken bei aller Menschenfreundlichkeit sonst eigenen Vorsicht. Jenes beschäftigt zumeist die Sorge um das Nest, dieses fast ausschließlich seine Liebe und kaum minder die Eifersucht.

„Frühlingsleben" (*Xylographie aus* Gartenlaube *um 1880*)

So lange der Nestbau währt und das Weibchen brütet, schlägt der Fink fast ohne Unterbrechung während des ganzen Tages, und jedes andere Männchen in der Nähe erwidert den Schlag seines Nachbars mit mehr als gewöhnlichem Eifer, beide Nebenbuhler erhitzen sich gegenseitig, und es beginnt ein tolles Jagen durch das Gezweige, bis der eine den anderen im buchstäblichen Sinne des Wortes beim Kragen gepackt hat, und unfähig noch zu fliegen, mit ihm wirbelnd zum Boden herabstürzt. Bei solchen Kämpfen setzen die erbitterten Vögel ihre Sicherheit oft rücksichtslos aufs Spiel, sind blind und taub gegen jede Gefahr. Endet der Kampf mit Schnabel und Klaue, so beginnt das Schlagen von neuem, wird immer heftiger, immer leidenschaftlicher, und wiederum stürmen die beiden gegen einander an, nochmals wird mit scharfen Waffen gefochten. So ist die Brutzeit des Edelfinken nichts als ein ununterbrochener Kampf.“

Die Brutzeit des Buchfinkenmännchens ist sicher kein ununterbrochener Kampf, aber Auseinandersetzungen zwischen Reviermännchen können heftig und ausdauernd sein. In menschlichen Siedlungen und an Straßen von heute kommt es auch nicht selten zu intensiven Spiegelfechtereien, bei denen der Gegenüber natürlich nicht nachgibt und im exakt selben Augenblick zur Attacke ansetzt, wie der Akteur vor dem Spiegel. Intelligente Elstern können zwar sich selbst als Individuum im Spiegel erkennen, Buchfinken schaffen das aber offenbar nicht. Allerdings sind noch Fragen offen, ob und wie „Selbsterkennen“ vor dem Spiegel auch bei intelligenten Rabenvögeln überhaupt möglich ist. Die Diskussion darüber ist kontrovers. Vögel setzen mehr auf akustische Unterscheidung von Individuen und erkennen daher auch ihren eigenen Gesang[1]. In zwei Jahren attackierte vor meiner Haustüre allmorgendlich je ein Männchen sein Bild im Außenspiegel eines Autos vom 13. bis 19. März und vom 1. April bis 8. Mai. Der Gegner war immer derselbe in der Reihe über Nacht parkender Wagen am Straßenrand. Die feinen, sich langsam mehrenden Kotspritzer auf dem Lackstück unter dem Spiegel mögen den Besitzer verwundert haben, stand doch kein Baum in unmittelbarer Nähe. Aber wahrscheinlich hatte ausgerechnet dieser täglich abends abgestellte PKW die Reviergrenzen verletzt und daher den Kampf ausgelöst.

Meistens wird das in ein fremdes Revier eingedrungene Männchen vertrieben, ohne dass es zu Tätlichkeiten kommt, aber entlang gemeinsamer Reviergrenzen können sich die Nachbarn schon öfter in die Federn kriegen. Raufende Buchfinkenmännchen lassen sich im Frühjahr regelmäßig beobachten. Reviergrenzen sind keine starren Linien, sondern unscharf und fluktuierend; sie können sich im Lauf einer Brutzeit auch etwas verschieben. Da gibt es immer wieder Anlässe für energische Grenzkorrekturen. Außerdem finden Männchen und auch Weibchen, wenn sie nicht gerade auf den Eiern sitzen, immer wieder Anlässe, das Brutrevier zu verlassen oder die Grenzen nicht genau einzuhalten. Solche Ausflüge können auch zu Seitensprüngen genutzt werden. Daher begleiten Männchen ihre Weibchen vor allem in der Zeit des Nestbaus und damit in ihrer fruchtbaren Phase, um Kopulationen mit anderen Männchen zu verhindern, die ihren eigenen Fortpflanzungserfolg schmälern. Es geht also nicht nur um die Verteidigung von Raum und

Buchfinken zählen zu den häufigsten Brutvögeln und eifrigsten Sängern

Nahrung, Auseinandersetzungen betreffen auch potenzielle Nebenbuhler und Fragen der biologischen Vaterschaft[1].

Mit dem Finkenschlag meint Brehm nicht etwa tätliche Auseinandersetzung. Schlag ist die historische Bezeichnung für den Vollgesang der Männchen, eine Strophe, die wohl jeder Mitteleuropäer schon oft gehört hat und die zu Traditionen der Finkenhaltung mit Gesangswettbewerb in verschiedenen Gebieten führte, so etwa im Harz, in Oberösterreich oder in Thüringen. Die Wettbewerbe der Finkenhalter kennen eine Kampf-, Stark- und Schönheitsklasse, nach denen die Leistung der Sänger bewertet wird[2]. Das „Finkenmanöver“ im Harz ist sogar von der UNESCO in das Bundesverzeichnis immaterielles Kulturerbe aufgenommen worden, auch wenn es tierschutzrechtliche Fragen aufwirft[3]. Doch dieses Problem wird sich wohl schon bald gelöst haben, da die Tradition des Wettkampfsingens zu erlöschen scheint.

Buchfinken sind auch außerhalb eines von Menschen inszenierten Sangeswettbewerbs eifrige Sänger, denn der Gesang ist ein Kommunikationsmittel, das mindestens 50 m weiter reicht als eine imponierende

Drohhaltung. Gesang kommt daher wohl mancher tätlichen Auseinandersetzung zuvor und belohnt deshalb die Investition, wenn er Energie verbrauchende und möglicherweise auch körperliche Verletzungen durch Zweikämpfe reduzieren kann. Es gibt Viel- und Wenigsänger. Hans-Heiner Bergmann und sein Team zählten in Norddeutschland im Mai im Mittel über 2100 Strophen als durchschnittliche Tagesleistung eines Männchens. Der Höchstwert pro Tag lag bei über 4500. Eine Strophe dauert 2,5 Sekunden. Der Topsänger war also 3 Stunden und 10 Minuten pro Tag mit Singen beschäftigt[4]. Die „Sangesfreude" variiert allerdings während der Brutzeit. Vor Paarbildung und Nestbau wird am lebhaftesten gesungen, was Forscher mit Revierankündigung und Bemühungen, ein Weibchen zu binden, erklären. Wenn es später darum geht, das ergatterte Weibchen vor Seitensprüngen zu bewahren und fremde Männchen abzuhalten, sinkt nach eingehender Untersuchung an individuell markierten Männchen die Gesangsrate deutlich. Man nimmt an, dass bei der Betreuung und Bewachung des Weibchens, die mit einem englischen Fachausdruck in der Wissenschaft als mate guarding („Partner bewachen") bezeichnet wird, der Gesang kein eindeutiges, der Abwehr dienendes Kommunikationsmittel mehr ist. Er kündigt eben auch an, dass ein fruchtbares Weibchen in der Nähe ist. Das könnte potenzielle Nebenbuhler erst auf eine Gelegenheit aufmerksam machen[5].

Aggressive Buchfinkenmännchen verhalten sich also keineswegs wie sture Kampfmaschinen. Unsere eingangs erwähnten hartnäckigen Spiegelfechter am Auto sind von der Technik überlistet worden, denn sie sehen einen Gegner, der konstant jeden Angriff pariert. Geistvolle Experimente haben neuerdings gezeigt, dass auch Buchfinken lernen, sich zu erinnern und ihre Erinnerungen für Entscheidungen zu nutzen. Man verglich das Verhalten erfahrener mit naiven Männchen. Die erfahrenen hatten, angelockt durch eine Klangattrappe, unangenehme Kontakte mit Menschen, denn sie gerieten in feine Netze, sogenannte Japannetze, die für den Fang zur Beringung von Vögeln eingesetzt werden, und wurden anschließend in die Hand genommen. Den naiven Männchen war ein enger Kontakt mit Menschen erspart geblieben. Im anschließenden Versuch setzte man beide Gruppen wieder dem Playback eines Buchfinkengesangs aus. Die erfahrenen Männchen begegneten dem vorgespielten „Eindringling" in ihr Revier vorwiegend mit Rufen, während die naiven mit vollen Reviergesang reagierten. Vermutlich beruhten Rufe statt Gesang bei erfahrenen Männchen auf dem vorherigen negativen Erlebnis, sie waren also ängstlicher als ihre naiven Artgenossen. Wenn vorausgegangene Erfahrungen für Reaktionen auf eine Klangattrappe eine Rolle spielen, bedeutet das für experimentelles Arbeiten eine Warnung, wenn man mehrfache Experimente mit derselben Gruppe von Individuen durchführt.

Die Ergebnisse könnten durch unterschiedliche Verarbeitung individueller Erfahrung beeinflusst sein[6].

Die von Linné dem Buchfinken im wissenschaftlichen Artnamen *coelebs* zugeschriebene Ehelosigkeit steht mit den emsigen Bemühungen der Männchen um Revier und Weibchen scheinbar im Widerspruch. Das Buchfinken-Zölibat wird durch eine Erfahrung, die sich auf viele Beobachtungen stützen kann, stark relativiert: Weibchen sind gegenüber Kälte empfindlicher als Männchen. Das bedeutet für viele Populationen, dass sich die Geschlechter in der kalten Jahreszeit trennen. Buchfinken sind in Nordeuropa überwiegend Zugvögel, in Mitteleuropa Teilzieher. Im Einzelnen ist ihr Zugverhalten aber sehr variabel[7]. An der Küste und auch tief im Binnenland sind im Herbst manchmal riesige Schwärme ziehender Buchfinken zu beobachten. Auf Helgoland schätzte man z. B. am 8. Oktober 1993 in wenigen Minuten 5000 Durchzügler, Markus Faas zählte südlich des Ammersees in Bayern am 10. Oktober 2013 nicht weniger als 65 440 durchziehende Buchfinken[8,9]. Weibchen ziehen häufiger, weiter und eher von den Brutgebieten ab und später wieder zurück als Männchen. Auf Helgoland liegt der Median durchziehender Männchen im Frühjahr etwa 14 Tage vor dem der Weibchen[9]. Je nach Lage überwiegen im Winter unter den zurückgebliebenen oder als Wintergäste zugewanderten Buchfinken die Männchen. In der Schweiz und im Südosten Frankreichs wuchs der Anteil der Männchen unter winterlichen Buchfinken in Gebieten mit steigender Meereshöhe und daher abnehmenden Wintertemperaturen[11,12]. Auf einer kleinen Beobachtungsfläche in 810 m Meereshöhe am bayerischen Nordalpenrand machten in rund 40 Jahren Männchen im Oktober 60%, im November 71%, im Dezember und Januar je 81%, im Februar 68% und im März und April je etwa 40% aus[12]. Solche regionalen und zeitlichen Vergleiche können den kritischen Einwand entkräften, Männchen seien auffälliger als Weibchen und daher leichter wahrzunehmen.

Linné hat zu seiner Zeit in Schweden im Winter wohl überhaupt keine Weibchen gesehen. Für einen flexiblen Zugvogel wie den Buchfinken ist anzunehmen, dass sich die Zuggewohnheiten mit dem Klimawandel geändert haben. Auf Helgoland ließen sich Vorverlegung des Frühjahrszuges und Verzögerung des Herbstzuges um je einige Tage pro Jahrzehnt ermitteln, im Randecker Maar in Südwestdeutschland verzögerte sich der Herbstzug um einige Tage[13,14]. Ob die Wanderneigung der Buchfinken zurückgeht, die Zahl der in höheren Breiten Europas überwinternden Vögel zunimmt oder der Anteil der Weibchen unter den Wintervögeln bei uns gegenüber früher gewachsen ist, bedarf der Auswertung langer Zeitreihen. Eine Überraschung wäre es nicht, sollte das winterliche Zölibat, ohnehin als Geschlechterverhältnis nur ein statistischer Wert, bald der Vergangenheit angehören. „Geheiratet" wird auf alle Fälle erst im Frühjahr am Brutplatz.

Buntspecht

Ein wahrer Erhalter der Wälder

Der Buntspecht ist, wie Naumann sagt, ein kräftiger, munterer, gewandter, kecker und dabei schöner Vogel, dessen abstechende Farben in ihrer bunten Abwechslung ihn auch in der Ferne, und besonders wenn er fliegt, im hohen Grade zieren. „Es sieht herrlich aus, wenn bei heiterem Wetter diese Buntspechte sich von Baum zu Baum jagen, im Sonnenschein schnell an den Aesten hinauflaufen oder auch an den oberen Spitzen hoher Bäume sich sonnen oder auf einem dürren Zacken von der Sonne beschienen, ihr sonderbares Schnurren hervorbringen. Sie sind fast immer in Bewegung, dabei sehr hurtig und beleben den Wald, besonders die düsteren Nadelwaldungen, auf eine angenehme Weise". Der Flug geschieht ruckweise, ist ziemlich schnell und schnurrend, geht aber gewöhnlich nicht weit in einer Strecke fort. Auf dem Boden hüpft der Buntspecht noch ziemlich geschickt umher, kommt jedoch selten zu ihm herab. Sehr gern setzt er sich auf die höchsten Wipfel der Bäume und läßt dabei sein „Pick pick" oder „Kik kik" wiederholt vernehmen. Gegen seinesgleichen zeigt er sich keineswegs liebenswürdig [...]. Er ist einer von den Spechten, die sich durch nachgeahmtes Pochen regelmäßig anlocken lassen. Im Frühling verfehlt er gewiß nie, sich einzustellen, sobald er ein Klopfen nach Art seines Trommelns und Hämmerns vernimmt: denn dann kommt noch die Eifersucht ins Spiel [...].

Mancherlei Kerbthiere und deren Eier, Larven, Puppen, aber auch Nüsse und Beeren bilden die Nahrung des Buntspechtes [...]. Nach meines Vaters Beobachtungen ist er der Hauptfeind des Borkenkäfers, seiner Larven und Eier. Um zu diesen zu gelangen, spaltet er die Schalenstücke der Fichten ordentlich ab. „Ich habe dies oft mit Vergnügen beobachtet. Er läuft an den Stämmen, deren Rinde zersprungen und locker aufsitzt, herum, steckt den Schnabel und die Zunge unter die Schale und spaltet diese ab, wenn er nicht zu den Kerbthieren gelangen kann. Ich habe die heruntergefallenen Stücke untersucht und immer gefunden, daß sie von Borken- und Fichtenkäfern unterwühlt waren. Auch frißt er allerlei Räupchen, welche für die Waldbäume nachtheilig sind und füttert damit seine Jungen groß. Er ist ein wahrer Erhalter der Wälder und sollte auf alle Weise geschont werden." Hierin stimmen fast alle Beobachter überein [...]. Ausnahmsweise geschieht es übrigens doch, dass sich der nützliche Vogel kleine Sünden zu Schulden kommen läßt. So wurde 1844 ein Buntspecht geschossen, um festzustellen, was er im Schnabel zu seinen Jungen tragen wollte, und man fand bei ihm eine junge, noch ganz nackte Meise, auf welche er wahrscheinlich zufällig bei seiner Kerbthierjagd gestoßen war.

Doch geschehen derartige Uebelthaten gewiß sehr selten. Viel häufiger nährt er sich von Sämereien und zumal von Haselnüssen und Kiefersamen. Erstere bricht er ab, trägt sie in den Spalt eines Baumes, den er dazu vorgerichtet hat, und hackt sie auf. An Fichtenzapfen sieht man ihn oft hängen und arbeiten; häufiger noch beißt er sie ab, schleppt sie auf einen Ast und frißt den Samen heraus. Während der Samenreife unserer Nadelbäume verzehrt er mit Vorliebe Kiefersamen, obgleich es ihm nicht leicht wird, zu diesen zu gelangen. „Wenn er Kiefernsamen fressen will", berichtet mein Vater, „hackt er erst auf der oberen Seite eines gespalteten oder dürren Astes ein Loch, so daß ein Kiefernzapfen zur Hälfte hinein geht… Ist das Loch fertig, so fliegt der Buntspecht nach der Krone des Baumes und von Ast zu Ast… fasst ein Zäpfchen mit dem Schnabel am Stiel und beißt es ab, aber so, daß er es mit dem Schabel noch halten kann, trägt es nun zu dem beschriebenen Loche und legt es so in dasselbe, daß die Spitze nach oben zu stehen kommt. Jetzt faßt er es mit den inneren Vorderzehen und hackt so lange auf die Spitze, bis die Deckelchen zerspalten und der Samen herausgeklaubt werden kann. Ist er mit einem Zapfen fertig, was drei bis vier Minuten Zeit kostet, so holt er einen anderen auf dieselbe Art, wirft aber den vorigen nie eher herab, bis er den zweiten in das Loch legen kann […]."

So geschickt der Buntspecht im Aufhacken von Kiefernsamen ist, so wenig Ausdauer beweist er beim Anlegen seines Nestes. Er beginnt viele Höhlungen auszuarbeiten, bevor er eine einzige vollendet, und wenn irgend möglich, sucht er eine solche wieder auf, in welcher er oder einer seiner Anverwandten früher schon brütete […]. Das Eingangsloch zum Neste ist so klein, daß der Vogel eben hinein- und herauskriechen kann, die innere Höhlung, von der unteren Seite des Eingangs gemessen, gewöhnlich dreißig Centimeter tief bei funfzehn Centimeter im Durchmesser, ungefähr; die Nestkammer ebenso glatt ausgearbeitet wie die anderer Spechte und unten ebenfalls mit feinen Spänen belegt. Vor der Paarung geht es sehr lebhaft zu; denn gewöhnlich werben zwei oder mehr Männchen um ein Weibchen […]. Das Gelege besteht aus vier bis fünf, selten sechs, kleinen, länglich gestalteten Eiern, welche sehr zartschalig, feinkörnig und glänzendweiß von Farbe sind. Beide Gatten brüten abwechselnd, zeitigen die Eier in vierzehn bis sechzehn Tagen und füttern die anfangs höchst unbehüflichen, häßlichen, weil unförmlichen Jungen mit Aufopferung groß. Sie

Buntspechtpaar an der Nisthöhle, vorne das Männchen (Koloriertes Federlitho aus Buch der Welt *1880)*

lieben ihr Brut ungemein, schreien ängstlich, wenn sie bedroht wird, und weichen nicht vom Neste. Auch nach dem Ausfliegen führen und füttern sie ihre Kinder lange Zeit, bis diese wirklich selbständig geworden und im Stande sind, ohne jegliche Anleitung ihre Nahrung sich zu erwerben.

Der Buntspecht ist in Mitteleuropa der verbreitetste Specht, der mittlerweile auch Dörfer und Städte besiedelt hat. Er ist im Winter an Futterstellen zu beobachten und daher für viele Menschen zum Specht schlechthin geworden. In Schülerumfragen rangiert er als sicher erkannt und als Lieblingsvogel ganz weit vorne[1]. Von den weiteren acht Spechtarten, die in Deutschland brüten, sind einige für Wanderer und Spaziergänger nur schwer zu beobachten.

Im Unterschied zu Grün- und Grauspecht kann der Buntspecht nicht singen. Er setzt auf Instrumentallaute. Wenn Buntspechte nach Nahrung suchen, hört man ein unregelmäßiges Klopfen je nach Unterlage in unterschiedlicher Deutlichkeit. Klopfen kann auch als Signal für einen Geschlechtspartner eingesetzt werden, etwa um ihn auf eine Höhle aufmerksam zu machen[2]. Vom Klopfen zu unterscheiden ist das Trommeln, das nichts mit der Nahrungssuche zu tun hat, sondern Reviere markiert und Geschlechtspartner anlockt[2]. Von Januar bis in den Juni hinein, am häufigsten von Ende Februar bis Anfang April, und ausnahmsweise auch schon im November/Dezember[3] kann man hören, was Naumann „sonderbares Schnurren" nannte: Trommelwirbel aus fünf bis zwanzig Schlägen, die weniger als eine Sekunde dauern und acht bis zehn Mal in der Minute wiederholt werden können[3]. Sie stammen in der Regel von Männchen. Auch Weibchen trommeln, manchmal als Antwort auf die Signale eines Männchens. Ihre Trommelwirbel sind aber kürzer und seltener zu hören.

Trommeln als wirksames, also weithin zu hörendes Signal fordert ein „Instrument" mit guten Resonanzeigenschaften, das möglichst hoch liegen sollte, um den Schall weit in alle Richtungen zu tragen. In Wald und Gehölz bieten sich trockene Äste und Stammabschnitte an. Buntspechte in der halboffenen Zivilisationslandschaft und in menschlichen Siedlungen haben erkannt, dass viele vom Menschen errichtete Strukturen sich hervorragend als Trommel eignen und produzieren ihre lauten Wirbel an Fahnenstangen, Sirenen, Isolatoren, Blechdächern, Parabolantennen, Dachrinnen oder Leitungsmasten. Da optimale Resonanzböden aber in manchen Revieren spärlich sind, lohnt es sich, nicht nur findig zu sein und möglichst viele Plätze auszuprobieren, sondern einmal als gut erkannte auch immer wieder aufzusuchen und exakt die Stelle mit den günstigsten Resonanzeigenschaften zu benutzen. In einem Buntspechtrevier trommelte das Männchen (immer dasselbe?) neun Jahre lang jeweils 20 bis 40 Tage auf Holzmasten, aber nur auf den wenige Quadratzentimeter großen Blechbändern, die an der Mastenspitze eine Abdeckplatte hielten. Besonders beliebt waren für den Blechtrommler jene Blechbänder, die sich aus der Verschraubung gelöst hatten und unter den Schnabelhieben in Schwingung gerieten[3]. Ein anderes Männchen suchte sich mehrere Jahre hintereinander unter den Häusern entlang einer Straße die hölzerne Schmuckverkleidung von Dachträgern (Pfetten) heraus. Eine von 11 im Angebot an zwei Häusern nebeneinander war etwas lose. Ihre Resonanzeigenschaft steigerte die Lautstärke des Wirbels so sehr, dass für die Bewohner jeder Tag mit Salven aus einer Maschinenpistole begann[4].

Die Treue zu einem als erfolgreich versprechenden Platz hat Buntspechten eine schlechte Presse verschafft. Hauswände mit Wärmedämmung klingen hohl, wenn Spechte mit dem Schnabel dagegen schlagen und versprechen daher Nahrung durch holzbewohnende Insekten und deren Larven. Ist die harte Außenhaut durchschlagen, lässt es sich gut weiterarbeiten und auch eine Höhle in der weichen Isolierschicht bauen. Wenn Buntspechte eine für brauchbar befundene Stelle vielfach immer wieder aufsuchen, können beträchtliche Schäden entstehen. Für Lösung der entstehenden Konflikte findet man im Internet von NABU und LBV, von der Schweizer Vogelarte Sempach[5] oder im Spechtbuch von Wimmer und Zahner[6] verschiedene Vorschläge. Sie liegen aber sicher nicht im Abschuss der Spechte oder in anderen Maßnahmen, die „Übervermehrung" von Buntspechten zu „regulieren", wie von erbosten Hausbesitzern gelegentlich gefordert wurde. In bewohnten Gebieten herrscht mangels alter Bäume, die oft aus Sicherheitsgründen beseitigt oder kräftig beschnitten werden, auch Knappheit im Angebot an Möglichkeiten, Brut- oder Schlafhöhlen zu zimmern[7].

Buntspechte verbringen fast ihr ganzes Leben im Kletterhang an Bäumen. Damit im Zusammenhang haben sich drei Fähigkeiten entwickelt, die nur mit besonderer anatomischer Ausstattung zu meistern sind: (1) Hängen und rasche Fortbewegung in der Vertikalen, (2) kraftvoller Einsatz des Kopfes beim Nahrungserwerb, Höhlenbau und Trommeln, (3) lange, flexible Zunge, die in enge Höhlungen eindringen und Beutetiere herausholen kann.

Dem Halt an senkrechten Strukturen und dem Klettern dienen kurze Beine, ein kräftiger Kletterfuß und der Stützschwanz. Der Kletterfuß trägt kräftige Zehen, zwei nach vorne, eine nach außen und eine nach hinten gerichtet. Drei Zehen, die nach vorne und hinten, werden durch eine gemeinsame Sehne gegeneinander gezogen. Die stark gekrümmten nadelspitzen Krallen schlagen wie Steigeisen in den Stamm ein. Die vierte Zehe bewegt sich mit einer eigenen Sehne. Sie spielt offenbar keine entscheidende Rolle beim Klettern, denn der Dreizehenspecht kommt ohne sie aus. Den Vortrieb beim Klettern leisten allein die Beine gegen Schwerkraft und Trägheitskräfte[8]. Der Stützschwanz verhindert das Abrutschen. Er besteht aus 12 stabilen keilförmigen Federn mit steifen und robusten Ästen. Die beiden äußersten sind kurz, die zwei langen mittleren besonders bruchfest. Die Federäste spreizen sich an Unebenheiten der Unterlage ein und helfen damit zu verhindern, dass der Körper abrutscht. Da Federn nicht ein Vogelleben lang halten und von Zeit zu Zeit gewechselt werden müssen, sorgt die Abfolge der Schwanzfedermauser dafür, dass sich der Körper immer auf den Stützschwanz verlassen kann. Die beiden innersten Stützfedern fallen erst dann aus, wenn die äußeren alle nachgewachsen sind und die Stützfunktion übernehmen können[6]. Der gesamte Kletterapparat erlaubt Buntspechten, sich in kurzen Sprüngen nach oben zu bewegen. Nach unten müssen sie rückwärts klettern, der Stützschwanz wird dabei etwas angehoben oder seitwärts geschlagen.

Die kräftigen Hackschläge ohne Gehirnerschütterung auszuhalten, bedarf eines Kopfes mit Stoßdämpfern. Das Dämpfungssystem sitzt im Übergang vom Schnabel zum Schädel. Der Vorderschädel ist mit einem schwammigen Knochensystem verstärkt, das die Wucht der Schläge absorbiert und nicht unmittelbar an den Schädelknochen weiterleitet. Zudem ist die Augenhöhle fast vollständig verknöchert und mit einem knöchernen Ring stabilisiert, die Schädeldecke vergleichsweise stabil und kräftig, die äußere Hirnhaut zäh und fest. Die Kraft der

Buntspechte kommen im Winter auch einzeln an Futterstellen.

Schläge liefert die besonders komplizierte Skelettmuskulatur des Halses[8,9,10]. Verbreiterte erste Rippenbögen und knöcherne Verbindungen durch Querstreben fangen ebenfalls die Belastungen auf. Der ganze Körper wirkt damit als Stoßdämpfer, der aber nur funktionieren kann, wenn Muskeln in kürzesten Zeiteinheiten vor dem Aufprall des Schnabels koordiniert reagieren[6].

Die schlanke Zunge kann, bis zu 4 cm aus dem Schnabel herausgestreckt, rasch in kleine Hohlräume eindringen, die durch Hacken oder Stochern freigelegt worden sind. Mit ihrer Harpunenspitze spießt sie weichhäutige Larven auf und zieht sie zurück, bei stärker chitinisierten Insekten helfen sicher auch Zungenborsten und Speichel mit, die Beute festzuhalten. Ständiges Züngeln erneuert jedenfalls den Speichelüberzug der Zunge[2,8].

Die Nahrung der Buntspechte ist vielseitig und fordert unterschiedliche Strategien und Techniken des Nahrungserwerbs. Insekten, vor allem deren Larven, werden im Holz aufgespürt oder von der Oberseite von Stämmen, Ästen, Blättern, mitunter auch vom Boden abgelesen. Als Hacken und Stochern kann man solche Techniken zusammenfassen. Emsiges Abklopfen mit dem Schnabel, das wohl akustische Hinweise ergibt, äußere optische Merkmale und gezielte Untersuchung kleiner Löcher, Ritzen und Spalten sowie offensichtlich erstaunliches Lernvermögen sichern den Erfolg. Vor allem im Winterhalbjahr ernähren sich Buntspechte oft ausschließlich von Koniferensamen. Auch Walnüsse und Haselnüsse und die Nüsschen der Hainbuche nehmen sie gerne. Die Bearbeitung der Objekte findet oft in sogenannten Spechtschmieden statt, Ritzen oder Löchern, in denen Zapfen oder Nüsse eingeklemmt werden. Dann arbeitet der Meißelschnabel mit kräftigen Hackschlägen, um Zapfenschuppen zu beseitigen oder eine harte Schale zu spalten. Eine Spechtschmiede kann sich aus Gelegenheit zufällig ergeben, aber auch vom Specht ausgehackt und zugerichtet werden. In jedem Fall verbraucht der Transport eines zu bearbeitenden Nahrungsobjekts zur Schmiede Energie. Daher lohnt es sich, eine Schmiede nicht zu weit von der Sammelstelle entfernt anzulegen und sie bei guter Eignung wieder aufzusuchen. Unter beliebten, über größere Zeitfenster benutzten Spechtschmieden sammeln sich dann beachtliche Mengen von Zapfenschuppen und aufgeklopften Zapfen. Die Nutzung von Schmieden, ihre Anlage und gegebenenfalls Zurichtung als Werkzeug unter verschiedenen Voraussetzungen hat zu vielen eingehenden Beschreibungen geführt, die unbestritten die Vielseitigkeit und Lernfähigkeit des Buntspechts dokumentieren[2,8]. Übrigens: Kleinere Sünden lässt sich der Buntspecht nicht ganz so selten zu Schulden kommen, denn im Angebot von Nistkästen für Singvögel nützt er gelegentlich die Chance, eine Brut zu plündern. Spechtsichere Nistkästen, die er nicht aufklopfen kann, sind das wirksame Gegenmittel[11].

Eine weitere Art der pflanzlichen Ernährung, die in vielen Publikationen z. T. ausführlich beschrieben wird, führt im Frühjahr zu einer eigenartigen Gewinnung von Baumsaft. Dazu schlagen Buntspechte in horizontalen Reihen kleine Löcher in die Rinde einiger Nadel- und Laubbäume, die sich oft wie Ringe um den Stamm ziehen. Das Verhalten ist als Ringeln bekannt und in Europa an mindestens 44 Gehölzarten festgestellt worden. Der aus den Löchern im Frühjahr austretende Saft wird mit der Zunge oder dem Unterschnabel aufgenommen. Im Folgejahr suchen viele Buntspechte die früher geschlagenen Saftlöcher wieder auf, bevor sie neue schlagen. Das und noch viel mehr ist über Ringelbäume und Buntspechte dokumentiert[2,8]. In einem zweibändigen Werk wird aber neuerdings die Deutung des Ringelns in Frage gestellt, weil je nach Baumtyp nahrungsreiche Säfte nur sehr spärlich oder bei Blutern reichlich, jedoch sehr arm an Nährstoffen flössen. Damit hätte das Ringeln keinerlei Bedeutung und wäre eine ursprüngliche Verhaltensweise, die keinerlei Funktion mehr besitzt (Atavismus)[12]. Immerhin ist Baumsaft noch nicht als Nahrung im Spechtmagen nachgewiesen und das Trinken von Saft fotografisch belegt. Der Aufwand für das Ringeln ist enorm und kann im Frühjahr ein Drittel der zu Nahrungsaufnahme verwendeten Zeit beanspruchen. Auch die Häufigkeit von Ringelbäumen kann beachtlich sein. Im Tiergarten Hannover zählte Egbert Günther z. B. über hundert Bäume mit alten Ringelspuren und beobachtete im März zweier aufeinanderfolgender Jahre lebhafte Ringeltätigkeit[18]. Das alles spricht dagegen, dass Ringeln nur überflüssiger Zeitvertreib sein sollte, der keinerlei Bedeutung für den Nahrungserwerb hätte[13]. Da gibt es also für Spechtforscher, von denen viele in der Arbeitsgruppe Spechte der Deutschen Ornithologen-Gesellschaft arbeiten, noch Einiges zu klären.

Qualität und Ausmaß der Kalamitäten von heute machen den Buntspecht als Vertilger von Borkenkäfern wohl kaum mehr zum „wahren Erhalter der Wälder“. Seine Bedeutung liegt in der Berufsbezeichnung für Spechte als Zimmerleute des Waldes. Eine Baumhöhle bietet für die Brut mehrere Vorteile: Schutz vor Witterung und Unterstützung des Wärmehaushalts der Nestlinge, bessere Sicherung vor Nestplünderern. Grundsätzlich ist der Bruterfolg von Höhlenbrüten daher merklich höher als bei Freibrütern mit offenem Nest. Aber geeignete Höhlen sind nicht häufig und viele Höhlenbrüter, wie Eulen, Hohltaube oder manche Singvögel, können keine eigene Höhle zimmern. So entsteht häufig harte Konkurrenz um geeignete Bruthöhlen, an der nicht nur Vögel, sondern auch Fledermäuse, Bilche oder Insekten beteiligt sind. Der Buntspecht als häufigster Specht sorgt mit seinem Höhlenbau für ein unverzichtbares Angebot, denn er liefert Nachmietern eine Brutmöglichkeit oder einen lebenswichtigen Unterschlupf. Der von Brehm geäußerte Tadel einer geringen Ausdauer beim Höhlenbau tut dem Buntspecht etwas Unrecht, denn mancher aufgegebene Arbeitsbeginn ist eher ein Test, ob der erwählte Baum für die Anlage einer Bruthöhle auch wirklich geeignet ist. Außerdem werden Anfänge in späteren Jahren oft wieder aufgesucht. Mitunter erleichtert beginnende Fäulnis an der alten Baustelle jetzt eine lohnende Weiterarbeit. Seine Höhlen benutzt der Buntspecht zwar oft mehrere Jahre hintereinander, doch zwingen Veränderungen dann mitunter zum Höhlenwechsel[14]. Als Zimmermann des Waldes sorgt der Buntspecht zusammen mit anderen Spechtarten also für Biodiversität im Wald. Der Spechtschutz hat sich daher mit den wirtschaftlich begründeten Eingriffen und Umbau im Wald auseinanderzusetzen[15,16], denn „ohne Specht fehlt ihm ein zugehöriges Lebenselement“ wusste man schon vor rund 140 Jahren[17].

Feldlerche

Verstummender Frühlingsbote, Signale für Agrarpolitik

Uns gilt die Feldlerche als Frühlingsbote; denn sie erscheint zur Zeit der Schneeschmelze, bisweilen schon im Anfange des Februar, hat zu Ende dieses Monats meist bereits ihre Wohnplätze eingenommen, verweilt auf ihnen während des ganzen Sommers und tritt erst im Spätherbste ihre Winterreise an, welche sie bis Südeuropa, höchstens bis nach Nordafrika führt.

Ihren allbekannten Gesang, welcher Feld und Wiese der Ebene und des Hügellandes, selbst nicht allzunasse Sümpfe, in herzerhebender Weise belebt, beginnt die Lerche unmittelbar nach ihrer Ankunft und setzt ihn so lange fort als sie brütet. Vom frühesten Morgengrauen bis zur Abenddämmerung singt sie, ein um das andere Mal sich vom Boden erhebend, mit fast zitterndem Flattern allmählich höher und höher aufsteigend, dem Auge zuweilen beinahe verschwindend, ohne Unterbrechung, ausdauernder als jeder andere Vogel, beschreibt dabei weite Schraubenlinien, kehrt allmählich zur Ausgangsstelle zurück, senkt sich mehr und mehr, stürzt mit angezogenen Flügeln wie ein fallender Stein in die Tiefe, breitet hart vor dem Boden die Schwingen aus und läßt sich wiederum in der Nähe ihres Nestes nieder. Der Gesang besteht zwar nur aus wenigen hellen, reinen, starken Tönen, aber unendlich vielen Strophen, welche bald trillernd und wirbelnd, bald hell pfeifend erklingen, von den verschiedenen Sängern aber in mannigfach abgeänderter Weise vorgetragen, von einzelnen Meistern auch durch nachgeahmte Theile aus anderen Vogelliedern wesentlich bereichert werden. Selbst Weibchen zwitschern und schon die jungen, erst vor wenigen Wochen dem Neste entflogenen Männchen erproben ihre Kehle.

Das Nest findet man oft schon im Anfange des März, gewöhnlich in Getreidefeldern und Wiesen, jedoch auch in Brüchen auf erhöhten Inselchen, welche mit Gras oder Seggen bewachsen, sonst aber ganz eng von Wasser umgeben sind. Die kleine Vertiefung, in welcher das Nest steht, wird im Nothfalle von beiden Lerchen selbst ausgescharrt oder wenigstens erweitert und bezüglich gerundet; dann baut sie das Weibchen unter Mithilfe des Männchens dürftig mit alten Stoppeln, Grasbüscheln, zarten Wurzeln und Hälmchen aus und bekleidet die Nestmulde vielleicht noch mit einigen Pferdehaaren. Beide Geschlechter brüten abwechselnd und zeitigen die Eier binnen fünfzehn Tagen. Die Jungen entschlüpfen, wenn sie laufen können, dem Neste.

Feldlerche (Brehms Thierleben. *2. Aufl.*)

Alle kleinen vierfüßigen Räuber, von der Hauskatze oder dem Fuchse bis zum Wiesel und der Spitz- und Wühlmaus herab, und ebenso Weihen, Raben, Trappen und Störche gefährden die Lerchenbrut, Baumfalk, Merlin und Sperber auch die alten Vögel […]. Die Feldlerche nimmt mit der gesteigerten Bodenwirtschaft an Menge zu, nicht aber ab.

Feldlerchen leben am Boden und in der Luft. Sie brauchen einen weitgehend freien Horizont; Büsche und Bäume, menschliche Bauten oder andere vertikale Strukturen werden nur in großen Abständen geduldet. Das ergeben viele Untersuchungen übereinstimmend. Die gegenwärtige Situation könnte aber einen falschen Eindruck erwecken, denn die heutigen Brutplätze im weithin offenen Kulturland sind das Ergebnis einer durch Menschen veränderten Umwelt. Feldlerchen siedeln nicht nur in der weithin offenen Agrarlandschaft, sondern auch auf halboffenen Flächen, die nicht intensiv bewirtschaftet werden. In solchen Fällen reichen auch kleinere Reviere für den Nachwuchs aus, der Waldrand muss also nicht in weiter Ferne liegen[1]. Das könnte bedeuten, dass Feldlerchen ursprünglich keine reinen Ackervögel waren, sondern auf unterschiedlichen kleineren und größeren Freiflächen brüteten. Die Annahme, Feldlerchen seien erst ab der Jungsteinzeit und später mit zunehmender Rodung und Ausdehnung des Ackerbaus in Teile Europas eingewandert, müsste demnach etwas korrigiert werden. Sicher haben sich Feldlerchen mit wachsender Fläche für Landwirtschaft auf Kosten der Wälder über weite Flächen verbreitet und, wie Brehm betont, im 19. Jahrhundert mit traditioneller Landbewirtschaftung in Mittel- und Westeuropa noch zugenommen und ihren größten Bestand erreicht. Es war die Zeit, in der im Frühjahr der Himmel über Äckern und Wiesen voller singender Lerchen hing.

Der auch in der Poesie viel besungene Gesang der Lerche stellt für einen kleinen Vogel eine ganz besondere Leistung dar. Wer auf weithin ebenen Flächen ohne Bäume seinen Anspruch auf ein Brutrevier mit Gesang markiert, muss sich etwas einfallen lassen, um eine Fernwirkung zu erreichen. Höhere Singwarten fehlen in der Regel am Brutplatz und in seiner Umgebung. Feldlerchenmännchen haben neben einem weniger auffallenden Bodengesang einen Fluggesang entwickelt. Sie steigen gegen den Wind einige Meter lautlos auf und schrauben sich singend bis über 50 m in die Höhe. Bei Windstille stehen die Sänger dann in der Luft, fallen etwas mit angelegten Flügeln, gewinnen mit einigen Schlägen wieder an Höhe und kreisen intensiv singend. Erst nach Minuten, ausnahmsweise erst nach einer halben Stunde, stürzen die Sänger steil herab oder lassen sich mit ausgebreiteten Flügeln wie an einem Fallschirm abgleiten. Die Bewegungsabfolge ist unterschiedlich, passt sich auch den Windverhältnissen an. Zur Erleichterung des Aufsteigens und um Höhe zu halten, richten sich die Sänger stets gegen den Wind, der den Auftrieb fördert. Doch bleibt die erstaunliche Leistung eines kontinuierlichen oder nur kurz unterbrochenen Gesangs, in dem viele unterschiedliche Motive aneinandergereiht werden, in Kombination mit Flugbewegungen. Beides strengt an. Die Laute werden beim Ausatmen ausgestoßen, in den Pausen wird wieder Luft geholt. Aber rasche Lautfolgen erfordern eine komplexe Abstimmung zwischen Atmungssystem und Schwingungen der stimmgebenden Syrinxmuskulatur. Während er ohne große Unterbrechungen seine Strophen vorträgt, muss sich der Sänger mit seinen Flügeln in der Luft halten.

Der singende Himmel entsteht, weil sich Nachbarn gegenseitig zum Singen anregen, dabei aber vermeiden, gleichzeitig zu singen, sodass der Gesangsteppich kaum Lücken aufweist[1]. Die Reviermännchen sind mit dem Gesang der Nachbarn vertraut. Sie sind zwar Konkurrenten, doch zeigt sich in Playback-Experimenten, dass Reaktionen auf nachbarlichen Gesang schwächer sind als auf fremden. Man hat sich also etwas aneinander gewöhnt. Dies macht sich in der Mitte der Brutzeit bemerkbar, wenn die Reviere stabil sind, nicht jedoch am Anfang zur Zeit der Revierbesetzung und Paarbildung, aber auch nicht am Ende, wenn die flüggen Jungen selbständig und damit Grenzübergriffe häufiger werden[2]. Reduzierte Aggression gegenüber den Nachbarn entsteht offensichtlich, weil gemeinsame Silbenfolgen in den Gesängen der an einem Ort benachbarten Männchen vorgetragen werden. Männchen von entfernteren Plätzen singen dagegen nur wenige durch gemeinsamen Gebrauch vertraute Silben und keine ähnliche Silbenfolgen. Revierbesitzer können also Nachbarn von Fremden ganz offensichtlich am Gesang unterscheiden, es entwickeln sich Mikrodialekte. Unterschiedliche Gruppensignatur spart aggressiven Einsatz gegenüber jenen Konkurrenten, denen man häufig begegnet. Investition in einen aufwendigen Fluggesang lohnt sich also, denn sie spart alltägliche Auseinandersetzungen[3,4]. Die Sänger verarbeiten nicht nur Signale von Artgenossen in ihren Gesang, sie richten sich auch nach akustischen Herausforderungen der Umgebung. Im Lärm von Windrädern, die in neuester Zeit den Feldlerchen nahe gerückt sind, singen Männchen mit höherer Frequenz als Artgenossen auf freien Flächen und als Sänger, die in der Umgebung von stillgelegten Windrädern singen, ihren Gesang aber dann ändern, wenn die Geräte wieder arbeiten. Damit ist auch erwiesen, dass Windräder an sich die Reviermarkierung nicht stören, wohl aber der Lärm, den sie erzeugen[5].

Vögel, die ihre Nester auf dem Boden anlegen, sind in den intensiv genutzten Offenlandschaften von heute in ihrem Fortbestand gefährdet. So haben auch Feldlerchen so gut wie überall in Europa abgenommen. Hunderte von Publikationen bieten detaillierte Informationen, die Zahlen sind erschreckend. Aktuelle Bestandszahlen grenzen aber die Probleme nur grob ein. Rasch wachsende Erntepflanzen auf Äckern und durch Düngen gesteigertes Graswachstum auf Grünflächen ändern während einer einzigen Brutzeit die Habitatverhältnisse so stark, dass Revierwahl und Anlage von Nestern im Frühjahr oder Frühsommer sich als Sackgassen erweisen können und einmalige Bestandsaufnahmen pro Brutzeit die Verhältnisse nur unzureichend beschreiben[6]. Das Schicksal der Feldlerche ist zum Symbol für den Niedergang der Biodiversität als Folge der Agrarpolitik in Europa geworden. Daran können lokale und in ihrer Dimension keinesfalls ausreichende Hilfsmaßnahmen wenig ändern. Man hat schon viel unternommen, um den Lerchen zu helfen, vor allem in der Zusammenarbeit zwischen Landwirten und Naturschutz im sogenannten Vertragsnaturschutz, der Einschränkungen in der Nutzung vorsieht und dafür Entschädigungen zahlt. So etwa bei den Lerchenfenstern in Getreidefeldern. Viele offene Stellen im Feld sollen dafür sorgen, dass Feldlerchen wieder in das dichte Halmenmeer einfliegen können und zu den Nestern gelangen, die nahe den Fensterrändern wiederum besser von Licht und Wärme erreicht werden[6,7,8,9]. Nicht immer bringen aber solche kleinflächigen Maßnahmen auch den erwünschten Erfolg[13]. Er hängt vor allem vom Anbau auf großen umgebenden Flächen ab[10].

Modellrechnungen auf der Grundlage der wirtschaftlichen Entwicklungen und intensiver Bestandsaufnahmen brütender Feldlerchen prognostizieren für das östliche England auf Flächen marktgerechter Bewirtschaftung (Zunahme von Weizen und Raps ohne Flächenstilllegung) für fünf Jahre eine Abnahme von 11-14%, für Flächen mit Energiepflanzen von etwa 5%. Wirksame Abschwächung des Niedergangs fordert also eine Änderung der Landnutzungspolitik in der Fläche, muss sich aber auch Herausforderungen anderer Entwicklungen stellen, etwa dem Klimawandel[12]. Sorgfältige Untersuchungen in Deutschland geben der Feldlerche ohne Fördermaßnahmen regional kaum mehr eine Zukunft[13]. Für Deutschland hat der Dachverband Deutscher Avifaunisten in den 24 Jahren zwischen 1992 und 2016 eine Abnahme von 45% errechnet, für die 12 Jahre von 2004-2016 von 11%. Damit befinden sich Feldlerchen in „guter" Gesellschaft, denn von 22 Arten der „Hauptagrarlebensräume" haben bei uns mehr als zwei Drittel in 25 Jahren teilweise erheblich abgenommen und signalisieren die Vernichtung von Biodiversität durch die landwirtschaftliche Bodennutzung[14]. Die Ursachen sind damit aber noch nicht vollständig benannt, denn landwirtschaftliche Flächen verschwinden unter Gewerbegebieten, Straßen oder Siedlungen. Das, was übrig bleibt, ist mit einem Bündel von Faktoren, die den Schwund der Biodiversität fördern, belastet: Herbizide und Insektizide – Eutrophierung durch Stickstoffeinträge (Gülle) – kein Brachland mehr und Verlust von wichtigen Kleinstrukturen (Feld- und Wegränder, Säume, Flurgehölze, Kleingewässer usw.) – enorm wachsende, einheitliche, intensiv genutzte Anbauflächen – arbeitsintensiver und im Tempo zunehmender, maschinengestützter Anbau- und Erntebetrieb – Veränderung der Grünlandwirtschaft durch Abnahme von Beweidung, Zunahme an Düngung und Zahl der Mahden, Entwässerung – Intensivkulturen (z. B. Spargel). Die Liste lässt keinen Zweifel daran, dass es zum Schutz von Biodiversität um grundsätzliche Veränderungen gehen muss.

Über vielen Äckern ist der Fluggesang der Feldlerche verstummt.

So hat für die Weiterentwicklung der Gemeinsamen Agrarpolitik (GAP) die Deutsche Ornithologen-Gesellschaft ein Positionspapier erarbeitet, das die für nachhaltige Biodiversität erforderlichen Maßnahmen zusammenstellt, die auf der Fläche umgesetzt werden müssen. Für Ackerbaugebiete sind 20-25% der Flächen für Brachen, mehrjährige Blühflächen, Ackerrand- und Pufferstreifen, Äcker mit Extensivgetreide und Schutzäcker für Ackerwildkräuter vorzusehen. In Grünlandgebieten müssen extensiv genutzte Wiesen und Weiden, Puffer- und Uferrandstreifen oder Altgrasflächen 25-50% der Fläche ausmachen. Das sind aber nur die Rahmen, innerhalb derer gezielte Artenschutz- und Umweltmaßnahmen umgesetzt werden müssen, die sich vielen Herausforderungen zu stellen haben, vom Einsatz an Pestiziden bis zur Förderung gezielter Schutzmaßnahmen und Beratung von Landwirten[14]. Die Feldlerche ist zum Politikum geworden.

Grauschnäpper

Seine Stimmmittel sind sehr gering

Er ist durchaus nicht wählerisch, sondern nimmt mit jedem Busche vorlieb, welcher nur einigermaßen seinen Ansprüchen genügt. Hohe Bäume, namentlich solche, welche am Wasser stehen, bieten ihm alles zu seinem Leben erforderliche. Das Treiben des Menschen scheut er nicht, siedelt sich deshalb häufig inmitten der Dorfschaften, ja selbst eines Gehöftes an, haust aber auch ebenso gut an Orten, welche der Mensch nur selten besucht. Das Wohngebiet eines Paares beschränkt sich oft auf einen Hektar, unter Umständen sogar auf einen noch geringeren Raum. Je nachdem die Witterung günstig oder ungünstig ist, erscheint er zu Ende des April oder am Anfange des Mai, gewöhnlich paarweise, schreitet bald nach seiner Ankunft zur Fortpflanzung und verläßt uns wieder zu Ende des August oder am Anfange des September.

Grauschnäpper (links), Trauerschnäpper, Männchen im Prachtkleid (rechts).
(Brehms Thierleben. *2. Aufl.)*

Der Fliegenfänger ist ein sehr munterer und ruheloser Vogel, welcher den ganzen Tag über auf Beute auslugt. In der Höhe eines Baumes oder Strauches auf einem dürren Aste oder anderweitig hervorragender Zweigspitze sitzend, schaut er sich nach allen Seiten um, wippt ab und zu mit dem Schwanze und wartet, bis ein fliegendes Kerbthier in seine Nähe kommt. Sobald er dasselbe erspäht hat, fliegt er ihm nach, fängt es mit viel Geschicklichkeit, wobei man deutlich das Zusammenklappen des Schnabels hört und kehrt auf dieselbe Stelle, von welcher er ausflog, zurück [...]. Seine Stimmmittel sind sehr gering. Der Lockton ist ein langweiliges „Tschi tschi“, der Ausdruck der Zärtlichkeit ein verschieden hervorgestoßenes „Wistet“, der Angstruf ein klägliches „Tschirecktecktecks“, welches mit beständigem Flügelschlagen begleitet wird, der Gesang ein leises, zirpendes Geschwätz, welches der Hauptsache nach aus dem Locktone besteht und durch die verschiedenartige Betonung desselben etwas abändert.

Fliegende Kerbthiere mancherlei Art, vor allem Fliegen, Mücken, Schmetterlinge, Libellen und dergleichen bilden seine Nahrung. Ist die erlangte Beute klein, so verschluckt er sie ohne weiteres; ist sie größer, so stößt er sie vor dem Verschlingen gegen den Ast, bis er Flügel und Beine abgebrochen hat. Bei schöner Witterung erlangt er seine Nahrung mit spielender Leichtigkeit, bei Regenwetter muß er, wie die Schwalben, oft Noth leiden. Dann sieht man ihn ängstlich Bäume umflattern und, nach Fliegen spahen, kann auch beobachten, wie er, immer fliegend, die glücklich entdeckte Fliege oder Mücke von ihrem Sitzplatze wegnimmt oder sich, namentlich zu Gunsten seiner Jungen, sogar entschließt, Beeren zu pflücken [...].

Das Nest steht an sehr verschiedenen Stellen, wie sie dem Aufenthalte des Vogels entsprechen, am liebsten auf abgestutzten niederen Bäumen, namentlich alten Weidenköpfen, sonst auf kleinen Zweigen dicht am Schafte eines Baumes, zwischen Obstgeländern, auf einem Balkenkopfe unter Dächern, in weiten Baumhöhlen, Mauerlöchern, auch in Schwalbennestern, wird aus trockenen, feinen Wurzeln, grünem Moose und ähnlichen Stoffen zusammengetragen, innen mit Wolle und einzelnen Pferdehaaren und Federn ausgefüttert und sieht immer unordentlich aus.

Von der Kindesliebe des Fliegenfängers theilt Naumann eine rührende Geschichte mit. „Einst fing ein loser Bube ein altes Weibchen beim Neste, in welchem vier kaum halbwüchsige Junge saßen, und trug sie alle zusammen in die Stube. Kaum hatte der alte Vogel die Fenster untersucht, aber keinen Ausweg zur Flucht gefunden, als er sich schon in sein Schicksal fügte, Fliegen fing, die Jungen damit fütterte und dies so eifrig trieb, daß er in äußerst kurzer Zeit die Stube gänzlich davon reinigte. Um ihn mit seiner Familie nicht verhungern zu lassen, trug der Knabe beide zum Nachbar, mit dessen Fliegen er ebenfalls bald fertig ward. Er trug ihn abermals weiter, und so ging die Fliegenfängerfamilie im Dörfchen von Stube zu Stube und befreite die Bewohner von ihrer lästigen Gesellschaft, den verhaßten Stubenfliegen. Auch mich traf die Reihe, und aus Dankbarkeit bewirkte ich nachher der ganzen Familie die Freiheit. Die Jungen wuchsen bei dem niemals fehlendem Futter sehr schnell und lernten auch bald selbst Fliegen fangen."

Katze, Marder, Ratte, Mäuse und nichtswürdige Buben zerstören oft das Nest des Fliegenfängers, rauben die Eier oder tödten die Brut. Die alten Vögel scheinen wenig von Feinden behelligt zu werden. Der vernünftige Mensch gewährt ihnen nachdrücklich seinen Schutz. Der Fliegenfänger gehört, wie alle verwandten Vögel, zu den nützlichsten Geschöpfen und leistet durch Wegfangen der lästigen Kerfe gut Dienste.

Großflächig sind Grauschnäpper, wie die Grauen Fliegenfänger heute heißen, auf sogenannte Saumbiotope angewiesen, die horizontal und vertikal stark gegliedert sind. Einzeln und locker oder am Waldrand stehende Bäume bieten den Freiraum für die Wartenjagd auf vorbeifliegende Insekten, alte Baumgruppen und Gebäude sorgen oft für geeignete Nistplätze in Nischen oder Halbhöhlen. Heute brüten wohl deutlich mehr Grauschnäpperpaare in menschlichen Siedlungen als zu Brehms Zeiten, doch die Bestände nehmen ab. Im Wald bieten Astlöcher, abgebrochene Baumstämme, klaffende Rinde, Astquirle, aber auch Wurzelteller und in mittleren Gebirgslagen Spalten in Felswänden geeignete Neststandorte. In menschlichen Siedlungen kommt es zu einer großen Vielfalt der Nistplatzwahl, die oft auch zu Überraschungen und zu einer großen Nähe zu Menschen führt. So ist Naumanns Geschichte, abgesehen von den heute meistens nicht mehr in bedrohlichen Mengen vorhandenen Stubenfliegen, sicher nicht aus der Luft gegriffen und in manchen Abwandlungen noch aktuell. Grauschnäppernester wurden an Holzbauten, in Rankenpflanzen an Mauern, in morschen Zaunpfählen, an Grabsteinen, unter Dachvorsprüngen, hinter Abflussrohren, auf Lampenschirmen, in aufgehängten Kränzen über der Tür, in Blumenkästen, in alten Vogelnestern (z. B. Schwalben) oder in einer aufgehängten Gießkanne gefunden.

Und so gibt es viele Anekdoten von überraschten Bewohnern, die unversehens auf ein Grauschnäppernest stießen, obwohl sie den unauffälligen Vogel vorher gar nicht bemerkt hatten. Grauschnäpper halten einem einmal gewählten Brutplatz die Treue. In einer Beobachtungsserie von 43 Jahren in Südbayern brachte in einem kleinen Revier in mindestens 29 Jahren ein Paar Junge zum Ausfliegen; in 12 Jahren wurde derselbe Brutplatz gewählt[1]. Noch eindrucksvoller sind die Beobachtungen von Stefan Bosch, der über 28 Jahre ein Brutpaar am selben Platz verfolgte. Das entspricht einer Brutplatztreue von etwa acht bis zehn Grauschnäppergenerationen[2].

Mittlerweile hat man das Schicksal von Vogelbruten an und in Häusern genauer verfolgt, mit einem überraschenden Ergebnis. Unter 6874 Nestern von 11 Vogelarten, die am selben Ort brüteten, wurden außerhalb von Gebäuden 23,5% der Bruten zerstört, innerhalb nur 1%. Dies war im Wesentlichen darauf zurückzuführen, dass nestplündernde Elstern und Krähen niemals ins Innere von Gebäuden kommen. Die Zahl der Innenbruten, allen voran von Rauchschwalbe und Haussperling, aber auch von Amsel oder Grauschnäpper, hatte im Untersuchungsgebiet im Lauf der Jahre zugenommen. Offenbar dauert die Anpassung an die Nähe von Menschen nur relativ wenige Vogelgenerationen[3].

In Großbritannien waren unter 141 teilweise mit Digitalkameras kontrollierten Bruten 90 erfolgreich. Eichelhäher, Mäusebussard, Buntspecht und Hauskatze wurden als Nesträuber von Grauschnäppern nachgewiesen[4,5]. Aber die Nestverluste sind wahrscheinlich nicht entscheidend, um die merkliche Abnahme von Grauschnäppern zwischen 1965 und 1996 im Land zu erklären. Sie erwies sich als ein über die verschiedenen Habitate verteiltes Phänomen. Das deutete auf einen über die ganze Population wirkenden Faktor, der nicht auf individuelle Bruterfolge zurückzuführen ist. Offenbar spielte die Sterblichkeit der flüggen Jungen bis zu ihrer ersten Brutsaison die entscheidende Rolle, denn Ringfunde ergaben Hinweise auf zunehmende Verlustraten in den ersten Monaten, aber auch in späteren Abschnitten des ersten Lebensjahres[6].

Damit teilen Grauschnäpper das Los vieler Langstreckenzieher, deren Verluste auf dem Zug und im Winterquartier eine wichtige Größe in Modellen zur Erklärung von Bestandsentwicklungen geworden sind. Die ersten Grauschnäpper verlassen ihre Brutplätze schon mitten im Sommer. Der Höhepunkt des Abzuges fällt in den August, die letzten kann man noch im Oktober beobachten. Meist erst im Mai werden die Brutplätze wieder besetzt. Neben heimischen Brutvögeln sind aber in Mitteleuropa auch Durchzügler aus Nordeuropa zu erwarten. Die Funde in Deutschland beringter Vögel streuen von Südwesteuropa bis ins östliche Mittelmeer. Offensichtlich ziehen die im westlichen Deutschland brütenden Vögel nach Südwesten ab und gelangen

Grauschnäpper, einer der unauffälligsten heimischen Vögel

über Spanien nach Afrika. Im östlichen Deutschland herrschen Zugrichtungen von Südsüdwest bis Südsüdost vor. Wegzügler kommen nach Italien und offensichtlich von dort über das Mittelmeer. Zugscheiden, die verschiedene Abzugsrichtungen zwischen westlichen und östlichen Brutvögeln erkennen lassen, finden sich in Mitteleuropa bei mehreren Arten. Sie trennen zwar nicht immer die Zugwege unterschiedlicher Populationen, scheinen sich aber im Zusammenhang mit möglichst günstiger Überquerung des Mittelmeers entwickelt zu haben. Schon im September haben die ersten beringten Grauschnäpper das tropische Westafrika erreicht. Wo genau die Winterquartiere liegen, ist noch nicht ganz klar. Jedenfalls ziehen Grauschnäpper über Zentralafrika noch weiter südwärts, im tropischen Westafrika scheinen nur wenige zu überwintern.[7] Auch die lückenhaften Wiederfunde beringter Vögel lassen aber die enormen Herausforderungen erkennen, denen kleine Langstreckenzieher in der langen Zeit ihrer Abwesenheit vom Brutplatz begegnen müssen. Es kann viel geschehen, bis die flüggen Jungen einer Brut selbst wieder zur Erhaltung der Population beitragen können.

„Ohne besondere Merkmale“ leitet ein modernes Bestimmungsbuch für heimische Vögel das Kapitel Kennzeichen des Grauschnäppers ein. „Gesang sehr unauffällig“ oder „stimmfreudig, jedoch sehr einfaches Repertoire“ lautet die akustische Visitenkarte[8,9]. Grauschnäpper zählen zu den unauffälligsten tagaktiven Vögeln Mitteleuropas. Aus größerer Entfernung sind so gut wie keine sicheren Artkennzeichen im Gefieder auszumachen. Einen ersten Hinweis bietet die Gestalt: Grauschnäpper sitzen meist (aber nicht immer!) aufrecht auf einer Warte, im Profil fällt im günstigen Fall ein stattlicher Kopf mit feinem, horizontal gehaltenem Schnabel auf. Wie bei wenigen heimischen kleinen Singvögeln helfen beim Grauschnäpper Bewegung und Verhalten, eine Artbestimmung auch bei schlechten Lichtverhältnissen oder über größere Entfernung zu sichern. Der auf der Ansitzwarte verharrende Vogel fliegt plötzlich zu einem Stoßflug auf, um ein nahe vorbeifliegendes Insekt zu fangen. Hat er nach kurzer Flugjagd Erfolg, kehrt er meistens wieder auf die Sitzwarte oder ganz in ihre Nähe zurück. Bei längeren und dann auch oft vergeblichen Jagden kann der Ansitz auch gewechselt werden. Ruhiges Sitzen, plötzliches Auffliegen und Landung nach kurzer Flugschleife sind so typisch, dass die Bewegungsmuster auch in schwierigen Fällen weiterhelfen, einen kleinen unscheinbaren Vogel richtig einzuordnen. Absolut sicher ist die Diagnose freilich nicht, aber ein gutes Beispiel dafür, dass auch die besten Vogelbilder nicht immer geduldiges Beobachten ersetzen.

Hausrotschwanz

Felsvogel auf dem Dach

Im Süden unseres heimatlichen Erdtheils ist er Standvogel, im Norden nöthigt ihn der Winter, sein Brutgebiet zu verlassen und nach Südeuropa, Kleinasien, Syrien, Palästina und Nordafrika zu flüchten. Ursprünglich Gebirgskind und Felsenbewohner, hat der gegenwärtig bei uns zu Lande zum Hausthiere gewordene Vogel nach und nach sich bequemt, auf dem Wohnhause des Menschen Herberge zu nehmen, ohne zwischen der volkreichen Stadt und dem einsamen Gehöfte einen Unterschied zu machen. Er ist in demselben Verhältnisse weiter nach Norden vorgedrungen, in welchen die hier üblichen Häuser mit Strohdächern durch solche mit Ziegeldächern ersetzt worden sind. Aber noch heutigen Tages lebt er in Südeuropa wie in der Schweiz, hier und da selbst in unseren Mittelgebirgen, nach Altväterweise an steil abfallenden Felsenwänden, und noch gegenwärtig ist er in ganz Norddeutschland eine seltene Erscheinung. Am Rheine soll er erst seit 1817 hausen und ebenso, wie diesen Theil unseres Vaterlandes hat er sich auch Großbritannien erst in der Neuzeit erobert, Irland vom Jahre 1818, England vom Jahre 1829 an. Und noch scheint er weiter und weiter nördlich zu wandern; denn neuerdings hat man ihn auch auf den Färinseln und im südlichen Skandinavien beobachtet. Im Gebirge ist er überall häufiger als in der Ebene, nimmt hier wohl auch mit einem Schindeldach vorlieb.

Bei uns zu Lande erscheinen die Hausrothschwänze im letzten Drittel des März, in Süddeutschland schon etwas früher. Auch sie reisen einzeln während der Nachtzeit, die Männchen voraus, die Weibchen einige Tage später. Sofort nach der Ankunft in der Heimat nimmt der Vogel auf derselben Dachfirste, welche sein Lieblingsaufenthalt war, wieder seinen Stand, und nunmehr beginnt sein reges, lebendiges Sommertreiben. Er ist ein ungemein regsamer, thätiger, munterer, unruhiger und flüchtiger Gesell, und vom Tagesgrauen bis nach Sonnenuntergang wach und in Bewegung: sein Lied gehört zu den ersten Gesängen, welche man an einem Frühlingsmorgen vernimmt, seine einfache Weise erklingt noch nach der Dämmerung des Abends [...]. Er ist außerordentlich hurtig und gewandt, hüpft und fliegt mit gleicher Leichtigkeit und bückt sich oder wippt wenigstens mit dem Schwanze bei jeder Veranlassung, auch wohl ohne eine solche. Seine Haltung im Sitzen ist eine aufgerichtete, kecke [...] - seine

Flugfertigkeit ist so groß, daß er nach Fliegenfängerart Beute gewinnen, nämlich fliegende Kerbthiere bequem einholen und sicher wegschnappen kann. Seine Sinne sind vorzüglich, sein Verstand ist keineswegs gering entwickelt. Klug und fündig, weiß er sehr wohl, seine Feinde zu würdigen, ist sogar mißtrauisch seinen Freunden gegenüber, traut dem Menschen, bei welchem er sich zu Gaste bittet, in der Regel nicht, hält sich lieber in einer bescheidenen Entfernung von ihm, wo möglich auf der Firste des Hausdaches auf. Hier fühlt er sich sicher und nimmt anscheinend keinen Antheil am Getreibe unter ihm.

Seine Lockstimme ist angenehm, sein Gesang aber nicht viel werth und durch ein sonderbares Schnarren ausgezeichnet. Erstere klingt wie „Fid tek tek" und wird bei Angst oder Gefahr unzählige Male schnell wiederholt; letztere besteht aus zwei oder drei Strophen theils pfeifender, theils kreischender und krächzender Töne, welche jedes Wohlklanges bar sind.

Hausrotschwanz. Männchen links. Weibchen rechts. (Chromolitho um 1910)

Wann der Felsvogel menschliche Bauwerke als Brutplätze entdeckte und erfolgreich besiedelte, wissen wir nicht genau. Jedenfalls hat er sich etwa ab der Mitte des 18. Jahrhunderts im weitgehend felslosen Norden Mitteleuropas nach Norden ausgebreitet und während des 19. Jahrhunderts offenbar erst die Ebenen des nördlichen Mitteleuropa besiedelt. Die Vorstöße weiter nach Norden sind teilweise neueren Datums. Dänemark wurde z. B. 1872, Schweden etwa 1890, Südengland etwa 1920, Norwegen erst 1923 und Südfinnland 1966 erreicht. Die Landnahme ging aber meist nicht kontinuierlich vor sich, ersten Vorposten und Ansiedlungsversuchen folgte oft erst deutlich später eine dauerhafte Besiedlung, sodass Jahreszahlen meist nur grobe Anhaltspunkte für eine großräumige Entwicklung geben, die auch Brehm seinen Lesern nahebringen will. Die Nordausbreitung könnte auch mit dem beginnenden Klimawandel zusammenhängen, auf den die Ornithologen schon in den 1940er-Jahren aufmerksam wurden[1]. In der Geschichte der Bestandsentwicklungen und Ausbreitung spiegelt sich die menschliche wider. Das Wachstum der Städte hat bis ins Industriezeitalter die Ausbreitung begünstigt. Sowohl in England (z. B. in London[2]) mit einem nach wie vor sehr kleinen Brutbestand als vor allem auch in Deutschland vermutet man übereinstimmend eine neuerliche Zunahme der Brutpaare in den zerbombten Städten während des Zweiten Weltkriegs und der Nachkriegsjahre; genau gezählt hat in diesen schlimmen Zeiten natürlich niemand. Der Bauboom mit Einfamilien- und Reihenhäusern in den letzten Jahrzehnten des 20. Jahrhunderts hat in manchen Teilen Deutschlands zu einer weiteren Vermehrung der Brutplätze geführt, aber gebietsweise auch zu Rückgängen, die wiederum mit Sanierungen und Ersatz von Altbauten zusammenhängen mögen. Im Osten Deutschlands war nach der Wiedervereinigung diese Abnahme besonders auffällig, die man damit erklären könnte[3]. Gebäudebrüter gehen ohnehin schlechten Zeiten entgegen, sodass Vogelschutzverbände zu Bestandserfassungen aufrufen[4]. In den Niederlanden expandierte bis etwa 2000 der Hausrotschwanz nach Nordwesten, für die Abnahme der Dichte 2000-2015 könnte teilweise der Rückgang der Bauaktivität schuld sein[5].

Heute erreicht der Hausrotschwanz seine größten Dichten in Dörfern, Innenstadtbezirken, Industriesiedlungen und Gartenstädten. In der Felsstufe über der Baumgrenze in den Hochgebirgen, also in ihrer ursprünglichen natürlichen Heimat, brüten die Paare meistens in großen Abständen isoliert voneinander. Die Situation der heutigen Stadtvögel ist von der „Altväterweise" nicht so verschieden, wie es auf den ersten Blick scheinen möchte. Der Ersatz von Fels durch Mauern, Dächer, Stahlträger, die mitunter von Lärm umtost sind, als Standort des Nestes ist offensichtlich für den Vogel nicht von existenzieller Bedeutung. Man kann Hausrotschwänze als Nischen- oder

Halbhöhlenbrüter klassifizieren, die nicht nur in Felswänden, sondern auch an und bemerkenswerterweise oft in Gebäuden, an Mauern, auf und unter dem Boden, unter Steinen, ja selbst auf sich bewegenden großen Maschinen oder Fahrzeugen einen Platz für ihr Nest finden. In Bayern zog z. B. ein Paar seine Jungen auf dem Gestänge im Inneren eines Generators erfolgreich auf, der pro Tag 10-12 Stunden in Betrieb war und während der Fütterungen mehrfach seinen Standort wechselte[6]. In Thüringen entdeckte man ein Nest auf einem Metallträger unter einem Sattelschlepper. Während der Bebrütung muss das Weibchen als blinder Passagier mitgefahren sein und auch während der Nestlingszeit war der Lastkraftwagen teilweise im Einsatz. Immerhin flogen zwei Jungen aus[7]. Lärmende Werkshallen, wie stille Kirchenschiffe, die wenigstens durch kleine Öffnungen zugänglich sind, beherbergen nicht selten ihr Paar Hausrotschwänze, das unbekümmert um die Vorgänge im Raum seine Jungen füttert. In Dörfern und Städten gibt es eine Fülle geeigneter Angebote für die Anlage eines Nestes. Vor allem dämmrige, gut geschützte und oft abgedeckte Plätze sind beliebt[8]. Nisthilfen verschiedenster Art kann man dem Vogel anbieten, sollte aber dabei die baulichen Strukturen der unmittelbaren Umgebung und ihre Nutzung durch Menschen beachten[9]. Über Neststandorte im felsigen Hochgebirge weiß man bis heute vergleichsweise wenig. Sie sind nicht immer leicht zu finden.

Eine wichtige Voraussetzung zum Überleben in der Stadt ist, sich in fragmentierten Habitaten zurechtzufinden, die in sich durch hohe vertikale Strukturen gegliedert werden, wie sie in der offenen Landschaft nicht üblich sind. Dachfirste über hohen Mauerkomplexen, die nur durch schmale Straßenschluchten voneinander getrennt sind, bedeuten für einen Vogel, der einst an senkrechten Felswänden brütete, keine besonderen Herausforderungen. Wahrscheinlich wird das Schicksal des Hausrotschwanzes auch nicht durch Veränderungen im Angebot an potenziellen Neststandorten durch die Bautätigkeit des Menschen entschieden, sondern durch das Angebot an Nahrung. Hausrotschwänze sind nicht einfach durch mehr Stadtgrün zu halten. Als Brutvögel baumfreier Flächen im Hochgebirge, an Felsküsten oder in Steinbrüchen weichen sie Bäumen und üppigem Buschwerk aus. Baum- und strauchreiche Siedlungsviertel, die für die ehemaligen Felsbrüter unübersichtlich sind, senken die Dichte der Brutpaare. Auf vegetationsarmen Flächen, wie Schotter- und Sandplätzen, sogenannten Industrie- oder Baustellenbrachen mit artenreichem „Unkraut“, picken Hausrotschwänze Kleintiere vom Boden auf oder jagen sie von niedrigen Warten aus. Solche Flächen werden im Inneren von Städten immer seltener, weil sie als Grundstücke enormen Wert für Investitionen der Baubranche darstellen und zudem noch als „Schandflecke“ unerwünscht sind. Wahrscheinlich zwingt Nahrungsmangel auf dicht bebauten und versiegelten Flächen vor allem die flüggen Jungvögel, auf kurzrasige und vegetationsarme Flächen auszuweichen und von der Stadt mitten im Sommer auf baumfreie Kulturlandschaft zu wechseln. Der Hausrotschwanzsommer spielt sich daher großenteils fern von Häusern auf Dauergrünland mit Heustadeln, frisch umbrochenen Äckern, landwirtschaftlichen und industriellen Brachflächen, Abgrabungen, Bahndämmen oder Uferstreifen ab. Durchzügler bevorzugen im Spätsommer und Herbst ebenfalls solche weithin offenen Habitate mit schütterer oder kurzgehaltener Vegeta-

Hausrotschwanz, Männchen im Prachtkleid

tion, wenn das Angebot an Insekten und anderen Wirbellosen die Jagd einträglich macht.

„Seine Feinde zu würdigen" zählt aber trotz aller scheinbaren Unbekümmertheit um Menschenansammlungen, Verkehrs- und Fabriklärm oder Gestank durchaus zu den Anpassungen, die das Überleben einer Hausrotschwanzpopulation in unmittelbarer Nähe von Menschen fördern. Das herauszufinden und überzeugend zu belegen, bedarf einiger Voraussetzungen. In Nordosttibet untersuchte man die Reaktionen von Hausrotschwänzen, die keine Erfahrungen mit menschlichen Störungen hatten. Störung verursachten aber jetzt die Forscher, die alle zwei Tage die Nester kontrollierten, die Jungen beringten und andere kurzfristig störende Eingriffe vornahmen. In der auf die Störung durch Menschen folgenden Brutsaison legten die Paare ihre Nester weiter hinten in den Hohlräumen an, die als Brutstätten genutzt wurden. Ohne Störung waren im ersten Jahr die Nester nicht gut versteckt. Die durch Beringung individuell erfassten Brutvögel hatten also die Störungen durch die Forscher als Risiko für ihre Bruten eingeschätzt und im Folgejahr darauf reagiert[10].

Vögel und Katzen sind ein heiß diskutiertes und trotz moderner Hochrechnungen immer noch nicht ausreichend analysiertes Thema[11]. In zwei Schweizer Dörfern mit hoher Hauskatzendichte gingen auf das Konto von Hauskatzen 33% aller Eiverluste, 20% aller Nestlingsverluste, mindesten 10% der Jungenverluste in der Zeit zwischen dem Verlassen des Nests und der Selbständigkeit und mindestens 3% der Verluste von Altvögeln. Solche Werte auf die Wachstumsrate der Population umgerechnet ergeben einen Produktionsverlust von mindestens 12% auf das Konto der Hauskatzen. Da aber ohne Katzeneinwirkung bei gleichbleibenden Verlustfaktoren die Wachstumsrate 1,20 betragen hätte, bedeuten 12% Verluste immer noch einen Wert, der über 1 liegt und einen, wenn auch geringen, Überschuss ausweist[12]. Man muss also auf der Grundlage sorgfältiger Datenerhebung die Verhältnisse rechnerisch im Griff haben, um den Einfluss eines Beutegreifers auf Gedeih und Verderb einer Vogelpopulation richtig einschätzen zu können.

Aufmerksamer Vogelbeobachtung bieten Hausrotschwänze zwei Besonderheiten an, von denen Brehm offenbar noch nichts wusste. Bei vielen Singvögeln, deren Männchen sich im Prachtkleid deutlich von den Weibchen unterscheiden, tragen junge Männchen in ihrem ersten Jahreskleid bescheidenere Farben und weniger auffällige Farbensignale. Beim Hausrotschwanz gibt es junge Männchen, die in ihrem ersten Jahreskleid nicht oder kaum von Weibchen zu unterscheiden sind. Sie tragen das sogenannte Hemmungskleid. Weit weniger häufig nähern sich einjährige Männchen dem Prachtkleid an und sind trotz weniger intensiver Kontraste und ohne weißen Flügelspiegel als Männchen zu erkennen. Sie tragen das Fortschrittskleid. Und schließlich gibt es verschiedene Mischtypen zwischen den beiden Kleidern. Manche Erklärungsversuche über die Evolution nicht voll ausgefärbter junger Männchen gehen davon aus, dass Schlichtkleidmännchen gegenüber voll ausgefärbten Geschlechtsgenossen zunächst ins Hintertreffen geraten und in der Konkurrenz um Weibchen unterlegen sind. Dies wiederum könnte dazu führen, dass ältere und daher erfahrenere Männchen eher zum Zug kommen, weil schlichte Männchen den Weibchen geringere Chancen für einen Bruterfolg signalisieren. Optimale Vermehrungsrate in einer Population wäre also selektioniert: Die erfahrenen Männchen verpaaren sich vollständig und besetzen optimale Reviere, junge müssen mit dem Vorlieb nehmen, was übrig bleibt, haben aber dann ihre optimalen Chancen im kommendem Jahr, wenn sie als erfahrene Partner zur Verfügung stehen. Ihre Überlebenschance ins Stadium des Prachtkleids würde steigen, wenn ihr Schlichtkleid weniger Aggression auslöst, weil sie in ihrem weibchenähnlichen Kleid den älteren Rivalen als Konkurrenten Unterlegenheit vortäuschen. Solche evolutionsbiologischen Hypothesen klingen durchaus überzeugend, harren aber experimenteller Prüfung.

Beim Hausrotschwanz kann man die Wirkungen von Pracht- und Schlichtkleid innerhalb einer Art untersuchen. In Dörfern der Umgebung von Innsbruck machten Jährlinge etwa die Hälfte der revierbesitzenden Männchen aus, von denen 90% das Hemmungskleid trugen. Deren Reviere konzentrierten sich in suboptimalen Zonen meist nahe dem Dorfrand mit wenigen Nachbarn, von denen die meisten ebenfalls Jährlinge waren. Im Vergleich zu alten Männchen und Jährlingen im Fortschrittskleid war der Erfolg der Hemmungskleider, ein Weibchen zu gewinnen, geringer, ebenso der Bruterfolg und die Fähigkeit, noch eine Zweitbrut im Jahr zu absolvieren. Reviere der Fortschrittskleider lagen signifikant häufiger in Dorfzonen, die auch von alten Männchen besiedelt waren. Anzeichen dafür, dass spätere Ankunft im Frühjahr und die Suche nach „billigen“ Revieren für Hemmungskleider eine Anpassung an geringere Investitionen sein könnten, ergaben sich nicht[13]. In Halberstadt flogen in Nestern von einjährigen Männchen ebenso viele Junge aus wie in Bruten der älteren. Trotzdem war die Reproduktionsrate der jungen insgesamt geringer, denn schätzungsweise 20% von ihnen blieben ohne Weibchen[14]. In Attrappenversuchen testete man in Tirol auch die Aggressivität zwischen Männchen. Schlicht gefärbte Attrappen als Reviereindringlinge wurden von mehrjährigen Revierinhabern genauso aggressiv behandelt wie Attrappen im Alterskleid. Einjährige Männchen verhielten sich gegenüber Attrappen im Revier sogar etwas aggressiver als mehrjährige Männchen[8,13]. Vorläufig scheint es also keine Belege für einen Anpassungswert der Hemmungskleider in der ersten Brutsaison zu geben. Bleibt die Annahme, dass verzögerte Federentwicklung, die zu Hemmungskleidern führt, eine Beschränkung der Belastungen für den Organismus bedeutet, die der Bewältigung des ersten Brutjahres zugutekommt. In einer Population der Schweizer Alpen brachten Jährlinge nur halb so viel Junge zum Ausfliegen wie ältere, weil ihre Chancen, sich mit einem adulten Weibchen zu verpaaren, ähnlich wie in Halberstadt geringer waren. Männchen, die mit einem adulten Weibchen verpaart waren, hatten fast doppelt so hohen Bruterfolg wie solche mit einem Weibchen im ersten Jahr. Fangen also junge Hausrotschwänze zu früh in ihrem Leben mit der Fortpflanzung an? Für die große Zahl der Hemmungskleidmännchen, die keineswegs niedrigeren individuellen Bruterfolg haben, wenn sie zum Zuge kommen, sondern deren statistisch geringe Nachwuchsrate auf mangelnder Gelegenheit beruht, könnte das schlichte Kleid dennoch eine Anpassung bedeuten. Es kann im ersten Lebensjahr Bruterfolg möglich machen und Sterblichkeit in der ersten Brutsaison verringern, denn sie war in der Schweizer Population für Hemmungskleidmännchen nicht höher als für ältere. Ein Vorteil frühen Einstiegs in die Fortpflanzung liegt sicher auch darin, für das Folgejahr ein optimales Revier zu finden. Hausrotschwänze kümmern sich schon nach der ersten Brutsaison darum und singen daher häufig im Herbst[15,16].

Eine weitere Besonderheit entsteht aus der engen Verwandtschaft zwischen Haus- und Gartenrotschwanz. Die erste farbige Abbildung eines Vogels, der als Hybride aus beiden Arten anzusehen ist, zeigt ein Männchen vom 8. April 1907 aus Sachsen. Es stammt aus der Künstlerhand Otto Kleinschmidts, der wir viele noch heute begeisternde Vogelbilder verdanken[17]. Es dauerte offensichtlich noch Jahrzehnte, ehe weitere eindeutige Belege für Kreuzungen im Freiland vorgelegt wurden[18,19]. Mittlerweile häufen sich Beobachtungen von Hybriden, einmal als Folge der enorm gestiegenen Beobachterdichte, zum anderen haben Farbfotografie und Farbdruck auf Hybride aufmerksam gemacht und ihre Bestimmung gefördert. Natürlich handelt es sich bei Hybriden, die im Freiland beobachtet wurden, stets um Männchen, da Schlichtkleider zwischen beiden Arten aus der Entfernung ähnlich und Schlichtkleidhybriden wohl kaum mit dem Fernglas sicher als solche einzuordnen sind. In den meisten Fällen genau beobachteter Mischbruten bestand eine Partnerschaft zwischen einem Männchen Gartenrotschwanz und einem Weibchen Hausrotschwanz. Es gibt aber auch belegte Fälle für das Gegenteil und dafür, dass ein Hybridmännchen mit einem Weibchen Gartenrotschwanz in mehreren Bruten erfolgreich Junge großzog[20]. In der Schweiz brütete ein Männchen Gartenrotschwanz, das als Mischsänger häufig vollständige Gesangsstrophen des Hausrotschwanzes hören ließ, erfolgreich mit einem Weibchen Hausrotschwanz. In den folgenden drei Brutzeiten brütete dasselbe Männchen erfolgreich mit zwei verschiedenen Gartenrotschwanz-Weibchen, obwohl es seinen Gesang mit vielen Hausrotschwanzstrophen nicht änderte[21]. In Nordbayern war ein Hybride mit Hausrotschwanzgesang in mindestens drei Jahren an einer erfolgreichen Brut beteiligt, in einem Jahr konnte das Weibchen eindeutig als Gartenrotschwanz bestimmt werden[22].

Die bisher bekannt gewordenen Beziehungen zwischen Partnern verschiedener Arten haben sicher nur einen kleinen Teil der Möglichkeiten und Probleme sichtbar gemacht. Voraussetzungen für Mischpaare mit fruchtbarem Nachwuchs liegen natürlich in naher genetischer Verwandtschaft, aber wohl auch in der Geschichte. Möglicherweise hat das Vordringen des Hausrotschwanzes nach Norden, das schon Brehm beschäftigte, für neue Gelegenheiten gesorgt. Die beiden Arten kamen miteinander in Kontakt, zumal der Hausrotschwanz als Einwanderer in Siedlungen nicht nur geographisch, sondern auch ökologisch dem Verwandten nahe rückte. Die Hybridisierung fördert wahrscheinlich ein lokaler Mangel an Geschlechtspartnern und Nachahmung von Gesangstrophen der jeweils anderen Art. Doch vieles bleibt noch Spekulation. Wie sieht es aber in der Praxis eines aufmerksamen Vogelbeobachters aus? In zehn Jahren Dauerbeobachtung der Vögel einer randalpinen Kleinstadt kam es zu 2388 optischen und akustischen Kontakten mit Hausrotschwänzen und zu 165 mit Gartenrotschwänzen. In drei Jahren entdeckte ich dabei je ein Männchen, das im Prachtkleid Gefiedermerkmale von beiden Arten trug, in einem Jahr sang ein Gartenrotschwanz auf einem Hausdach Strophen des Hausrotschwanzes. In einem Grundstück mit täglicher Vogelbeobachtung ergaben sich in 43 Jahren 1457 Tagesprotokolle mit Hausrotschwänzen und 2762 mit Gartenrotschwänzen. In einem Jahr sang ein Gartenrotschwanz 11 Tage lang nur Hausrotschwanzstrophen, 19 Jahre später einer in zwei Tagen. In einem Jahr ließ ein Hausrotschwanz an einem Tag eindeutige Strophen des Gartenrotschwanzes hören[23]. Wahrscheinlich liegen also trotz reicher Literatur über Rotschwanzhybride die Fälle einer nachgewiesenen Hybridisierung im Promillebereich oder bleiben zumindest interessante Anekdoten. Änderungen in naher Zukunft sind aber nicht ausgeschlossen.

Haussperling

Unerträglicher Schwätzer, erbärmlicher Sänger

Bezeichnend für den Sperling ist, daß er überall, wo er vorkommt, in innigster Gemeinschaft mit dem Menschen lebt. Er bewohnt die volksbewegte Hauptstadt wie das einsame Dorf, vorausgesetzt daß es von Getreidefeldern umgeben ist, fehlt nur einzelnen Walddörfern, folgt dem vordringenden Ansiedler durch alle Länder Asiens, welche er früher nicht bevölkerte, siedelt sich, von Schiffen ausfliegend, auf Inseln an, woselbst er früher unbekannt war, und verbleibt den Trümmern zerstörter Ortschaften als lebender Zeuge vergangener glücklicher Tage. Standvogel im vollsten Sinne des Wortes, entfernt er sich kaum über das Weichbild der Stadt oder die Flurgrenze der Ortschaft, in welcher er geboren wurde, besiedelt aber ein neu gegründetes Dorf oder Haus sofort und unternimmt zuweilen Versuchsreisen nach Gegenden, welche außerhalb seines Verbreitungsgebietes liegen.

Aeußerst gesellig, trennt er sich bloß während der Brutzeit in Paare, ohne jedoch deshalb aus dem Gemeindeverbande zu scheiden. Oft brütet ein Paar dicht neben dem anderen, und die Männchen suchen, so eifersüchtig sie sonst sind, auch wenn ihr Weibchen brütend auf den Eiern sitzt, immer die Gesellschaft von ihresgleichen auf. Die Jungen schlagen sich sofort nach ihrem Ausfliegen mit anderen Trupps zusammen, welche bald zu Flügen anwachsen. Sobald die Alten ihr Brutgeschäft hinter sich haben, finden sie sich wieder bei diesen Flügen ein und theilen nun mit ihnen Freud und Leid. So lange es Getreide auf den Feldern gibt oder überhaupt, so lange es draußen grün ist, fliegen die Schwärme vom Dorfe aus alltäglich mehrmals nach der Flur hinaus, um sich dort Futter zu suchen, kehren aber nach jedem Ausfluge wieder ins Dorf zurück. Hier halten sie ihre Mittagsruhe in dichten Baumkronen oder noch lieber in den Hecken, und hier versammeln sie sich abends unter großem Geschreie, Gelärme und Gezänke, entweder auf dicht belaubten Bäumen oder später in Scheunen, Schuppen und anderen Gebäuden, welche Orte ihnen zur Nachtherberge werden müssen.

So plump der Sperling auf den ersten Blick erscheinen mag, so wohl begabt ist er. Er hüpft schwerfällig, immerhin doch noch schnell genug, fliegt mit Anstrengung unter schwirrender Bewegung seiner Flügel, durch weite Strecken in flachen Bogenlinien, sonst geradeaus, beim Niedersitzen etwas schwebend, steigt, so sehr er erhabene Wohnsitze liebt, ungern hoch, weiß sich aber trotz seiner Ungeschicklichkeit vortrefflich zu helfen. Geistig wohl veranlagt, hat er sich nach und nach eine Kenntnis des Menschen und seiner Gewohnheit erworben, welche erstaunlich, für jeden schärferen Beobachter erheiternd ist. Ueberall und unter allen Umständen richtet er sein Thun auf das genaueste nach dem Wesen seines Brodherrn, ist daher in der Stadt ein ganz anderer als im Dorfe, wo er geschont wird, zutraulich und selbst zudringlich, wo er Verfolgung erleiden mußte überaus vorsichtig und scheu, verschlagen immer. Seinem scharfen Blick entgeht nichts, was ihm nützen, nichts, was ihm schaden könnte; sein Erfahrungsschatz bereichert sich von Jahr zu Jahr und läßt zwischen Alten und Jungen seiner Art Unterschiede erkennen, wie zwischen Weisen und Thoren. Ebenso, wie mit dem Menschen, tritt er auch mit anderen Geschöpfen in ein mehr oder minder freundliches Verhältnis, vertraut oder mißtraut dem Hunde, drängt sich dem Pferde auf, warnt seinesgleichen und andere Vögel vor der Katze, stiehlt dem Huhne, unbekümmert um die drohenden Hiebe, das Korn vor dem Schnabel weg, frißt falls er es thun darf, mit verschiedenartigsten Thieren aus einer und derselben Schüssel.

Ungeachtet seiner Geselligkeit liegt er doch beständig mit anderen gleichstrebenden im Streite und wenn die Liebe, welche bei ihm zu heftigster Brunst sich steigert, sein Wesen beherrscht, kämpft er mit Nebenbuhlern so ingrimmig, daß man glaubt, ein Streit auf Leben und Tod solle ausgefochten werden, obschon höchstens einige Federn zum Opfer fallen. Nur in einer Beziehung vermag uns der anziehende Vogel nicht zu fesseln. Er ist ein unerträglicher Schwätzer und ein erbärmlicher Sänger.

Da der Spatz durch sein Verhältnis zum Menschen sein ursprüngliches Loos wesentlich verbessert und seinen Unterhalt gesichert hat, beginnt er bereits frühzeitig im Jahre mit dem Nestbaue und brütet im Laufe des Sommers mindestens drei-, wenn nicht viermal. Aeußerst brünstig oder, wie der alte Geßner sagt, „über die Maßen unkeusch“ bekundet das Männchen sein Verlangen durch eifriges Schilpen und gibt das Weibchen seine Willfährigkeit durch allerlei Stellungen, Zittern mit den Flügeln und ein überaus zärtliches „Die, die, die“ zu erkennen. Hierauf folgt die Begattung oder wenigstens ein Versuch, sich zu begatten, darauf nach kurzer Zeit neue Liebeswerbung und neue Gewährung.

Ueber Nutzen und Schaden des Sperlings herrschen sehr verschiedene Ansichten; doch einigt man sich heute mehr und mehr zu der Meinung, daß der auf Kosten des Menschen lebende Schmarotzer dessen Schutz nicht verdient. In den Straßen der Städte und Dörfer verursacht er allerdings keinen Schaden,

„Ein Sperlings-Frühstück" (Federlitho um 1850)

weil er sich hier wesentlich vom Abfalle ernährt; auf großen Gütern, Kornspeichern, Getreidefeldern und in Gärten dagegen kann er empfindlich schädlich werden, indem er dem Hausgeflügel die Körnernahrung wegfrißt, das gelagerte Getreide brandschatzt und beschmutzt, in den Gärten endlich die Knospen der Obstbäume abbeißt und später auch die Früchte verzehrt. In Gärten und Weinbergen ist er daher nicht zu dulden. Der wesentlichste Schaden, welchen er verursacht, besteht übrigens wie Eugen von Homeyer richtig hervorhebt, darin, daß er die allernützlichsten Vögel, namentlich Staare und Meisen, verdrängt und den Sängern den Aufenthalt in solchen Gärten, welche er beherrscht mehr oder weniger verleidet [...] so muß man sich wohl oder übel zu der Ansicht bekehren, daß der Sperling der für ihn früher auch von mir erbetenen Nachsicht und Duldung nicht würdig ist.

Zum Käfigvogel eignet sich der Sperling nicht, obwohl er sehr zahm werden kann. Die Dienerin eines meiner Kärntner Freunde zeigte mir mit Stolz ihren Schützling und Liebling, einen Spatz, welcher nicht nur frei umher und aus- und einfliegen, sondern sich auch gestatten durfte, unter ihrem Busentuche zu ruhen und zu schlafen.

Haussperlinge zeigen wenig Wanderneigung. Einzelne Ringfunde über Strecken länger als 100 km, die Deutschland betreffen, können als Zerstreuungswanderungen gedeutet werden, die keinen Pendelzug zwischen einem Brutplatz und einem Winterquartier darstellen[25]. Solche Wanderungen führen vor allem Jungvögel oft an neue Brutplätze. Ein typischer Standvogel hat Vorteile, wenn er sich mühsame und auch gefährliche Wanderungen zu einem fern gelegenen Winterquartier ersparen kann, ist aber andererseits darauf angewiesen, das ganze Jahr über Nahrung in ausreichender Menge im engeren Umkreis zu finden, was ebenfalls Investition an Energie fordert und das Risiko von Engpässen heraufbeschwört. Da muss er Wege finden, Mangelzeiten zu überstehen. Im städtischen Umfeld konzentrieren sich Haussperlinge an ganzjährig unterhaltenen Fütterungen, wie z. B. Frank Müller durch sorgfältige Zählungen in der sächsischen Stadt Plauen mit eindrucksvollen Zahlenbeispielen bewies[1].

Die Spatzen an meiner ganzjährig beschickten Futterstelle haben es einen Sommer lang nicht für nötig befunden, sich nach dem „Wesen ihres Brodherrn" zu richten, denn jedes Mal, wenn hinter dem Fenster eine Bewegung zu erkennen war, stob der kleine Trupp vom Futtersilo in die wenige Meter entfernte dichte Fichtenhecke. Einzelne Kohlmeisen kümmerten sich dagegen wenig darum, was sich hinter den Fenstern bewegte, und holten scheinbar unbeeindruckt ihr Korn von der Tafel, um es dann mit den Zehen auf den nahen Ast gedrückt mit energischen Bewegungen aufzuhacken. Auch die ein oder andere Amsel hüpfte auf dem Boden höchstens einen halben Meter zur Seite, wenn es Unruhe gab. Der täglich zu allen Tageszeiten am Futter erscheinende kleine Spatzentrupp von maximal etwa 15 Vögeln setzte sich aus mindestens vorjährigen, also längst erwachsenen Männchen und Weibchen zusammen, denen sich ab Sommermitte flügge Jungvögel zugesellten. Erfahrung trifft also auf Lernende, möchte man meinen. Exakt in 569 m Luftlinie entfernt im dicht bebauten Herzen Partenkirchens lud auf einem abgegrenzten Vorplatz unter schattenspendenden Sonnenschirmen ein Hotel zur Brotzeit oder zum Mittagessen ein. Kaum sitzt der Gast am Tisch, hüpft ein neugieriger Haussperling herbei und prüft die Lage aus Meternähe. Sicher fällt dabei für ihn auch etwas ab, doch eine regelmäßige Fütterung ist keineswegs garantiert, auch wenn die Gäste vom frechen Spatz begeistert sind, wenn sie ihn überhaupt bemerken.

Das unterschiedliche Verhalten an zwei Plätzen dem Menschen gegenüber scheint leicht zu erklären: Die einen haben eben rasch gelernt, das Beste aus einer Situation zu machen, die anderen brauchen dazu offensichtlich länger, weil sie weniger intelligent sind. Aber so einfach liegen die Dinge sicher nicht. Der Ornithologe am Mittagstisch registriert zunächst, dass die Hotelterrasse nur von einzelnen Sperlingen besucht wird und bei mehrmaliger Kontrolle entdeckt er keinen Altvogel, nur Jungvögel des Jahres. Die überzogene Reaktion an der Futterstelle könnte dagegen auf schlechten Erfahrungen der Altvögel beruhen, denn gelegentlich kommt ein Sperber ums Eck und versucht, die Nahrungskette an der Singvogelfütterung zu seinen Gunsten zu verlängern. Auch streunende Katzen machen den Garten um die Futterstelle unsicher und hatten leider auch schon Jagderfolg. Erfahrungen mit Feinden von den Alten an die Jungen weitergegeben ist aber gar nicht unbedingt nötig, das schreckhafte Reagieren des täglichen Spatzentrupps an der Futterstelle zu erklären. Frank Müller hält dichte Sträucher, die dem Sicherheitsbedürfnis des Haussperlings genügen, in nächster Nähe von Futterplätzen für zwingend erforderlich[1]. Das aber erklärt noch nicht überzeugend den Unterschied zwischen den Hotel- und Gartensperlingen, denen an beiden Plätzen der Mensch als „Brodherr" begegnet. Möglicherweise sammeln die einzelnen Jungsperlinge auf der Hotelterrasse erst ihre Erfahrungen, die sie allerdings mit Einbruch der kalten Jahreszeit im Stich lassen. Eine plausible Erklärung bietet die Erforschung sozialer Kontakte der Vögel. Ein Vogeltrupp oder -schwarm bietet für das einzelne Individuum mehr Sicherheit, da außer ihm noch andere wachsam sind. Einzelne sind vielleicht sogar etwas wachsamer als die anderen oder auch schreckhafter, entdecken einen Vorgang in der Umgebung eher und reagieren schneller, vielleicht auch einmal überstürzt. Die anderen orientieren sich blitzschnell am Verhalten der Artgenossen. Eine Erfahrung beim Vogelbeobachten macht man immer wieder: Nervosität, Fluchtbereitschaft und Fluchtdistanz eines Vogeltrupps sind größer als die eines Einzelvogels.

Bereits eine einzelne Episode wirft also eine Reihe von Fragen auf und lässt sich mit einer Hypothese oft nicht befriedigend kausal erklären. Ob eine kleine Geschichte wirklich Bedeutung hat, stellt sich oft erst nach längeren Beobachtungen oder vielen Messdaten heraus. Es wäre also wichtig zu beobachten, ob die Verhaltensunterschiede auch in kommenden Jahren zu entdecken sind. Beharrlichkeit des Beobachtens ist eine wichtige Voraussetzung für die Freilandforschung, um zu erkennen, ob eine Anekdote Ausdruck einer neu erworbenen Anpassung ist oder nur ein interessantes Detail im Rahmen vorhandener Möglichkeiten des arttypischen Verhaltens. Anekdoten über Spatzen gibt es viele, die auch zu manchen Sprichwörtern und Redensarten geführt haben, denn Haussperlinge sind in Europa schon seit langem enge Begleiter der Menschen, wahrscheinlich schon seit der frühen Menschheitsgeschichte mit dem Vordringen des Ackerbaus. Die Früchte der Landwirtschaft, Auflockerung der Waldlandschaft und Brutplätze mit Nahrungsangebot in wachsenden Siedlungen brachten für einen Standvogel das ganze Jahr über Vorteile, geeignete Brutplätze im Sommer und vor allem auch Nahrungsangebot im

Winterhalbjahr. Doch dem „in allen Sätteln gerechten Proletarier“[2] oder „gemeinen lästigen Standvogel“[3] ging es in den letzten Jahrhunderten an den Kragen. Schon seit Mitte des 17. Jahrhunderts wurden Haus- und Feldsperling als Schädlinge der Landwirtschaft verfolgt. In Hessen gab es ab 1683 sogar eine „Sperlingssteuer“, nämlich eine Abgabe für bäuerliche Haushalte, die keine gefangenen Sperlinge ablieferten[4]. Ab der Wende vom 19. zum 20. Jahrhundert verstärkte auch der vom Nützling-Schädling-Denken beeinflusste Vogelschutz die Zahl der Sperlingsgegner, die sich noch bis nach dem Zweiten Weltkrieg im Angebot von „spatzensicheren“ Nistkästen unterstützt fühlten. An Methoden zur Sperlingsbekämpfung ließ man sich im Lauf der Zeit viel einfallen, von der Vernichtung der Nester oder ausgeklügelten Fallen bis hin zu Giftkörnern.

Heute trifft man den ursprünglich von Nordafrika über Europa bis Sibirien verbreiteten Haussperling fast in der ganzen Welt. Schon ab 1850 brachten ihn Europäer als ein kleines Stück Heimat nach New York und dann noch mehrere Male, teilweise sogar in großer Zahl, nach Nordamerika. Heute ist er dort von Mexiko bis ins nördliche Kanada verbreitet. An fast 50 Stellen über den ganzen Erdball verteilt gelangten Haussperlinge mithilfe des Menschen, entweder absichtlich mitgebracht, unabsichtlich eingeschleppt oder von Nachkommen eingeführter Vögel kolonisiert. Nicht alle diese Neubesiedlungen haben überlebt, vor allem solche auf kleinen Inseln nicht. Aber Nordamerika, große Teile Südamerikas, Südafrika, das östliche Australien und Neuseeland sind weiträumig besiedelt. Die Gründe für die Einfuhr von Haussperlingen in fremde Länder sind heute meist nicht mehr sicher zu benennen, ein Stück Heimat in der Fremde oder Insektenbekämpfung durch gefräßige Spatzen lassen sich in Einzelfällen noch ausmachen. Die Weltgeschichte um den Haussperling ist inzwischen lang und wird aus vielen Quellen gespeist[5].

In manchen Gebieten werden Haussperlinge durch nahe verwandte Arten vertreten oder leben mit ihnen zusammen, dann teilweise in unterschiedlichen Habitaten. Im Mittelmeergebiet sind solche Nachbarn Italiensperling und Weidensperling. In Mitteleuropa ist der Feldsperling als zweite Art seiner Gattung nicht nur gut vom Haussperling zu unterscheiden, sondern besiedelt auch die offene Kulturlandschaft in der Regel nicht so eng an Siedlungen des Menschen gebunden. Aber dort, wo Haussperlinge fehlen, wie in Ostasien, ist der Feldsperling zum Haussperling geworden und brütet mitten in den Großstädten.

In Europa scheinen Haussperlinge langfristig abgenommen zu haben, doch sind die Ergebnisse nicht immer eindeutig, da man früher auf den überall häufigen Vogel kaum geachtet hat. Von vielen Orten wird eine Abnahme in den letzten Jahrzehnten des 20. Jahrhunderts gemeldet, wobei die menschlichen Siedlungsräume als die Schwerpunkte der Verbreitung besonders betroffen sind, auch wenn man mitunter kaum größere Veränderungen des Lebensraums erkennen kann, wie etwa bei einer Abnahme von 90% innerhalb eines Jahrzehnts am Stadtrand von Hamburg[6]. Aber wahrscheinlich begann der Rückgang in manchen Ländern bereits schleichend seit einem Jahrhundert und hat sich in den letzten

Für Haussperlinge werden nicht nur Gebäudesanierung und moderne Bauweise, sondern auch Nahrungsmangel in Städten zum Problem.

Jahrzehnten verschärft[7,8]. Die Ursachen liegen heute sicher nicht mehr in der „Bekämpfung“ eines Schädlings, sondern in der Umgestaltung der Agrar- und Siedlungslandschaft mit all ihren Folgen[9,10], wie eingehende Untersuchungen belegen.

Haussperlinge sind heute zu einem wichtigen Forschungsobjekt geworden. Als enge Begleiter des Menschen zeigen sie auf Veränderungen unmittelbar vor der Haustür, die auch das Leben der Menschen betreffen. So gingen in 18 Jahren in zwei Dörfern Tirols die Haussperlinge um rund 50% zurück. Gleichzeitig nahm der Bestand an Gebäuden, der Grad der Bodenversiegelung sowie Baum- und Heckenbestände stark zu, die Zahl der bäuerlichen Wohn- und Nutzgebäude ab[11]. Aber nicht nur im ländlichen Siedlungsbereich hat es den Haussperling getroffen. Etwa seit den letzten Jahrzehnten des vorigen Jahrhunderts wird in vielen Teilen Europas beobachtet, dass im Kern der Großstädte die Sperlinge verschwinden[12]. Abnahme wird aus Valencia, Dublin, Norwich, Bristol, Edinburgh, London, Rotterdam, Hamburg, Prag, St. Petersburg und Moskau sowie einer Reihe anderer europäischer Großstädte gemeldet, sofern Abschätzungen gegenüber früheren Zeiten ohne Bestandsaufnahmen an einem Allerweltsvogel solche Aussagen zulassen. In Großbritannien trat in Land und Stadt innerhalb von etwa zwei Jahrzehnten bis Mitte der 1990er-Jahre ein dramatischer Bestandsrückgang ein, dessen Gründe teilweise spekulativ bleiben[13]. Zunehmende Bodenversiegelung, die Sperlingen die Nahrung entzieht, sowie moderne Bauweisen, Gebäudesanierungen oder Wärmedämmungen, die keine Brutplätze mehr anbieten, mögen eine entscheidende Bedeutung haben. Bauverdichtungen in Wohngebieten beseitigen Kleingärten und damit Schlüsselhabitate für Haussperlinge[14]. Damit könnte auch ein sozioökonomischer Aspekt mit ins Spiel kommen, denn nach einer umfassenden Datenauswertung nehmen Haussperlinge in Stadtgebieten mit wohlhabenderen Bewohnern ab und hielten in Bezirken mit niedrigerem sozioökonomischem Status den Bestand. Änderungen von Habitatstrukturen zum Nachteil des Haussperlings sind zunehmende Pflasterung und Asphaltierung von Grundstücksteilen, Ausweitung privater Parkplätze, intensive Rasen“pflege“ und höhere Anteile exotischer Schmuckpflanzen in Bezirken, deren Bewohner das finanzieren können. Die Veränderungen wirken vermutlich über Insektenarmut auf den Fortpflanzungserfolg. Geringere Wahrscheinlichkeit von Veränderungen besteht dagegen in Bezirken mit niedrigerem sozioökonomischem Niveau, da hier die alten Häuser als Brutstätten erhalten bleiben und in eine aktuelle Grün“pflege“ weniger investiert wird[15]. Auch Folgen der Luftverschmutzung wurden für den Rückgang von Haussperlingen in die Diskussion gebracht mit Folgen für das Immunsystem[16]. In Finnland fand man in den Lebern von Haussperlingen aus der Stadt höhere Schwermetallkonzentrationen als bei Artgenossen vom

Land[17]. Elektromagnetische Strahlung ließ sich mit Populationsschwund korrelieren[18], starker Lärm kann die Jungenfütterung stören[19]. Damit sind solche Faktoren noch nicht als folgeträchtige Ursachen für das Verschwinden von Sperlingen aus der Stadt ausgemacht, könnten aber im Konzert der negativen Einflüsse mitspielen.

In vielen Agrarlandschaften, in denen Nistplatzmangel nach wie vor wohl nicht über Sperlingspopulationen entscheidet[20], ist vermutlich Nahrungsmangel als Folge der industrialisierten Landwirtschaft das große Problem, auch wenn etwa in ländlichen Gegenden Südschwedens das Angebot im Winter bisher ausreichte[21]. Haussperlinge leben nicht nur von Körnern (die ihnen heute meistens fehlen) oder Abfall sowie Brot- und Kuchenkrumen, sondern benötigen vor allem für die Aufzucht ihrer Jungen Insekten und andere wirbellose Kleintiere.

Das Nahrungsangebot bestimmt nicht nur das Schicksal der augenblicklichen Generation, etwa durch die Überlebenswahrscheinlichkeit der Altvögel oder ihrer Jungen. Es wirkt auch über die Generationen und kann die Entwicklung eines lokalen Bestandes mitentscheiden. Untersuchungen an einigen tausend farbberingten Haussperlingen einer Population in Oklahoma haben komplexe Zusammenhänge ergeben. (1) Die Chance für Sperlingseltern, fortpflanzungsfähige Junge in die nächsten Brutperioden einzubringen, im Fachjargon als Rekrutierung bezeichnet, wächst mit hohem Anteil an Insekten in der Nestlingsnahrung. (2) Besonders robuste und konkurrenzfähige Junge wachsen aber in Bruten von vier oder mehr Nestlingen nur nach dem Verlust von ein oder zwei Geschwistern heran. Solche Brutreduktion auf Kosten erfolgreicher Nestlinge fand bei 42% von rund 1000 Sperlingsfamilien mit mehreren Jungen statt. (3) Ein Ausgleich der Nestlingsreduktion durch Rekrutierungserfolg war nur dann festzustellen, wenn die übrig gebliebenen mindestens zwei Gramm Körpergewicht im Nest vor dem Flüggewerden zulegen konnten. (4) Mit Videokontrollen konnte man ermitteln, dass die fütternden Eltern bereits ab Tag drei kräftigere Nestlinge bevorzugten, obwohl erst am Tag vier und später das Sterben der schwachen begann. Die Eltern trugen also zur Nestlingsreduktion aktiv bei. (5) Die fütternden Partner scheinen aber in der Fütterung ihrer Jungen unabhängig voneinander zu arbeiten, Männchen und Weibchen haben unterschiedliche Rhythmen. Weibchen erhöhten ihren Anteil mit dem Wachstum der Nestlinge, Männchen nicht. In den Fällen, in denen bestimmte Nestlinge zusätzlich versorgt wurden, erhöhten Männchen ihren Anteil um etwa 25%. Dies zeigt auch, dass sie sonst unter ihrer möglichen Kapazität arbeiten[22]. Im vorstädtischen London mit einer Abnahme der Haussperlinge um rund 60% hat Zufüttern von Mehlwürmern den Bruterfolg in den umliegenden Nestern um über 60% erhöht, aber die Zahl der revierhaltenden Männchen kaum vermehrt. Obwohl keine Begrenzung des möglichen Angebots an Nistplätzen bestand, wuchsen die Brutkolonien kaum. Schutzmaßnahmen, die mit Nahrungsverbesserungen durch wirbellose Kleintiere für den Haussperling arbeiten, werden also wahrscheinlich den Bruterfolg vergrößern können, aber mindestens innerhalb kurzer Zeit kaum ein Populationswachstum erreichen[23].

Verschiedene Ansätze der Hilfe für den Haussperling, wie zusätzliche Fütterung, Angebot von Nistkästen, aber auch Vermehrung von Stadtgrün, haben sich in Einzelfällen nicht immer als so erfolgreich entpuppt wie erwartet. Das mag verschiedene Gründe haben, aber „ein Spatz ist kein Spatz". Haussperlinge leben das ganze Jahr über in Schwärmen oder Gruppen, in denen die Mitglieder meist gemeinschaftlich dasselbe tun, vom Schlafplatz im Winter bis zur Brut in der Kolonie, also eine gut koordinierte „Aktionsgemeinschaft" bilden oder nach Brehm „Freud und Leid miteinander teilen". An den Brutplätzen stehen die Nester manchmal so dicht, dass sie sich berühren. Regelrechte Reviere, die gegen Artgenossen verteidigt werden, kennen Haussperlinge nicht. Einzelgänger kommen vor, doch halten isolierte Brutplätze in der Regel nicht lange. Wirksame Sperlingshilfe muss also größer denken. Statt um Hilfsmaßnahmen für einzelne Individuen geht es um Schwärme oder Brutkolonien, die ihre Ressourcen verlangen, um auf Dauer existieren zu können. „Mehr Platz für den Spatz!" – der Titel des Buches von Uwe Westphal gibt das zielführende Motto vor, nur muss man den eingängigen Reim durch den schwerfälligeren, aber nötigen Plural ersetzen[24]. Platz wird in Stadt und Dorf immer knapper, auch für Spatzen, wenn sie weiterhin in „innigster Gemeinschaft mit dem Menschen" leben sollen.

Kohlmeise

Heiter, verfressen, mordlustig und erfolgreich

Ihre Lebhaftigkeit, ihr munteres und heiteres Wesen erfreuen jedermann; ihr unablässiges Arbeiten an allen möglichen Hausgeräthen, ihr Durchschlüpfen und Durchkriechen der Winkel, Schubladen und Kästen, Beschmutzen der Geschränke sowie ihre Zank- und Mordlust bereiten wiederum manchen Verdruß.

In Deutschland sieht man sie noch überall und zu jeder Jahreszeit, am häufigsten aber im Frühjahre und im Herbste, wenn die im Norden groß gewordenen zu uns herunterkommen und bei uns durchstreichen, jedoch keineswegs in annähernd so zahlreicher Menge als vor einem oder zwei Menschenaltern; denn keine ihrer Verwandten hat so bedeutend abgenommen wie sie. Noch fehlt sie keiner Baumpflanzung, keinem größeren Garten, leidet aber von Jahr zu Jahr mehr an Wohnungsnoth und meidet daher gegenwärtig auch nothgedrungen die Nähe von Wohnungen, woselbst sie früher ebenso häufig war wie im Walde […].

Die Kohlmeise vereinigt gewissermaßen alle Eigenschaften der Familienmitglieder. Wie diese ist sie ein außerordentlich lebhafter und munterer, ein unruhiger und rastloser, neugieriger, thätiger, muthiger und rauflustiger Vogel. "Es ist etwas seltenes" sagt Naumann „sie einmal einige Minuten lang still sitzen oder auch nur mißgelaunt zu sehen. Immer frohen Muthes durchhüpft und beklettert sie die Zweige der Bäume, Büsche, Hecken und Zäune ohne Unterlass, hängt sich bald hier, bald da an den Schaft eines Baumes oder wiegt sich in verkehrter Stellung an der dünnen Spitze eines schlanken Zweiges, durchkriecht einen hohlen Stamm und schlüpft behend durch die Ritzen und Löcher, alles mit den abwechselndsten Stellungen und Geberden, mit einer Lebhaftigkeit und Schnelle, die ins possirliche übergeht. So sehr sie von einer außergewöhnlichen Neugier beherrscht wird, so gern sie alles auffallend, was ihr in den Weg kommt, von allen Seiten besieht, beschnüffelt und daran herumhämmert, so geht sie dabei nicht etwa sorglos zu Werke; sie zeigt vielmehr in allen ihren Handlungen einen hohen Grad von Klugheit. Sie weiß nicht nur dem, welcher ihr nachstellt, scheu auszuweichen, sondern auch den Ort, wo ihr einmal eine Unannehmlichkeit begegnete, klüglich zu meiden, obgleich sie sonst gar nicht scheu ist. Man sieht es ihr, so zu sagen, an den Augen an, daß sie ein verschlagener, muthwilliger Vogel ist: sie hat einen ungemein listigen Blick."

„Eine höhere Kinderstube. Nach der Natur aufgenommen." (Xylographie aus Gartenlaube *um 1870)*

Erbärmlich feig, wenn sie Gefahr fürchtet, geberdet sie sich wie unsinnig, wenn sie einen Raubvogel bemerkt und erschrickt, wenn man einen brausenden Ton hervorbringt oder einen Hut in die Höhe wirft, in welchem sie dann einen Falken sieht; aber sie fällt über jeden schwächeren Vogel mordsüchtig her und tödtet ihn, wenn sie irgend kann. Schwache, Kranke ihrer eigenen Art werden unbarmherzig angegriffen und so lange misshandelt, bis sie den Geist aufgegeben haben [...].

Sie scheint unersättlich zu sein, denn sie frißt vom Morgen bis zum Abende, wenn sie wirklich ein Kerbthier nicht mehr fressen kann, so tödtet sie es wenigstens. Auch der verstecktesten Beute weiß sie sich zu bemächtigen; denn wenn sie etwas nicht erlangen kann, so hämmert sie nach Art der Spechte so lange auf der Stelle herum, bis ein Stücke Borke abspringt und das verborgene Kerbthier frei gelegt wird. Im Nothfalle greift sie zur List. So weiß sie im Winter die im Stocke verborgenen Bienen doch zu erbeuten. „Sie geht" wie Lenz schildert, „an die Fluglöcher und pocht mit dem Schnabel an, wie man an eine Thür pocht. Es entsteht im Inneren ein Summen, und bald kommen einzelne oder viele Einwohner heraus, um den Störenfried mit Stichen zu vertreiben. Dieser packt aber gleich den Vertheidiger der Burg, welcher sich herauswagt, beim Kragen, fliegt mit ihm auf ein Aestchen, nimmt ihn zwischen die Füße, hackt ihm seinen Leib auf, frißt mit großer Lüsternheit sein Fleisch, lässt den Panzer fallen und macht sich auf, um neue Beute zu suchen. Die Bienen haben sich indessen, durch die Kälte geschreckt, wieder ins Innere zurückgezogen. Es wird wieder angepocht, wieder beim Kragen genommen, und so geht es von Tag zu Tag von früh bis zum Abende fort".

Wenn im Winter ein Schwein geschlachtet wird, ist sie gleich bei der Hand und zerrt sich hier möglichst große Stücke herunter. Alle Nahrung, welche sie zu sich nimmt, wird vorher verkleinert, sie hält sich das Beutestück nach Krähen- oder Rabenart mit den Zehen fest, zerstückelt es mit dem Schnabel und frißt es nun in kleinen Theilen. Dabei ist sie außerordentlich geschäftig, und ihre Thätigkeit gewährt ein recht anziehendes Schauspiel. Hat sie Ueberfluß an Nahrung, so versteckt sie sich etwas davon und sucht es zu passender Zeit wieder auf.

Das Nest wird bald nahe über dem Boden, bald hoch oben im Wipfel des Baumes, stets aber in einer Höhle angelegt. Baumhöhlungen werden bevorzugt, aber auch Mauerritzen und selbst alte, verlassene Eichhorn-, Elster- und Krähennester, infolge der sie gegenwärtig bedrückenden Wohnungsnoth überhaupt jede irgendwie passende Nistgelegenheit benutzt.

Beide Gatten brüten wechselweise, und beide füttern die zahlreiche Familie mit Aufopferung groß, führen sie auch nach dem Ausfliegen noch längere Zeit und unterrichten sie sorgfältig in ihrem Gewerbe. In guten Sommern nisten sie immer zweimal.

In der Geschichte mit den Bienen scheint die Phantasie mit dem Berichterstatter wohl etwas durchgegangen zu sein. Aber richtig beobachtet ist die Beharrlichkeit der Kohlmeisen, eine einmal entdeckte, anscheinend lohnende Quelle konsequent zu nutzen. Von einem mit flauschiger Schafwolle überzogenen Ruhekissen auf dem Liegestuhl unserer Terrasse blieb bald nur noch die angenehme Erinnerung, denn Kohlmeisen hatten ihm ein kurzes Leben beschert. Ein Paar zupfte unermüdlich Wollhaare heraus, sodass nach einem Sommer nur noch ein abgegrastes kahles Fragment übrig blieb, das der Entsorgung harrte. Vermutlich war die Wolle als Polstermaterial für das Nest willkommen, denn in einer ordnungsgemäß aufgeräumten bürgerlichen Hausgartenlandschaft ist das Angebot dafür durchaus bescheiden. Aber Meisen können es sich kaum leisten, zwei oder drei Wochen für die Polsterung ihres Nests zu investieren. Ob sie im Schaffell auch Nahrung suchten und dabei nach Meisenart störende Haare beseitigten?

Die von Brehm betonte Mordlust und andere schlimme Eigenschaften, die man der agilen Meise unterschiebt, werden ihr noch Jahrzehnte später angehängt. „So nützlich der Vogel in Wald und Garten, so lebhaft sein Wesen und so hübsch sein Gefieder ist, so zeigt er doch seine abstoßende Seite, nämlich die manchen Individuen eigene Mordlust, die sie dazu treibt, gelegentlich andere, schwächere Vögel zu überfallen und zu töten“ schreibt noch 1913 Ernst Schäff in einem inhaltsreichen kleinen Lehrbuch über „Unsere Singvögel“[1]. Ob da nicht kritiklos eine Meinung übernommen worden ist? Jedenfalls kennt man heute das Sozialverhalten von Kohlmeisen bis in viele Details. Aggressives Verhalten spielt eine große Rolle, Reviere zu erwerben und in manchen Gebieten das ganze Jahr über zu verteidigen sowie im winterlichen Meisentrupp Rangordnung herzustellen und aufrechtzuerhalten. Zwischenartliche Auseinandersetzungen gibt es nicht nur an winterlichen Futterstellen, sondern je nach Angebot und Nachfrage auch um Nisthöhlen. In Nisthöhlen eingedrungene Konkurrenten können eine Kohlmeise töten, unterliegen aber auch mitunter Trauerschnäppern, die als Zugvögel später dran sind und eine bereits von einer Kohlmeise besetzte Nisthöhle zu okkupieren versuchen. Wenn zwei Männchen in einer Falle gefangen werden, kann es zu einer tödlichen Auseinandersetzung kommen. Das sind Einzelfälle in besonderen Stress-Situationen, die im Handbuch der Vögel Mitteleuropas in über neun engbedruckten Seiten über Sozial-, antagonistisches und Feindverhalten aufgeführt sind[2].

Die Sorge Brehms um den Bestand der Kohlmeise stammt aus einer Zeit, in der im beginnenden Industriezeitalter und durch Vergrößerungen der Siedlungen Kohlmeisen offenbar abnahmen und unter „Wohnungsnoth" litten. Sie scheint nach mehr als 120 Jahren der Vergangenheit anzugehören. Auch Zeitgenossen Brehms beklagten die Abnahme. Eine der kuriosesten Nachrichten kommt 1890 aus Kärnten: „Noch vor 20 oder 30 Jahren waren z. B. im Gailthale die Kohlmeisen noch so massenhaft, dass die Herren Pfarrer mit ihren Ministranten an einem Morgen 800 bis 1000 Kohlmeisen

An Kohlmeisen werden viele Fragen des Vogellebens untersucht.

zu fangen vermochten. Dass gerade die Herren Pfarrer es waren, welche gerne den Massenmord für die Küche betrieben, ist urkundlich nachzuweisen und wird von jetzt noch lebenden, vollkommen vertrauenswürdigen Leuten bestätigt..."[3]. Franz Carl Keller, der Autor dieser kritischen Anmerkung, hat als Lehrer hier eine erstaunliche soziale Attacke geritten, doch dürften trotz „urkundlichen“ Nachweises die Opferzahlen des klerikalen Meisentötens gewaltig übertrieben sein.

Derzeit schätzt man großflächig die Bestände in Mitteleuropa zumindest als stabil ein, gebietsweise hat auch deutliche Zunahme stattgefunden. In Mitteleuropa zählt die Kohlmeise heute zu den häufigsten Brutvögeln. Allerdings schneiden geschlossene Wälder aktuell schlecht ab[4,5]. Als eine der Ursachen langfristiger Erholung wird das Angebot an Nisthilfen angesehen, vor allem in verschiedenen Biotopen der Kulturlandschaft. Nistkästen für höhlenbrütende Singvögel bestimmten den Beginn der Vogelschutzbewegung. „Unsere Vögel endgültig zu erhalten und wieder zu vermehren, ist nur dadurch möglich, daß wir ihnen die nötigen Lebensbedingungen, vor allem die geraubten Nistgelegenheiten wiedergeben“ fordert Freiherr von Berlepsch, ein Pionier des deutschen Vogelschutzes. Sein erstes Modell einer künstlichen Nisthöhle entstand um 1900 und war einer Spechthöhle nachempfunden[6,7].

Der heute oft etwas abschätzig betrachtete, zeitweise mit hohem Aufwand als Mittel der Schädlingsbekämpfung betriebene Nistkastenvogelschutz löste natürlich längst nicht alle Probleme, zumal er sehr einseitig die zunehmende Ansiedlungsdichte der „Nützlinge“ auch in Nadelwäldern oder Obstplantagen und anderen Flächen mit suboptimalem Nahrungsangebot bereits als Erfolg verbuchte, ohne Auswirkungen auf die langfristige Populationsentwicklung von Meisen und Insekten zu prüfen. Heute gibt es viele Studien darüber, dass Habitatstruktur, Beunruhigung, Nahrungsangebot das ganze Jahr über, Wintersterblichkeit und andere Faktoren die individuelle Fitness und damit das Schicksal folgender Generationen bestimmen. Man hat auch schon darüber diskutiert, ob durch dichtes Nistkastenangebot Höhlenbrüter auf Flächen gelockt werden, in denen sie auf Dauer gar nicht überleben können. Aber menschliche Sorge und der oft zitierte gesunde Menschenverstand rechnen oft nicht mit den Fähigkeiten der Vögel. Kohl- und Blaumeise sind erstaunlich lernfähig und wissen sich an Veränderungen anzupassen. Auf und Ab lokaler Bestände ist daher an der Jahresordnung eines Vogels mit kurzer individueller Lebensdauer.

Zielarten des sogenannten praktischen Vogelschutzes[6,8] waren Meisen und Trauerschnäpper, insektenfressende Singvögel, die natürlicherweise in Baumhöhlen brüten, aber im Unterschied zu Spechten Höhlen für die Nestanlage nicht selbst herstellen können. Solche „sekundären“ Höhlenbrüter haben den Vorteil einer Nestanlage gewählt, die statistisch gesehen deutlich sicherer ist als freistehende Nester. Aber diese Wahl hat auch ihren Preis, denn das Höhlenangebot ist selbst in naturnahen Baumbeständen knapp. Viele dieser möglichen Brutplätze sind zudem nicht oder nur bedingt als Kinderstube geeignet. Daher ist Konkurrenz um ideale Bruthöhlen inner-

wie zwischenartlich hoch, geschmälerter Bruterfolg in übrig gebliebenen suboptimalen Bruthöhlen normal. Auch wenn reichlich natürliche Bruthöhlen vorhanden sind, wie etwa im polnischen Nationalpark Bialowieza, ist das Risiko von Nestverlusten hoch. Von Kohlmeisen bevorzugte Nisthöhlen müssen eine Kombination von Eigenschaften aufweisen, die einen Kompromiss bedeuten zwischen Nestverlust durch unterschiedliche Nesträuber und unverzichtbaren Voraussetzungen für das Gedeihen der Brut, z. B. passendes Mikroklima[9]. Da gibt es wohl immer wieder Engpässe für ein ideales Angebot.

Die von Brehm betonte „Mordlust" ist vielleicht in der Tat eine Folge der Höhlenknappheit vor der Nistkastenaktivität der Vogelschützer, die etwa ab der Wende zum 20. Jahrhundert begann. Die alten Berichte sind voll von Nachrichten über Kohlmeisenbruten in Höhlungen an menschlichen Bauwerken, in denen die Auseinandersetzungen vielleicht öfters mit dem Tod des Schwächeren endeten, was Beobachtern unverhältnismäßig oft auffiel. So fand der bayerische Avifaunist Andreas Johannes Jäckel im 19. Jahrhundert Kohlmeisennester in „Mauerritzen von Kirchen mitten in Städten, von Burgruinen tief im Walde, unter Dächern von Gartenhäusern, in Felsenlöchern von Steinbrüchen, eines im Schutzhäuschen eines Blitzableiters..."[10]. Jedenfalls haben die frühen Vogelschützer einen wichtigen Ansatzpunkt für ihre Arbeit erkannt und genutzt, gewissermaßen einen den Bestand begrenzenden Minimumsfaktor zu entschärfen. Zunächst mussten die verwendeten Nisthöhlen- und Nistkastenmodelle möglichst naturnah aussehen. Mittlerweile sind viele Erfahrungen in ausgefeilte industriell hergestellte Modelle eingeflossen, die großenteils nicht aus Holz, sondern aus Holzbeton bestehen, einem Werkstoff aus Sägespänen und Zement. Gut durchdachte Modelle bieten ausreichende Bodenfläche für das Nest mit einem großen Gelege von 7 – 10 Eiern, sorgen mit einem angepassten Einflugloch dafür, dass keine größeren Konkurrenten, wie etwa Star oder Feldsperling, eindringen können, halten mit vorgezogenem Flugloch Nesträuber ab und lassen sich bei abnehmbarer Vorderwand leicht reinigen. Das sollte man nach der Brutzeit im Herbst besorgen, denn ein weiterer Nachteil für Höhlenbrüter entsteht dadurch, dass bei jährlicher Benutzung derselben Bruthöhle mit den Resten der vorjährigen Nester ein Paradies für Parasiten entsteht. Mittlerweile bieten also einige erprobte Nistkastenmodelle bessere Voraussetzungen für eine erfolgreiche Brut als Naturhöhlen, die in Ausmaßen und materieller Beschaffenheit nicht von vorneherein an die Bedürfnisse einer Kohlmeisenbrut angepasst sind. Freilich kommen auch immer wieder „originelle" Designermodelle an Nistkästen oder Futterhäuschen auf den Markt, die nichts taugen.

Nistkästen sind nicht nur zu einem wichtigen Bestandteil des Singvogelschutzes geworden. Sie bieten auch der Forschung ein wichtiges Feld. Kohlmeisenpopulationen haben Generationen von Forschern beschäftigt, deren Arbeit unser Wissen enorm bereicherte. Schon klassisch sind etwa die Untersuchungen auf der niederländischen Insel Vlieland. Dort brachte ein Paar im jährlichen Durchschnitt 11 Junge zum Ausfliegen, aber nur 27% der Altvögel überlebten von einem Jahr bis zum nächsten und nur etwa 6% der Jungen brüteten in den Folgejahren im Gebiet. In vier Experimentierjahren wurden 60% der Jungen dem Nest entnommen, so dass ein Paar nur noch vier Junge im Durchschnitt produzierte. Jetzt stieg die Überlebensrate der Altvögel auf 56%, 22% der in den Nestern übrig gebliebenen Jungen brüteten im Folgejahr. Damit waren die Entnahmen völlig ausgeglichen[11]. Der Befund lässt den Schluss zu, dass sich die lokale Population je nach der vorhandenen Individuendichte regulierte. Berühmt für jahrzehntelange Meisenforschung sind die Wytham Woods bei Oxford. Die Dichte der Brutpaare von Kohl- und Blaumeise nahm dort mit der Dichte der Nistkästen zu, aber der Anteil der Blaumeise an dieser Zunahme des Meisenbestandes war bei niedriger Kastendichte klein und wuchs erst mit zunehmendem Nistkastenangebot, ehe er bei sehr vielen Kästen pro Fläche einen Sättigungswert erreichte. Kohlmeisen dominierten also über Blaumeisen und beherrschten die Situationen bei knappem Brutplatzangebot. Blaumeisen erreichten erst bei Überfluss an Nistkästen den Status der Gleichberechtigung. Ein eindrucksvolles Beispiel, wie die Besiedlung einer Fläche nicht nur vom Angebot an Strukturen und Nahrung, sondern auch durch Konkurrenz maßgeblich bestimmt werden kann[12].

Inzwischen weiß man auch, dass überlegte Basteleien an der Zweckmäßigkeit von Nistkästen keine Nebensächlichkeit darstellen, sondern der Nistkastentyp beachtliche biologische Folgen haben kann. In Zentralspanien hat man die Brutleistung von Blau- und Kohlmeisen je nach Nistkastentyp eingehend statistisch verglichen. Beide Meisenarten bevorzugten Holzbetonkästen vor Holzkästen, obwohl in ersteren Nestraub signifikant höher war. In Holzbetonkästen waren die Nester höher und der Abstand vom Nest zum Einflugsloch größer. Das könnte erklären, warum Kohlmeisen Holzbetonkästen bevorzugten. Der Legebeginn war in Holzbetonkästen früher als in Holzkästen. Auch Brutverhalten und Aufmerksamkeit der Altvögel waren bei beiden Nistkastentypen verschieden[13]. Diese Einsichten lehren, dass Untersuchungsergebnisse bei Höhlenbrütern stark vom verwendeten Nistkastentyp abhängig sein können und man bei Vergleichen und Verallgemeinerungen vorsichtig sein muss. Überraschungen sind bei einem so intensiv untersuchten Vogel vor unserer Haustür immer noch zu erwarten.

Lachmöwe

Niemals brütet sie einzeln

Ihre Bewegungen sind im höchsten Grade anmuthig, gewandt und leicht. Sie geht rasch und anhaltend, oft stundenlang dem Pflüger folgend oder sich auf den Wiesen oder Feldern mit Kerbthierfange beschäftigend, schwimmt höchst zierlich, wenn auch nicht gerade rasch, und fliegt sanft, gewandt, gleichsam behaglich, jedenfalls ohne sichtliche Anstrengung, unter den mannigfaltigsten Schwenkungen durch die Luft. Man muß sie einen vorsichtigen und etwas mißtrauischen Vogel nennen; gleichwohl siedelt sie sich gern in unmittelbarer Nähe des Menschen an, vergewissert sich dessen Gesinnung und richtet danach ihr Benehmen ein. In allen Ortschaften, welche nahe an ihren Brutgewässern oder am Meere liegen, lernt man sie als halben Hausvogel kennen: sie

Lachmöwen tragen nur im Sommer eine dunkelbraune Kapuze. (Brehms Thierleben. *2. Aufl.*)

treibt sich hier sorglos vor, ja unter den Menschen umher, weil sie weiß, daß niemand ihr etwas zu Leide thut; aber sie nimmt jede Mißhandlung, welche ihr zugefügt wird, sehr übel und vergißt eine ihr angethane Unbill so leicht nicht wieder. Mit ihresgleichen lebt sie in bestem Einvernehmen, obgleich auch bei ihr Neid und Habgier vorherrschende Züge des Wesens sind; mit anderen Vögeln dagegen verkehrt sie nicht gern, meidet daher so viel wie möglich deren Gesellschaft und greift diejenigen, welche ihr nahen, mit vereinten Kräften an. Da, wo sie mit anderen Mövenarten ein und dieselbe Insel bewohnt, fällt sie über ihre Verwandten, welche sich ihrem Gebiet nähern grimmig her, wird aber andererseits in ähnlicher Weise empfangen. Raubvögel, Raben und Krähen, Reiher, Störche, Eulen und andere unschuldige Wasserbewohner gelten in ihren Augen ebenfalls als Feinde. Die Stimme ist so mißlautend, daß der Name Seekrähe durch sie erklärlich wird [...].

Kerbthiere und kleine Fische bilden wohl die Hauptnahrung der Lachmöve; eine Maus jedoch wird auch nicht verschmäht und ein Aas nicht unberücksichtigt gelassen. Ihre Jungen füttert sie fast nur mit Kerbthieren groß. Ungeachtet ihrer Schwäche wagt sie sich an ziemlich große Thiere, zerkleinert auch geschickt größere Fleischmassen in mundgerechte Brocken. Obschon sie Pflanzenstoffe verschmäht, gewöhnt sie sich doch bald an Brod und frißt es mit der Zeit ungemein gern. Ihre Jagd betreibt sie während des ganzen Tages, da sie abwechselnd ruht, abwechselnd wieder umherschwärmt. Von einem Binnengewässer aus fliegt sie auf Feld und Wiesen hinaus, folgt dem Pflüger stundenlang, um Engerlinge aufzulesen, streicht dicht über dem Grase oder dem Wasser hin, um Kerbthiere oder Fische zu erbeuten, und erhascht überall etwas, kehrt dann zum Wasser zurück, um hier zu trinken und sich zu baden, verdaut währenddem und beginnt einen neuen Jagdzug. Beim Ab- und Zufliegen pflegt sie bestimmte Straßen einzuhalten oder bald diese, bald jene Gegend zu besuchen.

Zu Ende des April beginnt das Brutgeschäft, nachdem die Paare unter vielem Zanken und Plärren über die Nistplätze sich geeinigt haben. Niemals brütet die Lachmöwe einzeln, selten in kleinen Gesellschaften, gewöhnlich in sehr bedeutenden Scharen, in solchen von hunderten und tausenden, welche sich auf einem kleinen Raum möglichst dicht zusammendrängen. Die Nester stehen auf kleinen, vom flachen Wasser oder Moraste umgebenen Schilf- oder Binsenbüschen, alten Rohrstoppeln oder Haufen zusammengetriebenen Röhrichts, unter Umständen auch im Sumpfe zwischen dem Grase, selbstverständlich nur auf schwer zugänglichen Stellen. Durch Niederdrücken einzelner Schilf- und

Grasbüschel wird der Bau begonnen, durch Herbeischaffen von Schilf, Rohr, Stroh und dergleichen weitergeführt, mit einer Auskleidung der Mulde beendet. Im Anfange des Mai enthält jedes Nest vier bis fünf verhältnismäßig große, durchschnittlich funfzig Millimeter lange, sechsunddreißig Millimeter dicke, auf bleich ölgrünem Grunde mit röthlichaschgrauen, dunkel braungrauen und ähnlichfarbigen Flecken, Tüpfeln und Punkten bezeichnete, in Gestalt, Färbung und Zeichnung mannigfach abändernde Eier. Beide Geschlechter brüten abwechselnd, anhaltend jedoch nur des Nachts; denn in den Mittagsstunden halten sie die Sonnenwärme für genügend. Nach achtzehntägiger Bebrütung entschlüpfen die Jungen; drei bis vier Wochen später sind sie flügge geworden. Da, wo die Nester vom Wasser umgeben werden, verlassen sie das Nest in den ersten Tagen ihres Lebens nicht, auf kleinen Inseln laufen sie gern aus demselben heraus und dann munter auf dem Lande umher. Wenn sie eine Woche alt geworden sind, wagen sie sich wohl schon ins Wasser; in der zweiten Woche beginnen sie bereits umherzuflattern, in der dritten zeigen sie sich ziemlich selbständig. Ihre Eltern sind im höchsten Grade besorgt um sie und wittern fortwährend Gefahr. Jeder Raubvogel, welcher von fern sich zeigt, jede Krähe, jeder Reiher erregt sie; ein ungeheures Geschrei erhebt sich, selbst die brütenden verlassen die Eier, eine dichte Wolke schwebt empor: und alles stürzt auf den Feind los und wenden alle Mittel an, ihn zu verjagen. Auf den Hund oder den Fuchs stoßen sie mit Wuth herab; einen sich nahenden Menschen umschwärmen sie in engen Kreisen. Mit wahrer Freude verfolgen sie denjenigen, welcher sich zurückzieht. Erst nach und nach tritt eine gewisse Ruhe und verhältnismäßige Stille wieder ein [...].

Die Lachmöven gehören nicht, wie man früher hier und da wohl glaubte, zu den schädlichen, sondern zu den nützlichen Vögeln; welche, so lange sie leben, unseren Feldern nur Vortheil bringen. Die wenigen Fische, welche sie wegfangen, kommen der zahllosen Menge von Kerbthieren gegenüber, welche sie vertilgen, gar nicht in Betracht; man sollte sie also schonen, auch wenn man sich nicht zur Anschauung erheben kann, daß sie eine wahre Zierde unserer ohnehin armen Gewässer bilden.

Möwen verbindet man mit Meer. Tatsächlich konzentrieren sich vier der zehn in Deutschland als Brutvögel nachgewiesenen Möwenarten an der Küste und in ihrem Hinterland. Auch Lachmöwen haben ihre größten Brutbestände im Tiefland an und hinter der Küste von den Niederlanden bis Polen. Im Wattenmeer nahmen ihre Bestände im 20. Jahrhundert zu, möglicherweise wegen günstiger Ernährungssituation[1] und daher guten Bruterfolgs[2]. Sie brüten aber als einzige Möwen auch in fast allen Teilen des deutschen Binnenlandes, sofern ihnen dazu Gelegenheit geboten wird. 1999 ergab eine bundesweite Synchronzählung etwa 150 000 Paare an 305 Brutplätzen[3]. Aber mit Möwen ist das so eine Sache. Sie kommen weit herum, sodass sich das großräumige Verbreitungsbild und die regionalen Bestandsgrößen oft überraschend schnell ändern. Fern vom Wasser sieht man sie für gewöhnlich nicht, auch wenn Lach- und die etwas größeren Sturmmöwen manchmal in Schwärmen auf frisch bearbeiteten Ackerböden nach Nahrung suchen. Eine vielseitige Ernährung führt Lachmöwen in die verschiedensten Lebensräume einer weithin offenen Landschaft. Man begegnet ihnen an Gewässern, in Feuchtgebieten, auf Äckern, Wiesen, Weiden, Müllkippen, in Kläranlagen und im Winter in Städten an Futterstellen am Parkteich oder an Flussbrücken. Die Zutraulichkeit der Lachmöwen in der winterlichen Stadt oder an Anlegestellen von Schiffen soll sich erst im Lauf des 20. Jahrhunderts entwickelt haben[4]. Zur Hauptnahrung zählen Regenwürmer, Insekten am Boden oder auf der Wasseroberfläche oder kleine Fische. Lachmöwen können aber nicht tauchen, was ihrer Fischjagd Grenzen setzt. Aas und organische Abfälle spielen vor allem im Winter eine wichtige Rolle. Sorgfältig ermittelte Nahrungslisten sind außerordentlich lang und vielseitig[1]. Im Magen von Stadtmöwen finden sich auch manche ungenießbaren Objekte. Ob geschickt im Flug aufgefangenes Brot an winterlichen Futterstellen zur Ernährung wirklich beiträgt, mag offen bleiben.

Lachmöwen sieht man das ganze Jahr über, aber nicht Angehörige derselben Population. Das Lachmöwenjahr ist bewegt. Die Vögel des deutschen Brutbestandes ziehen im Herbst in unterschiedliche Richtung von Nordwesten bis Süden ab und erreichen ein Gebiet, das von der südlichen Nordsee bis Südspanien und Tunesien reicht. Südliche Brutvögel aus Deutschland überwintern weiter südlich als solche aus Norddeutschland und Jungvögel ziehen weiter nach Süden als ältere. Wintermöwen in Deutschland kommen hauptsächlich aus Finnland und aus den baltischen Ländern, in Süddeutschland sind mehr Vögel aus Polen und Tschechien darunter. Deutsche Brutvögel halten sich teilweise noch bis März und April in England, Belgien und den Niederlanden auf. Jungvögel kehren im zweiten Kalenderjahr ihres Lebens teilweise noch nicht in ihr Geburtsland zurück und bleiben in den Niederlanden oder in Frankreich[5].

Der Ernährungsopportunist Lachmöwe findet fast überall Nahrung. Zur Brut aber erfüllen nur wenige Stellen die Ansprüche einer erfolgreichen Jungenaufzucht. Daher ist die Brutverbreitung der häufigen Möwe nur in Inseln über die Fläche verteilt. Die Nester brauchen eine feste Unterlage, sollten allseits von Wasser vor bodenlebenden Nesträubern geschützt sein; reichhaltige, aber nicht zu hohe Vegetation soll Nestmaterial bieten und später Deckung für die Küken bei Störungen. Auch Sichtschutz oder zumindest eine sichtbare Abgrenzung zum Nachbarn ist von Vorteil, denn das mindert aggressive Auseinandersetzungen. Eine solche Kombination von Ansprüchen hat vielleicht auch dazu geführt, dass Lachmöwen in dicht gepackten Kolonien brüten, um einen geeigneten Standort optimal zu nutzen. Die meisten Kolonien umfassen bis zu hundert, viele bis 1000 Paare. Größte Kolonien wuchsen bis über 20 000 Paare[4,6]. Außerhalb einer Kolonie brütende Paare haben nur geringe Chancen, ihre Brut großzuziehen. Der durchschnittliche Bruterfolg von Paaren, die am Rande einer Kolonie siedeln, ist geringer als der von Paaren näher am Zentrum. Ansiedlungen von Einzelpaaren oder Kleinkolonien sind daher meist von kurzer Dauer. Aber wächst eine Kolonie im Lauf der Jahre, kann das zu einer Abnahme des Bruterfolgs vieler Paare führen, die zunehmend in ungünstigere Plätze abgedrängt werden. Die großen Brutkolonien im Röhricht oder in Niedermooren und überfluteten Wiesen nützen in der Regel einen Platz, der in seiner Struktur von Natur aus keine lange Lebensdauer hat, wenn ihn nicht immer wieder Wasserstandänderungen und Witterungseinflüsse neu formen. Daher müssen natürliche Koloniestandorte oft wechseln. Flachufer und Inseln von Stauseen, stille geschützte Uferpartien und flache Inseln in Baggerseen, Fischteichen oder anderen, vom Menschen angelegten Gewässern sowie an der Nordseeküste entstandene Außendeichvorländer bieten dagegen oft Ansiedlungsmöglichkeiten von längerer Dauer. Lachmöwenkolonien spielten in der Geschichte des Vogelschutzes eine wichtige Rolle, denn sie waren an manchen Binnengewässern der Anlass, erste „Vogelfreistätten“ auszuweisen. Wenn auch systematisches Absammeln der Eier heute (hoffentlich) keine Rolle mehr spielt, zwingt vor allem die enorm gewachsene Verrummelung von Binnengewässern und ihren Uferzonen zur Ausweisung von Schutzgebieten für eine Brutkolonie der Lachmöwe.

Brüten in Kolonien bietet Vorteile, z. B. in der Abwehr von Feinden oder in gemeinschaftlicher Nahrungssuche, in der unerfahrene Vögel von erfahrenen profitieren. Damit entstehen zumindest individuell ähnliche Vorteile wie für Mitglieder von Vogelschwärmen (z. B. Star). Koloniebrüten muss aber auch verschiedene Herausforderungen meistern, um erfolgreich zu sein. Ein grundsätzliches Problem liegt darin, dass Brutplatz und Nahrungshabitat mehr oder minder weit auseinanderliegen müssen, um Ernährung der Brutvögel und ihrer Jungen zu garantieren. Die Wege zwischen Nest und Nahrung sollten möglichst „energieneutral“ sein, also mindestens so viel Energie in Form von Nahrung für Altvögel und Junge bringen wie aufgewendet werden muss, um Nahrung zu finden und zu transportieren. Die Transportstrecken von Koloniemöwen scheinen sich danach zu richten, denn die Dichte nahrungssuchender Individuen nimmt während der Brutzeit bei wachsendem Bedarf der Jungen mit der Entfernung zur Kolonie zu, scheint aber einen maximalen Radius, der 20 km und mehr betragen kann, nicht zu überschreiten. Der wachsende Abstand der Dichtezentren von Nahrungsflügen kann auch dazu führen, Konkurrenz der Koloniemitglieder im Umkreis der Kolonie abzubauen, wenn sie nicht alle zusammen einen Nahrungsplatz aufsuchen. Außerdem ließ sich eine konstante Flugrichtung der nahrungssuchenden Möwen über die ganze Brutzeit hinweg beobachten und damit ein schmaler Sektor der Nahrungssuche. Dies optimiert die Energieeinsparung, da Energie dann nicht durch Herumsuchen verbraucht wird. Darin liegt wohl auch ein Informationswert, denn Individuen richten sich nach Gruppen nahrungssuchender Artgenossen und brauchen nicht auf gut Glück einzelnen Koloniemitgliedern zu einer möglicherweise ergiebigen Nahrungsquelle zu folgen[7,8,9]. In einer Studie mit elektronisch markierten Lachmöwen gingen die Nahrungsflüge im Agrarland mit 8-12 (Maximum 27) km deutlich weiter als in einer

Lachmöwen im Schlichtkleid

städtischen Kolonie mit 5 (Maximum 17) km. Männchen waren weniger flugfreudig als Weibchen und konzentrierten sich auf näher gelegene Wasserflächen. Ganz allgemein gab es unter den Individuen Spezialisten, die immer wieder dieselben Gebiete anflogen, und Generalisten, die es an den verschiedensten Stellen probierten[10]. Vielfalt innerhalb bestimmter Grundregeln bietet oft Vorteile für das System.

Was die Feindabwehr betrifft, sind Lachmöwen in der Gruppe über der Kolonie deutlich mutiger als Einzelvögel, auf einen Bodenfeind herabzustoßen oder einen Luftfeind zu attackieren. Die Kolonie profitiert daher nicht nur von der großen Zahl, sondern auch vom individuellen Einsatz gegen Gefährder. Von Vorteil ist dabei eine weitgehende Synchronisation des Brutgeschäfts, sodass alle Vögel gleichermaßen bereit sind, auf einen Beutefeind zu reagieren. Außerdem verkürzt gleicher Stand des Brutgeschäfts das Risikozeitfenster der Kolonie für Eier oder Junge. Aber vollständige Synchronisation des Brutgeschäfts wird in Lachmöwenkolonien kaum erreicht. Dies ist einer interessanten Hypothese zufolge aber nicht eine unvermeidbare Varianz, sondern hat ebenfalls Anpassungswert. Während der Bebrütungszeit oder einer anderen Phase des Brutgeschäfts ist die Wahrscheinlichkeit der individuellen Entdeckung eines Beutefeindes wahrscheinlich geringer, etwa wegen der das Nest umgebenden Vegetation. Säßen aber alle Lachmöwen einer Kolonie immerhin etwa drei Wochen auf den Eiern, könnte sich das fatal auswirken. Eine gewisse Desynchronisation durch Paare, die etwas vom allgemeinen Zeittakt abweichen, könnte die Entdeckung eines Koloniefeindes durch Abweichler vom allgemeinen Zeitschema verbessern[11].

Eine Brutkolonie ist aber auch auffällig und ein attraktives Ziel von Beutefeinden. Mehrere Anpassungen verringern die dadurch entstehende Gefahr, wie geschützter Nistplatz an Ufern, der bodenlebende Nestfeinde abhält, Tarnfärbung von Eiern und Küken, gute Nestbewachung bei enger Nachbarschaft und die gemeinsame Feindabwehr. Andere Wasservögel brüten oft in der Nähe oder inmitten von Lachmöwenkolonien und profitieren von ihrem Schutz. In Schottland waren Bruten der Reiherente in Lachmöwenkolonien erfolgreicher als in Nestern abseits von Kolonien[12]. In Süddeutschland war die Bindung von Vorkommen des Schwarzhalstauchers an Lachmöwenkolonien auffällig[13]. Auf finnischen Seen wird die Lachmöwe geradezu als Schutzart für die Erhaltung von Wasservogelbeständen angesehen[14].

Wenn Koloniebrüten erfolgreich sein soll, müssen auch innerhalb der dichtgepackten Ansammlungen von brütenden Paaren gewisse Mechanismen greifen. Das gilt zunächst einmal für die Frage zur Klärung von Nachbarschaftsbeziehungen. Wie dicht dürfen die einzelnen Nester zusammenrücken? Gegenüber dem Nachbarn wird um das eigene Nest ein Radius von etwa 30-45 cm verteidigt, ein optimaler Abstand ist noch etwas größer. Ein geringer Abstand zum Nachbarn fördert soziale Stimulation und verbessert auch die Feindabwehr. Wird der Mindestabstand aber unterschritten, steigt die Aggressivität zwischen Nachbarn, vor allem wenn Vegetation keinen ausreichenden Deckungsschutz bietet. Der Besetzung eines Nistplatzes geht in der Regel ein Streit voraus. Erst nach und nach arrangieren sich Nachbarn und verringern sich die Chancen von Fremden, sich zwischen ausgewählten Nestterritorien noch niederzulassen. Spezielle Drohhaltungen ordnen die Nachbarschaftsverhältnisse ein, Fremde werden vertrieben. Hat die Bebrütung begonnen, flaut aggressives Verhalten gegenüber Nachbarn ab, man toleriert sich jetzt[4].

Sind die Jungen geschlüpft, nimmt das Drohen wieder zu, denn durch Ortsbewegungen von Küken können erneute Grenzkonflikte entstehen. Die Jungen tragen schon einen Tag nach dem Schlüpfen ein tarnfarbiges Dunenkleid. Droht Gefahr, ducken sie sich als frisch Geschlüpfte im Nest, um dann in den folgenden Tagen immer häufiger aus dem Nest zu fliehen. Bei Kolonien im Wasser der Verlandungszone müssen sie dann schon schwimmen können. Wenn irgend möglich, verstecken sich die Dunenjungen in der Vegetation. Dort können sie in ihren Verstecken auch Junge aus anderen Nestern treffen. Zumindest während des Alarms der Altvögel tolerieren sie sich aber. Liegt das Versteck im eigenen Nestterritorium, sind sie bereits zu Hause. Verstecke auf fremdem Gebiet erschweren die Rückkehr, denn dann werden die Jungen durch die von der Feindvertreibung zurückgekehrten Inhaber vertrieben. Die Hackerei in Fremdrevieren kann sogar zum Tod eines ins eigene Nest irrenden Kükens führen[4]. Herkömmlicherweise bezeichnet man als Nesthocker Vogeljunge, die hilflos schlüpfen, ans Nest gebunden sind und bis zu ihrem Flüggewerden von den Eltern gefüttert werden müssen (Beispiel: Singvögel). Demgegenüber schlüpfen Nestflüchter mit ausgebildetem Dunenkleid, haben leistungsfähige Sinnesorgane und können sofort laufen oder schwimmen (Beispiel: Entenverwandte). Lachmöwen kommen mit Dunen zur Welt, können sich fortbewegen, bleiben aber im Nest oder in dessen Nähe. Die Eltern füttern sie und sie erreichen erst spät die volle Flugfähigkeit. Für diesen Zwischentyp der Jugendentwicklung hat sich der Name Platzhocker eingebürgert[15], der in dieser Form als Anpassung an das Aufwachsen in einer dicht gepackten Brutkolonie anzusehen ist.

Spezielle Abläufe des sozialen Verhaltens scheinen das Leben in einer Lachmöwenkolonie zu regeln. Sie dienen dem Ziel, unter verschiedenen Bedingungen ausreichenden Nachwuchs zu erzielen. Wissenschaftliche Untersuchungen und eingehende Beobachtung haben gezeigt, dass die Vorteile der Gemeinsamkeit auch manche Probleme mit sich bringen. Lösungen sind daher meist Kompromisse. Viele brutreife Vögel dicht nebeneinander führen zu Seitensprüngen und Übergriffen. Molekularbiologische Untersuchungen einer Stichprobe aus einer Kolonie haben ergeben, dass in 43% der Nester einzelne Junge nicht mit beiden zugehörigen Eltern verwandt waren. Dies kann auf Fremdvaterschaften beruhen, aber auch auf intraspezifischem Brutparasitismus. Ein Weibchen hat ein Ei in ein fremdes Nest gelegt. In dieser Stichprobe wurde in 33% der Bruten Fremdvaterschaft nachgewiesen, insgesamt 20% der Nestlinge waren von fremden Vätern gezeugt. In 17% der Nester stammten Küken weder von der Mutter, noch vom Vater. Das deutet auf fremde Eier im Nest[16]. Erfolgreiche Kopulationen außerhalb des Paarbundes scheinen also nicht außergewöhnlich zu sein und häufiger vorzukommen als „Kuckuckseier". Jetzt rücken Brehms in Zeichnung und Färbung so eingehend beschriebene „mannigfache" Eier in den Fokus moderner Wissenschaft. Lange Zeit war man sich lediglich klar darüber, dass die komplizierten Farb- und Zeichnungsmuster der Eischalen der Tarnung dienen. Aufnahmen mit einer UV-empfindlichen Kamera, die also auch den kurzwelligen Anteil des Sehvermögens der Vögel erfasste, ergaben, dass die Farbmuster der Eischalen innerhalb von Gelegen signifikant ähnlicher waren als zwischen verschiedenen Gelegen[17]. Dies könnte Nesteigentümern helfen, ihr Nest unter eng aufgerückten Nachbarn zu erkennen und ihre eigenen Eier von fremden, dazugelegten zu unterscheiden. Eine Analyse, bei der man DNA von der Eischale mit der von Federn des brütenden Weibchens verglich, konnte individuelle Muster über mehrere aufeinanderfolgende Jahre nachweisen. Aber nach einem Austausch von 21 benachbarten Gelegen brüteten die zurückgekehrten Vögel ohne jede negative Reaktion auf den ihnen untergelegten fremden Eiern weiter. Demnach scheinen also die individuellen Farbmuster der Eier keine Rolle für das Erkennen der eigenen Gelege zu spielen; ob andere Schlüssel wirken, bleibt noch zu erforschen. Unterschiede in der Eifärbung scheinen aber jedenfalls eher durch innere als durch äußere Faktoren bestimmt zu werden[18].

Für Brehm reichte die „mißlautende" Stimme nur dazu, die Lachmöwe als „Seekrähe" einzustufen. Als Gelächter wird man die verschiedenen Rufe auch kaum empfinden. Daher klingt im Hintergrund für Szenen an einem romantischen Binnengewässer im Fernsehen auch meist das klangvolle „kjau" der Silbermöwe, die es aber am Ort der Szene gar nicht gibt. Man kann unter den vielen Rufen der Lachmöwe nach Hans-Heiner Bergmann auch lachende ausmachen, „die den Namen rechtfertigen könnten"[19]. Doch meistens stößt der Name auf Verwunderung, denn der Vogel lacht doch gar nicht. Daher haben Grübler auch versucht, die „Lachmöwe" als Vogel zu interpretieren, der auch an kleinen Binnengewässern, also an „Lachen" brütet. Dass aber Gelächter gemeint ist, zeigt auch der von Linné 1766 vergebene wissenschaftliche Artname *ridibundus* („lachend"). Auch die Amerikaner haben ihre Laughing Gull, die den deutschen Namen Aztekenmöwe trägt.

Mauersegler

Sein Reich ist die Luft

Der Mauersegler ist es, welchen wir vom ersten Mai an bis zum August unter gellendem Geschrei durch die Straßen unserer Städte jagen oder die Spitzen alter Kirchthürme umfliegen sehen. Der Vogel ist weit verbreitet [...]. Den Winter verbringt er in Afrika und Südindien. Erstgenannten Erdtheil durchstreift er vom Norden bis zum Süden. Er trifft mit merkwürdiger Regelmäßigkeit bei uns ein, gewöhnlich am ersten oder zweiten Mai, und verweilt hier bis zum ersten August. In sehr günstigen Frühjahren kann es geschehen, daß einzelne auch schon in der letzten Woche des April bei uns sich zeigen, in günstigen Sommern ebenso, daß man unseren Brutvogel noch während der ersten Hälfte des August bemerkt; das eine wie das andere aber sind Ausnahmen. Diejenigen, welche man später sieht, sind solche, welche im hohen Norden brüteten, durch schlechtes Wetter in ihrem Brutgeschäft gestört wurden und ihrer noch unselbständigen Kinder wegen einige Tage länger im Lande ihrer Heimat verweilen mußten [...].

Ursprünglich wohl ausschließlich Felsbewohner, hat sich der Mauersegler im Laufe der Zeit zu den Behausungen des Menschen gefunden und ist allgemach zu einem Stadt- und Dorfvogel geworden. Hohe und alte Gebäude, namentlich Türme, wurden zuerst zu Wohnsitzen, oder was dasselbe, zu Brutstätten erkoren: als die hier vorhandenen Löcher nicht mehr ausreichten, sah sich der Vogel genöthigt, auch natürlichen oder künstlichen Baumhöhlungen sich zuzuwenden, und wurde so zum Waldbewohner. Er gehört zu der keineswegs unbeträchtlichen Anzahl von Vögeln, welche sich bei uns zu Lande stetig vermehren, leidet daher schon gegenwärtig an vielen Orten und selbst in ganzen Gegenden unseres Vaterlandes an Wohnungsnoth. Da, wo für ihn passende Felsen sich finden, bewohnt er nach wie vor solche und steigt im Gebirge bis zu ungefähr zweitausend Meter unbedingter Höhe empor.

Es wird auch dem Laien nicht schwer, unseren Mauersegler zu erkennen. Seine Bewegungen, sein Gebaren, Wesen und Treiben sind gänzlich verschieden von denen der Schwalben. Er ist, wie seine Verwandten ein im höchsten Grad lebendiger, unruhiger, bewegungslustiger und flüchtiger Vogel. Sein Reich ist die Luft; in ihr verbringt er sozusagen sein ganzes Leben. Vom ersten Morgenschimmer an bis zum letzten Glühen des Abends jagt er in weiten Bogen auf und nieder, meist in bedeutenden Höhen, nur abends oder bei heftigem Regen in der Tiefe. Wie hoch er sich in der Ebene erheben mag, läßt sich nicht feststellen; wohl aber kann dies geschehen, wenn man ihn im Gebirge beobachtet. Von der Spitze des Montserrat und von dem Rücken des Riesengebirges aus sah

Mauersegler (links vorne) und Alpensegler (Brehms Thierleben. *2. Aufl.*)

ich ihn so weit in die Ebene hinausfliegen, als das bewaffnete Auge ihm folgen konnte. Hier wie dort also durcheilt er Luftschichten von mehr als tausend Meter unbedingter Höhe. Seine Flugzeit richtet sich nach der Tageslänge. Zu Zeit der Hochsonnenwende fliegt er von morgens drei Uhr zehn Minuten an spätestens bis abends acht Uhr funfzig Minuten, wie es scheint, ohne Unterbrechung umher. Jedenfalls sieht man ihn bei uns zu Lande auch über Mittag seinen Geschäften nachgehen [...].

Wir kennen keinen deutschen Vogel, welcher ihn im Fluge überträfe. Dieser kennzeichnet sich durch ebenso viel Kraft und Gewandtheit wie durch geradezu unermüdliche Ausdauer. Der Mauersegler versteht zwar nicht die zierlichen und raschen Schwenkungen der Schwalben nachzuahmen, aber er jagt dafür mit einer unübertrefflichen Schnelligkeit durch die Luft. Seine schmalen, sichelartigen Flügel werden zeitweilig mit so großer Kraft und Hurtigkeit bewegt, daß man nur ein undeutliches Bild von ihnen gewinnt. Dann aber breitet der Vogel dieselben plötzlich weit aus und schwimmt und schwebt nun ohne sichtbare Flügelbewegung prächtig dahin. Der Flug ist so wundervoll, daß man alle uns unangenehm erscheinenden Eigenschaften des Seglers darüber vergißt und immer und immer wieder mit Entzücken diesem schnellsten Flieger unseres Vaterlandes nachsieht. Jede Stellung ist ihm möglich. Er fliegt auf- und abwärts mit gleicher Leichtigkeit, dreht und wendet sich leicht, beschreibt kurze Bogen mit derselben Sicherheit wie sehr flache, taucht jetzt seine Schwingen beinahe ins Wasser und verschwindet dem Auge wenige Sekunden später in ungemessener Höhe.

Doch ist er nur in der Luft wirklich heimisch, auf dem Boden hingegen fremd. Man kann sich kaum ein unbehülflicheres Wesen denken als einen Segler, welcher am Fliegen verhindert ist und auf dem Boden sich bewegen soll. Vom Gehen ist bei ihm keine Rede mehr; er vermag nicht einmal zu kriechen. Man hat behauptet, daß er unfähig sei, sich vom Boden zu erheben; dies ist aber, wie ich mich durch eigene Beobachtung genügend überzeugt habe, keineswegs der Fall. Legt man einen frisch gefangenen Segler platt auf den Boden nieder, so breitet er sofort seine Schwingen, schlägt sich durch einen kräftigen Schlag derselben in die Höhe und gebraucht sodann seine Flügel mit gewohnter Sicherheit. Übrigens weiß der Mauersegler seine Füße recht gut zu benutzen. Er häkelt sich geschickt an senkrechten Mauern oder Bretterwänden an und verwendet die scharf bekrallten Zehen außerdem zur Vertheidigung [...].

Ueber die höheren Fähigkeiten des Mauerseglers ist wenig günstiges zu sagen. Unter den Sinnen steht das große Auge unzweifelhaft obenan; auch das Gehör kann vielleicht noch als entwickelt betrachtet werden; die übrigen Sinne scheinen stumpf zu sein. Das geistige Wesen stellt den Vogel tief. Er ist ein herrschsüchtiger, zänkischer, stürmischer und übermüthiger Gesell, welcher streng genommen mit keinem Geschöpf, nicht einmal mit seinesgleichen, in Frieden lebt und unter Umständen anderen Thieren ohne Grund beschwerlich fällt. Um die Nistplätze zanken sich die Mauersegler unter lautem Geschrei oft tagelang. Aus Eifersucht packen sich zwei Männchen wüthend in der Luft, verkrallen sich fest ineinander und wirbeln nun von oben bis zum Boden herab. Ihre Wut ist aber so groß, daß sie hier häufig noch fortkämpfen […].

Der Nistort wird je nach Umständen gewählt. In Deutschland sind es entweder Kirchthürme und andere hohe Gebäude in deren Mauerspalten, oder Baumhöhlungen der verschiedensten Art, seltener Erdhöhlungen in steilen Wänden, in denen unser Segler sein Nest anbringt. Regelmäßig vertreibt er Staare oder Sperlinge aus den für sie auf Bäume gehängten Nistkasten und ist dabei so rücksichtslos, daß er sich selbst von den brütenden Staaren- oder Sperlingsweibchen nicht abhalten läßt, sondern ihnen oder ihrer Brut sein weniges Geniste im buchstäblichen Sinne des Worts auf den Rücken wirft und die solange quält, bis sie selbst das Nest verlassen. Findet er ernsteren Widerstand, so greift er auch zu seinen natürlichen Waffen und kämpft verzweifelt um eine Stätte für seine Brut […].

Der Mauersegler ernährt sich von sehr kleinen Kerbthieren über welche man aus dem Grunde schwer ins klare kommen kann, als ein erlegter Vogel seine gefangene Beute größtentheils bereits verdaut, mindestens bis zur Unkenntlichkeit zerdrückt hat. Jedenfalls müssen die Arten, welche seine hauptsächliche Nahrung bilden, in sehr hohen Luftschichten und erst nach Eintritt entschieden günstiger Witterung fliegen. Denn nur so läßt sich das späte und nach den Örtlichkeiten verschiedene Kommen und Verweilen des Mauerseglers erklären.

Mauersegler verbringen fast ihr ganzes Leben in der Luft, Tag und Nacht. In der Luft fangen sie ihre Nahrung, sammeln Nistmaterial, ruhen, balzen und kopulieren. Nur während der Brutzeit landen sie länger auf festem Untergrund, sei es als brütender Vogel im Nest oder an einem Schlafplatz, Nichtbrüter bleiben die Nacht über in der Luft. Werden die Jungen flügge, verlassen sie mit einem Sprung ins Ungewisse die Nesthöhlung und starten damit in ein Luftleben, das bis drei Jahre zum Beginn der ersten Brut dauern kann. Nur anfänglich übernachten sie vorwiegend bei schlechtem Wetter noch in Bäumen oder an Gebäuden. Während der zehn Monate außerhalb der kurzen Brutzeit verbringen Mauersegler ihre Zeit zu 99% in der Luft. Nach Messungen moderner Geräte unterbrachen einige Individuen in dieser langen Zeit niemals ihren Luftaufenthalt, während andere nur kurze Pausen einlegten. Am Tag war die Flugaktivität geringer als in der Nacht, weil untertags in Thermiken Gleitphasen eingeschaltet werden konnten[1]. Auch Luftakrobaten müssen mit Energie haushalten. In einer Untersuchung flogen Mauersegler nur 25% der Zeit mit Flügelschlägen und über 70% auf ausgebreiteten Schwingen gleitend[2].

Das Leben in der Luft löste bei Vogelkundigen zu Brehms Zeiten viel Bewunderung aus, mit reiner Beobachtung ließen sich aber relativ wenig belastbare Details ermitteln. Sie zu messen und zu analysieren blieb der eingehenden Beobachtung von Experten und letztlich moderner Hightech überlassen.

Mauersegler können Fluggeschwindigkeiten bis über 100 km/h erreichen; etwa 200 km/h, die gelegentlich genannt werden, dürften Ausnahmen oder nicht exakt mit modernen Methoden gemessen sein[3,4]. Einzelne Höchstwerte sagen allerdings wenig aus, wenn sie nicht mit anderen Anpassungen in Beziehung gesetzt werden, etwa als Fluggeschwindigkeit mit geringstem Energieverbrauch pro Zeiteinheit oder Fluggeschwindigkeit mit dem geringsten Energieverbrauch pro Einheit der Entfernung. Unter diesen Voraussetzungen sind absolute Höchstleistungen weniger gefragt, sondern Bewältigung von Streckenlängen auf dem Zug von einem Rastplatz zum nächsten oder optimale Nutzung der Zeit während der Aufzucht der Jungen. So wurden tatsächlich mit ausgeklügelten Methoden für Mauersegler höhere mittlere Geschwindigkeiten im Frühjahr als im Sommer und im Herbst ermittelt. Das entspricht der Annahme, dass es beim Heimzug mehr auf die Zeit ankommt, um rechtzeitig den Brutplatz zu erreichen, im Sommer und im Herbstzug die Anpassung mehr an energetisch möglichst gut genutzter Flugzeit arbeitet. Allerdings sind die saisonalen Unterschiede zwischen Brutzeit und Zug für Mauersegler im Vergleich zu anderen Langstreckenziehern geringer als erwartet[5]. Verständlich, da Mauersegler als hoch spezialisierte Luftjäger auf ihren Zugwegen keine punktuell verteilten Rastplätze ansteuern müssen. Zu hohen Geschwindigkeiten treiben sich die Segler in den sommerlichen Schwärmen, die mit viel Geschrei um Gebäude oder Felsen jagen und als „screaming parties" in die Literatur eingingen. Dabei wurden als höchste Werte etwa 115 km/h gemessen[6].

Für spezialisierte Luftjäger kann es bei ungünstigem Wetter eng werden, weil die Nahrungsquelle versiegt. Eine Möglichkeit ist, Einbrüchen durch Wetterfluchten auszuweichen, die oft über erhebliche Entfernungen führen, selbst mitten in der Brutzeit. Solche Fluchtbewegungen können tausende Segler erfassen und über mehr als 100 km reichen. Entscheidend ist, dass die Fluchten rechtzeitig angetreten werden.

Temperaturabfall, Luftdruckänderungen oder Verschlechterung des Nahrungsangebots spielen als Vorwarnung sicher eine wichtige Rolle. Die andere Möglichkeit sind Sparmaßnahmen, die den Energieverbrauch minimieren. Das kann schon durch einen Rückzug in die Bruthöhlen erreicht werden. An Tagen mit hohen Niederschlagswerten oder niedrigen Temperaturen sinken die Körpertemperaturen der Brutvögel am

Auch einen Schluck Wasser holen sich Mauersegler im Flug.

Nest; dadurch wird der Stoffwechsel reduziert. Auch herangewachsene und schon befiederte Nestlinge können ihre Körpertemperatur reduzieren, sie verlieren an Gewicht und fallen in einen „Hungerschlaf“ (Torpor), erwärmen sich aber unter günstigeren Bedingungen wieder schnell und können, falls die Hungerzeit nicht zu lange dauert,

Notzeiten überstehen. Mehrere Hungertage überbrücken Alt- und Jungvögel durch diese Stoffwechselreduktion[4,7].

Ausschließlich auf Insekten und Spinnen in der Luft angewiesen sind Mauersegler zwangsläufig Langstreckenzieher. Ihre Überwinterungsgebiete liegen in Äquatorial- und Südafrika, einige überwintern auch auf der Arabischen Halbinsel und in Nordindien. Der Herbstzug beginnt schon Ende Juli und geht im August zu Ende. Durchziehende Vögel sind bei uns aber noch im September bis in den Oktober hinein zu beobachten. Ende April/Anfang Mai kommen die Brutvögel zurück. Eine Vorverlegung der Erstbeobachtungen um 10-14 Tage seit 1970 in einigen Gebieten Deutschlands deutet an, dass der Klimawandel offensichtlich in den letzten Etappen des Heimzuges Wirkung zeigt, aber auch den Abzug beeinflusst, denn in Südwestdeutschland hat sich der Herbstzugmedian um acht bis neun Tage verspätet[8,9]. Nach Ringfunden konzentrieren sich in Afrika europäische Mauersegler im Wesentlichen in drei Regionen außerhalb der Trockengebiete, nämlich im tropischen Westafrika, in Äquatorialafrika und im östlichen Südafrika. Dabei scheint eine grobe Trennung nach der Herkunft der Brutvögel einzutreten. Mitteleuropäische Brutvögel überwintern weiter nördlich als schwedische und finnische. Da südlicher brütende Mauersegler größer sind, erfolgreicher brüten und ihr Winterquartier eher erreichen als nördliche, könnte Konkurrenz bei dieser Verteilung eine Rolle spielen; die früher in Gebieten mit ausreichender Begrünung angekommenen verdrängen die späteren weiter südwärts[10]. Aber nach bisherigen Untersuchungen an einzelnen, mit modernen Geräten versehenen Vögeln ist das individuelle Verhalten vielfältiger und entspricht nicht dem Schema, das man aus relativ wenigen Ringfunden ableiten kann. So überwinterten Vögel einer einzigen deutschen Brutkolonie in allen drei großen Winterarealen Afrikas von Liberia und Ostguinea über das Kongobecken bis Südafrika[11]. Für sechs mit Geolokatoren versehene Mauersegler konnte der gesamte Zugablauf von Schweden nach Afrika und wieder zurück verfolgt werden. Die Vögel flogen zunächst nach Süden, über der Sahara und Sahelzone mit einer Südwestkomponente, und erreichten dann das Winterziel im Kongobecken, wo sie etwa sechs Monate blieben. Beim Rückflug nutzten sie in Afrika günstige Windverhältnisse aus, über Europa begegneten sie unterschiedlichen Windrichtungen einschließlich Gegenwind. Die mittlere Tagesleistung lag im Frühjahr deutlich über 300 km, weit mehr als bei etwa gleichgroßen Singvögeln erreicht wird, die auf Rastgebiete angewiesen sind. Auffallend war, dass auch scheinbar ungebundene Luftjäger sich an begrenzte Gebiete halten und mehr oder minder einheitlichen Routen folgen[12]. Inzwischen ist erwiesen, dass einzelne Individuen in aufeinanderfolgenden Jahren auf derselben Route ziehen, andere sich dagegen variabel verhalten[13]. Auch dabei könnten geografische Unterschiede der Geburtsorte eine Rolle spielen[25]. Die räumliche Variation der Zugrouten und die Größe des Überwinterungsgebietes einzelner Vögel können gewaltig sein und bis über 2 Mio. km^2 erreichen[14]. Es scheint so, als ob die Forschung mit Sendern und Geolokatoren noch manches Geheimnis des Seglerzuges lüften muss.

Wie verhalten sich die ruhenden Vögel in der Luft? In Radaruntersuchungen wurde schon früh entdeckt, dass nachts Schichten geringer Luftbewegung aufgesucht wurden. Das mag vor allem dazu führen, dass im Flug der Energieverbrauch pro Zeiteinheit minimiert wird, denn die Vögel müssen die Nacht durchstehen[15]. Spätere Untersuchungen belegten, dass sich nächtlich fliegende Mauersegler konstant gegen Luftströmungen richten. Sie änderten überraschenderweise nicht ihre Flughöhe, um in Schichten geringerer Windstärke zu kommen, änderten aber auch nicht ihre Eigengeschwindigkeit bei lebhafterem Gegenwind. Offensichtlich reicht eine Kopf-Wind-Orientierung aus, um ein zu weites Abdriften während der Nacht vom Ausgangsort zu vermeiden. Sie ließen sich auch vom Wind einfach etwas zurücktreiben, immer mit dem Kopf nach vorne. Erst wenn die Windgeschwindigkeit die eigene übertraf, wurde es für sie kritisch[16]. Ständige Orientierung nach dem Wind und Korrigieren der Flugrichtung scheint die ganze Nacht über eine wichtige Rolle zu spielen[17]. Aber ob abendliches Hochsteigen tatsächlich allein dem Ruhen in der Luft dient, muss wohl noch ergänzt und relativiert werden. In den Niederlanden enthüllte Radar, dass nicht nur abends, sondern auch in der Morgendämmerung Mauersegler aufsteigen, also sich bei Sonnenunter- und Sonnenaufgang ein spiegelbildliches Verhaltensmuster ergibt, das offenbar durch die Dämmerung ausgelöst wird. Die erreichte Höhe fiel mit einer 7° Isotherme zusammen und war nicht mit Wind, Unterrand der Wolkendecke, Luftfeuchtigkeit oder Verteilung von nächtlich aktiven Insekten korreliert. Man vermutet, dass solche Flüge der Kontrolle von Sichtweite, gemessen an entfernten Landmarken, von Luftschichtenverteilung und lokalem Wetter, also der Orientierung für die nächsten Stunden in der Luft dienen[18]. Gemeinsam Aufsteigen und einzeln wieder absteigen lässt auch eine soziale Bedeutung durch Informationsaustausch vermuten[19].

Die Nester stehen in dunklen Räumen, die direkt angeflogen werden können, in Mitteleuropa vor allem in Gebäuden, selten in Felswänden oder auch in Höhlungen alter Bäume. Ein Eingang muss direkt zum Nest führen. Meist bilden sich Kolonien, in denen aber jedes Paar einen eigenen Zugang zu seinem Nest im hinteren Höhlenwinkel möglichst weit weg vom Eingang hat. Das Nest selbst wird aus schwebenden Materialien gebaut, die von den Brutvögeln in der Luft erhascht werden. Mauerseglerbestände sind nicht leicht zu ermitteln. So fehlen belastbare Zahlen aus früheren Jahrzehnten. Man kann aber annehmen, dass seit Brehm die Zunahme der Verstädterung auch zu einer Vermehrung der Brutbestände geführt hat. Neuerdings werden aus verschiedenen Gebieten Europas Abnahmen gemeldet. Sie könnten mit Verringerung des Bruterfolgs als Folge der Zunahme von Niederschlägen im Mai und Juni, also dem Klimawandel, zu tun haben[20] oder mit der Abnahme von Insekten, sind aber vor allem auch mit dem Verschwinden von städtischen Brutkolonien zu erklären.

Gebäudesanierung und -modernisierung vernichtet viele Brutmöglichkeiten für Vögel. Dies trifft in vielen Städten die Mauersegler besonders hart, weil an einzelnen Standorten ganze Kolonien verschwinden. Versuche, mit künstlichen Nistangeboten zu helfen, sind grundsätzlich erfolgreich, fordern aber Planung und oft auch Geduld. In Greifswald montierte man 477 Nistkästen für Mauersegler hauptsächlich an Häusern moderner Bauweise. Rund 24% wurden angenommen, an den meisten Gebäuden brüteten nachher mehr Paare als vor der Renovierung. In Gebieten, in denen alle Gebäude renoviert worden waren, ergab sich eine bemerkenswert hohe Seglerdichte. Den Erfolg bestimmten vor allem die Anzahl benachbarter Nistkästen, sodass man sinnvollerweise mehrere Kästen in wenigen Metern Abstand nahe dem überstehenden Dachrand anbringt[21]. In Berlin war unter 1915 kontrollierten Kästen die Annahme über eine Sanierung der Gebäude hinweg mit 70% sehr hoch gegenüber an früher unbewohnten Gebäuden mit nur 4%[22]. Eine traditionelle Brutplatzbindung scheint also eine wichtige Rolle zu spielen. Dem entspricht eine hohe Ortstreue in einer gut untersuchten Schweizer Seglerkolonie[23]. Auch im Angebot an vorbereiteten Nestformen im Inneren von Räumen, in die Segler einfliegen können, fördert bestimmtes Design die Erfolgsquote[24]. Klangattrappen mit Antwortrufen bei ausgebrachten Kästen fördern eine Ansiedlung, aus Einzelpaaren kann bei entsprechendem Angebot eine regelrechte Kolonie entstehen.[25]

Mittlerweile befassen sich spezialisierte Pflegestationen mit der Aufzucht der zahlreichen, durch Bauarbeiten in menschliche Hände kommenden Nestlinge und versuchen mit tiermedizinischem Sachverstand viele durch Anprall verletzte Altvögel zu therapieren, z. B. in Katalonien und in der Mauerseglerklinik der Deutschen Gesellschaft für Mauersegler in Frankfurt a. M.[26,27].

Mäusebussard

Eine wahre Zierde der Gegend

Der geübte Beobachter erkennt den Bussard auf den ersten Blick, derselbe mag sitzen oder fliegen. Gewöhnlich sitzt er zusammengedrückt, mit wenig anliegenden Federn, gern auf einem Fuße, den anderen zusammengebogen zwischen den Federn versteckt. Der Stein, der Erdhügel oder der Baum, welchen er zum Ruhesitze erwählt hat, dient ihm als Warte, von welcher aus er sein Gebiet überschaut. Der Flug ist langsam, aber leicht, fast geräuschlos und auf weite Strecken hin schwebend. Jagend erhält sich der Bussard rüttelnd oft längere Zeit über einer und derselben Stelle, um diese auf das genaueste abzusu-

Mäusebussard (Brehms Thierleben. *2. Aufl.)*

chen oder ein von ihm bemerktes Thier genauer ins Auge zu fassen. Angreifend fällt er mit hart angezogenen Schwingen auf den Boden herab, breitet dicht über demselben die Fittiche wieder, fliegt wohl auch eine kurze Strecke über dem Boden dahin und greift dann mit weit ausgestreckten Fängen nach seiner Beute. Bei gewöhnlicher Jagd erhebt er sich seltener in bedeutende Höhe; im Frühjahr aber und namentlich zur Zeit seiner Liebe, steigt er ungemein hoch empor und entfaltet dabei Künste, welche man ihm kaum zutrauen möchte. „Da wo er horstet“ sagt Altum sehr richtig, „ist er eine wahre Zierde der Gegend. Es gewährt einen prachtvollen Anblick, wenn die beiden Alten an heiteren Frühlingstagen und auch später noch in den schönsten Kreisen über dem Walde sich wiegen. Ihr lautes und schallendes „Hiäh“ erhöht noch die angenehme Belebung. Haben sie ihre Künste im Fliegen lang genug ausgeführt, so zieht einer der beiden die Flügel an und wirft sich in laut sausendem Sturze herab in den Wald, und sofort folgt auch der andere nach“. Seine Stimme ähnelt dem Miauen der Katze [...].

Ende April oder zu Anfang Mai bezieht der Bussard seinen alten Horst wieder oder erbaut einen neuen. Er wählt hierzu einen ihm passenden Baum in Laub- und Nadelwäldern und errichtet hier, bald höher, bald niedriger über dem Boden, in der Regel möglichst nahe am Stamme, entweder in Zwiseln oder in passenden Astgabeln, den fast immer großen, mit den Jahren an Umfang zunehmenden Bau, falls er nicht vorzieht, ein ihm geeignet erscheinendes Kolkraben- oder Krähennest zu benutzen. In den meisten Fällen ist er nicht allein Baumeister für sich, sondern auch für viele andere Raubvögel unseres Vaterlandes [...]. Das Weibchen scheint allein zu brüten; die Jungen werden aber von beiden Eltern gemeinschaftlich ernährt.

Dem Bussarde ergeht es ungefähr ebenso wie dem Fuchse. Jeder Übergriff von ihm wird mit mißgünstigen Blicken bemerkt, seine uns Nutzen bringende Thätigkeit dagegen regelmäßig unterschätzt. In den Augen aller Jäger gilt er als der schädlichste Raubvogel unseres Vaterlandes und wird deshalb mit förmlicher Erbitterung verfolgt. Der gemeine Bauernschütze gestattet sich zwar kein eigenes Urteil, verfehlt aber selten, dem Jäger nachzuäffen [...]. Was für die Bauern, gilt auch für viele andere Schießjäger; mindestens glaube ich, daß nur die wenigsten von ihnen sich auf ein auf eigenen Beobachtungen beruhendes Bild der Thätigkeit des Bussards gestaltet haben [...].

Was die Übergriffe dieser Raubvögel anbelangt, so gestehe ich sie auch jetzt noch ohne weiteres zu, wie ich dieselben auch in der ersten Auflage des „Thierlebens“ nicht verschwiegen habe. Ich will sogar noch weitere Belege für die zeitweilige Schädlichkeit des Bussards beibringen, theils eigenen Beobachtungen, theils fremden Mittheilungen Rechnung tragend. Wahr ist es, daß der Bussard ebensogut wie Mäuse, Ratten, Hamster, Schlangen, Frösche, Kerbthiere oder Regenwürmer, auch junge Hasen fängt oder alten, kranken, namentlich verwundeten den Garaus macht und von ihrem Wildprete kröpft, nicht minder richtig, daß er zuweilen Rebhühner schlägt, möglich sogar, daß er gewandt genug ist, um selbst im Sommer und Herbste gesunde Feldhühner oder Fasane zu schlagen [...] richtig aber wird trotz alledem sein und bleiben, daß der Bussard im allgemeinen durch Aufzehren der Mäuse mehr nützt, als er durch Schlagen einzelner Wildarten schadet. Nicht vergessen darf man hierbei namentlich noch das eine, daß auch dieser Raubvogel wie alle seine Verwandten mehr oder weniger den Verhältnissen sich anbequemt, also in besonders wildreichen Gegenden in erklärlicherweise öfters an einer Wildart sich vergreift als in einer wildarmen, wo ihm die Flüchtigkeit solcher Beute ungleich mehr Mühe verursacht als die Erwerbung einer regelmäßigen Nahrung [...].

Um den Bussarden, welche ich auf unseren Fluren nicht missen möchte, noch einige Freunde zu werben, will ich noch ausdrücklich hervorheben, daß der so oft falsch beurtheilte und geschmähete Vogel einer der wirksamsten Vertilger der Kreuzotter ist [...]. Um die Gefährlichkeit der Kämpfe der Bussards mit Vipern zu würdigen, muß man wissen, daß er nicht gefeit ist gegen das Gift der Kreuzottern, sondern den Bissen des tückischen Kriechthieres erlieget, wenn diese einen blutreichen Theil seines Leibes getroffen haben. Es mag allerdings selten vorkommen, daß der Raubvogel nicht als Sieger aus dem Kampfe hervorgeht; einzelne aber finden gewiß ihren Tod im Kampfe mit Kreuzottern. So erfuhr Holland eine wirkliche rührende Geschichte von einem ihm befreundeten glaubwürdigen Forstmanne. Derselbe hatte einen Bussardhorst erstiegen, weil der Vogel, den er von unten schon gesehen, nicht abgeflogen war. Als er nun zum Horste kam, bemerkte er, daß der Bussard nicht mehr lebte. Er nahm ihn in die Höhe und sah zu seinem nicht geringem Schrecken eine lebende Kreuzotter unter dem Bussard liegen. Dieser mußte also die Schlange in den Horst getragen, einen Biß von ihr empfangen haben und an demselben verendet sein.

Außergewöhnliche Ereignisse spielten als Sensationen immer schon eine große Rolle, um Geschichten unter die Leute zu bringen. Die eindringlichen Ausführungen um Mäusebussard und Kreuzottern beruhen wohl auf wenigen spektakulären Einzelfällen, wie dem Bericht des Forstmanns vom Bussardhorst. Schlangen und besonders Kreuzottern zählen zu den nur gelegentlich gegriffenen Beutetieren des ausgesprochenen Mäusejägers, sind aber unter bestimmten Voraussetzungen keine seltenen Ausnahmen. Von einer "wirksamen Vertilgung" von Kreuzottern kann aber kaum die Rede sein. Sie wäre heute auch nicht mehr zur Werbung von Freunden für den Bussard geeignet, denn die Kreuzotter ist auf den Roten Listen der Schweiz, Österreichs und Deutschlands als gefährdet bis sehr gefährdet eingestuft. Mehrere Greifvögel von Bussardgröße erbeuten tatsächlich Schlangen, darunter auch Kreuzottern. Gezielte Schlangenjagd sichert die Ernährung des hauptsächlich im südlichen Europa beheimateten Schlangenadlers. Er jagt vornehmlich ungiftige Nattern, greift aber vorsichtig auch giftige Ottern. Gegen Schlangengift ist auch er nicht immun[12].

Zwei Aspekte in Brehms Geschichte über den Mäusebussard haben sich als vorausschauend erwiesen. Sein Bemühen, die behauptete Schädlichkeit gegenüber Hasen, Fasanen und Nutztieren zumindest zu relativieren und in Köpfen ewig gestriger „Raubvogelhasser“ der Realität anzupassen, ist noch mehr als ein Jahrhundert später aktuell. So weist die offizielle Jagdstatistik zwischen 1935 und 1939 fast 550 000 geschossene Greifvögel und Eulen aus. In der alten Bundesrepublik werden für die Zeit von 1950 bis 1970 zwischen einer halben und einer Million getöteter Greifvögel angegeben. 1977 wurde die Jagd auf Greifvögel verboten, doch konnten z. B. 2004 bis 2014 in Deutschland 559 illegal getötete Mäusebussarde nachgewiesen werden. Da es sich aber bei diesen Zufallsfunden nur um eindeutig nachgewiesene Fälle von Bussardtötungen handelt, kann die Zahl mit Sicherheit nur einen kleinen Bruchteil der tatsächlichen Verluste bedeuten. Die eingesetzten Methoden reichen von Abschuss und Fallenfang bis zum Einsatz vergifteter Köder[1]. Die Aufhebung einer Schusszeit hat in genauer kontrollierten Einzelfällen zu merklichem regionalem Zuwachs der Brutbestände geführt, die aber nach Sondergenehmigung für Abschüsse wieder auf die Hälfte zurückfielen[2]. Wie bei anderen großen Greifvögeln, die mit langer individueller Lebensdauer und niedriger Zahl des jährlichen Nachwuchses die Brutreife in der Regel erst ab dem dritten Lebensjahr erreichen, macht sich in der Populationsgröße menschliche Verfolgung rasch bemerkbar. Der älteste in Deutschland beringte Mäusebussard wurde über 26 Jahre alt[3], ein in Dänemark beringter schaffte es auf über 28; pro begonnener Brut werden nur 1 bzw. 1,7 Jungbussarde flügge[4,5,6]. Ein Bussardpaar muss also im Schnitt mindestens 2 Jahre brüten und jeder Vogel mindestens vier bis fünf Jahre alt werden, um

Mäusebussarde sind die häufigsten Greifvögel.

sich durch seinen Nachwuchs in die Population zu rekrutieren. Noch in der Zeit der erlaubten Jagd wurden beringte Mäusebussarde im ersten Lebensjahr zu 54% und bei älteren zu 45% abgeschossen[5]. Da die Wahrscheinlichkeit für die Umstände, die Ringvögel wieder in die Hand von Menschen bringen, unterschiedlich sind und natürlich auch von der Bereitschaft beeinflusst werden, den Fund der Ringzentrale zu melden, darf man solche Zahlen allerdings nicht als absolute Richtwerte in die Debatte bringen. Den Einsatz gegen die Tötung auch von häufigen Greifvögeln rechtfertigen sie allemal.

Allerdings unterstützen auch beim Mäusebussard fleißig gesammelte Beutereste oder sorgfältig untersuchte Mageninhalte ohne eingehende Beobachtungen und kritische Auswertungen nicht immer pauschale Unbedenklichkeitserklärungen. Es kommt grundsätzlich darauf an, wo, wann und vor allem wie hoch Schaden entstanden ist und ob Tötung von „Schädlingen“ ihn überhaupt reduzieren kann und vom Artenschutz zu tolerieren ist. Intensives Monitoring mit erheblichem Aufwand ist erforderlich, um Einblicke in Zusammenhänge zu bekommen. Zwei Studien aus Großbritannien zur Einwirkung von Mäusebussarden auf Fasanengehege belegen, dass die Dinge etwas komplexer liegen als simple Argumente in üblichen Diskussionen. In 28 Fasanengehegen wurden in Südengland in zwei Jahren 20 750 junge Fasane ausgesetzt. Gamekeeper schrieben 4,5% Verluste Mäusebussarden und 5% anderen Greifvögeln und Säugetieren (vor allem Füchsen) zu. Bei 91 Kontrollen von Bussardnestern fanden sich in 8% frische Überreste von Fasanen und von 136 besenderten Bussarden zeigten nur 8% signifikant häufigeres Interesse für Fasanengehege als Artgenossen, in deren Jagdgebieten sich ebenfalls solche Gehege befanden[7]. Eine kritische Auswertung der Befunde aus der Fasanenhege durch Zuchtbetriebe im Vereinigten Königreich ergibt Abnahme der Verluste bei (1) zunehmendem Alter der ausgesetzten Jungfasane, (2) späterem Aussetzungsdatum, (3) in Gehegen mit höherer Vegetation, (4) in Gehegen in kleinen Waldstücken und (5) bei Aussetzung von weniger als 500 Fasanen. Lücken im Stand der Kenntnisse bestehen aber noch, etwa (1) in einer möglicherweise nicht vollständigen Zuordnung der Befunde zur jeweils aktuellen Bussardpopulation, (2) in der Ermittlung indirekter Folgen der Bussardpräsenz, (3) in der Erfassung von einzelnen „Problembussarden", die sich auf junge Fasane spezialisieren, (4) in wirksamen Versuchen von Schadensminderungen in der Praxis und (5) in der Klärung der Zusammenhänge zwischen Meldungen von Zuchtbetrieben und den Empfehlungen der beteiligten Wirtschaftslobby[8]. Weitere Diskussionen sind also zu erwarten.

Die Grundnahrung des Mäusebussards stellen Wühlmäuse. Da ihre Häufigkeit aber periodischen Schwankungen unterliegt, liegt Brehm mit seiner Behauptung richtig, dass er „mehr oder weniger den Verhältnissen sich anbequemt". Andere Kleintiere werden vor allem dann geschlagen, wenn die Vorzugsbeute knapp wird. Dazu zählen viele bodenlebende Kleintiere bis zur Größe junger Hasen, aber auch Reptilien, Regenwürmer oder Insekten. In manchen Gebieten spielen auch Vögel als Ersatznahrung in Tiefjahren des Wühlmausbestandes eine wichtige Rolle, wobei ihr Anteil offensichtlich in der zweiten Hälfte des 20. Jahrhunderts deutlich zugenommen hat[9]. In Großbritannien und Spanien bilden Kaninchen die Grundnahrung für Altvögel und Nestlinge. Eine breite Nahrungsauswahl sichert aber nicht nur die Versorgung in Mangeljahren der wichtigsten Beutetiere. Sie erlaubt auch Mäusebussarden, sich in Gebieten ohne Mäuse anzusiedeln, wie in Irland. Hier bilden Kaninchen, Ratten und größere Vögel die Grundnahrung[10]. Nahrungsuntersuchungen ergeben auch Zusammenhänge, die der Vorzugswahl Wühlmaus zu widersprechen scheinen. In einer Untersuchung aus Norwegen waren Reptilien am häufigsten in Wühlmausmassenjahren als Nahrungsbestandteile nachzuweisen. Das erklärt sich wahrscheinlich damit, dass Mäusebussarde sich in solchen Jahren bei ihrer Jagd hauptsächlich auf Bodentiere konzentrieren. Da dann auch Kreuzottern von Flächen mit vielen Wühlmäusen angezogen werden, fallen sie Bussarden häufiger zum Opfer[11]. Brehms Betonung der Rolle von Kreuzottern im Bussardleben ist also doch nicht so weit hergeholt.

Beutetiere über 500 g Körpergewicht sind gewöhnlich verletzt oder geschwächt.

Mäusebussarde gehen auch an tote Tiere, was wohl der Vermutung der Wildschädlichkeit bei flüchtiger Beobachtung immer wieder Nahrung gibt. Manche Bussarde haben sich darauf eingelassen, viel befahrene Straßen nach tierischen Verkehrsopfern zu kontrollieren und sitzen nahe von Autobahnen auf Ansitzwarten, die man ihnen in einigen Gebieten auch in einfachen Konstruktionen anbietet.

Mit einem Ausweichen auf andere Beutetiere in Jahren mit geringer Wühlmausdichte sind aber für Mäusebussarde die Probleme nicht gelöst. Langfristige Erhebungen ergeben fast überall auffällige Bestandsschwankungen. Geringes Angebot an Wühlmäusen ist häufig sowohl mit Abnahme der Zahl der Brutpaare pro Flächeneinheit als auch mit der Dichte der Überwinterer korreliert[13,14]. In Tiefjahren der Wühlmäuse brüten aber nicht nur weniger Paare, auch der Bruterfolg ist niedriger[4,15]. Regional können regelrechte Zyklen entstehen, die mit denen der Wühlmäuse parallel laufen. Eine Population von Mäusebussarden muss also mit Bestandswechseln über die Runden kommen. Dabei wirkt natürlich nicht nur die Wühlmausdichte, sondern ein komplexes Geflecht von Faktoren, unter denen auch der Klimawandel diskutiert wird. Höhere Überlebensrate von Wühlmäusen bei milderen Wintern führt zu geringeren Verlusten der Bussarde und damit Bestandszunahme, wobei Männchen mehr profitieren als Weibchen. Männchen haben ein geringeres Körpergewicht als Weibchen, was ihnen möglicherweise größere Probleme bereitet, gut über harte Winter zu kommen[16]. Je kleiner ein Vogel, desto größer wird seine Körperoberfläche im Vergleich zum Körpervolumen.

Wühlmäuse bestimmen also den Bruterfolg. Die Analyse einer größeren Zahl von Faktoren relativiert aber diese auf den ersten Blick einleuchtende Feststellung und macht die Geschichte kompliziert. Nicht nur die Menge des Nahrungsangebots, sondern auch seine Erreichbarkeit spielen eine entscheidende Rolle. In Ostwestfalen nahm nach einem Modell basierend auf multivariater Analyse der Bruterfolg mit wachsender Wühlmausdichte, aber auch mit der Entfernung der Horste zu Wanderwegen zu. Wanderwege bedeuten Störungen im Brutrevier. Negativ mit dem Bruterfolg war der Waldanteil korreliert. Mehr Wald bedeutet weniger Offenland und damit Jagdmöglichkeiten. Mit größerer Entfernung zu Straßen nahm der Bruterfolg ab. Vielleicht führen regelmäßige Mahd von Seitenstreifen und überfahrene Beutetiere zu leichterer Erreichbarkeit von Nahrung an der Straße. Schließlich sank der Bruterfolg mit der Wiederansiedlung des Uhus, der als Beutegreifer der Spitzenposition auch Bussarden gefährlich wird[17]. Innerartliche Konkurrenz und das Wetter kommen im Faktorengefüge noch dazu[18].

Wenn man auf Kleinigkeiten der Gestalt und des Flugbildes achtet, ist der überall häufige Mäusebussard sicher zu erkennen. Unterschiede zu anderen mittelgroßen, breitflügeligen Greifvögeln als Bestimmungsmerkmale festzulegen, gibt zumindest erfahrenen Beobachtern zuverlässige Anleitung, unter verschiedenen Bedingungen Mäusebussarde von Vögeln ganz ähnlicher Arten zu unterscheiden. Raufußbussard, Adlerbussard und Wespenbussard kommen vor allem in Betracht. Man kann sich auf konstante oder doch regelhafte Details der Bestimmung verlassen. Das gilt nicht für die Gefiederfärbung, denn Mäusebussarde kommen in unterschiedlichen Farbtypen vor. Wissenschaftlich spricht man von Morphen oder Phänotypen. Die Skala reicht für einige Gefiederpartien von ganz weiß bis schwarzbraun mit stufenlosen Übergängen. Man unterscheidet in der Regel drei Typenklassen von Mäusebussarden, eine dunkle, mittlere und helle Morphe. Verschiedene Phänotypen innerhalb von Populationen einer Art, bekannte Beispiele sind einige Raubmöwen oder der Zwergadler, fordern wissenschaftliche Untersuchungen heraus. In der Mäusebussardpopulation Ostwestfalens entdeckte das Forscherteam um Oliver Krüger, dass zwischen den Morphen Unterschiede in der Fortpflanzungsleistung bestehen[18]. In beiden Geschlechtern erreichten Bussarde der mittleren Morphe eindeutig eine größere Lebenszeitreproduktion als solche der dunklen oder hellen. Dies geht auf längere individuelle Lebenszeit, aber auch auf größere Fruchtbarkeit zurück[19]. Wenn also Individuen der hellen Morphe sich mit dunklen verpaaren, würden sie durch ihre Jungen der mittleren Morphe ihre Gene erfolgreicher weitergeben können, als wenn sie sich mit Individuen des gleichen Phänotyps verpaaren. Aber offenbar spielen bei der Partnerwahl weniger Signale für “gute Gene“ eine Rolle, sondern Prägung auf das Aussehen der Eltern, vor allem der Mutter. So ist verständlich, dass auch weniger erfolgreiche Morphen in nennenswerten Anteilen neben der erfolgreichen erhalten bleiben. Der populationsgenetische Vorteil besteht wohl darin, dass sich Mischerbigkeit (Heterozygotie) erhält[19].

Aber die Unterschiede in der Reproduktionsleistung können sich mit der Zeit ändern. Die untersuchte Population in Ostwestfalen wuchs im Lauf der Zeit, wahrscheinlich als Folge der Klimaänderungen. Die Morphen reagierten aber unterschiedlich. Die niedrigeren Werte der hellen und dunklen Morphe stiegen bzw. blieben gleich, während die der bisher überlegenen mittleren Morphe leicht zurückgingen. Damit haben sich die Standardmaße für die Fortpflanzung der drei Morphen angenähert und die Anteile von dunklen und hellen Individuen am Populationswachstum vergrößert. Die Folge: Das Erscheinungsbild der Mäusebussarde in Ostwestfalen hat sich geändert, man sieht jetzt mehr helle und dunkle als früher[20]. Für ernsthafte Vogelbeobachtung würde es sich also lohnen, über die Zeit nicht nur jeden Bussard zu registrieren, sondern auch seinen Phänotyp zu notieren.

Mönchsgrasmücke

Berühmte Gestalt der Forschungsgeschichte

Der Mönch bewohnt ganz Europa, einschließlich Madeiras, nach Norden hin bis Lappland, Westasien, die Kanarischen Inseln und Azoren, während er in Griechenland wie in Spanien nur auf dem Zuge erscheint, überwintert schon hier, dehnt aber seine Wanderung bis Mittelafrika aus. Er trifft bei uns gegen die Mitte des April ein, nimmt in Waldungen, Gärten und Gebüschen seinen Wohnsitz und verläßt uns im September. So viele mir bekannt, fehlt er keinem Gau unseres Vaterlandes, ist aber in einzelnen Gegenden, beispielsweise

„Nach dem Leben gezeichnet": Drama am Nest der Mönchsgrasmücke durch Angriff eines Neuntöters. Mit viel Fantasie komponierte Bilder waren beliebte Illustrationen in Zeitschriften des 19. Jahrhunderts. (Xylographie um 1885 nach einer Zeichnung von A. Müller)

in Ostthüringen, seit einem Menschenalter merklich seltener geworden, als es früher war.

„Der Mönch", sagt mein Vater, welcher die erste eingehende Schilderung seines Lebens gegeben hat, „ist ein munterer, gewandter und vorsichtiger Vogel. Er ist in steter Bewegung, hüpft unaufhörlich und mit großer Geschicklichkeit in den dichtesten Büschen herum [...]. Auf die Erde kommt er selten. Das Männchen hat einen vortrefflichen Gesang, welcher mit Recht gleich dem Schlage der Nachtigall gesetzt wird. Manche schätzen ihn geringer, manche höher als den Gesang der Gartengrasmücke. Die Reinheit, Stärke und das Flötenartige der Töne entschädigen den Liebhaber hinlänglich für die Kürze der Strophen. Dieser schöne Gesang, welcher bei einem Vogel herrlicher ist als den anderen, fängt mit Anbruch des Morgens an und ertönt fast den ganzen Tag". Hinsichtlich seiner Nahrung unterscheidet er sich nur insofern von anderen Grasmücken, als er leidenschaftlich gern Früchte und Beeren frißt und sie auch schon seinen Jungen füttert.

Des ausgezeichneten Gesanges wegen wird der Mönch häufiger als alle übrigen Grasmücken im Käfige gehalten [...]. Alle Mönche, selbst die Wildfänge, werden außerordentlich zahm und sind dann ihrem Herrn so zugethan, daß sie ihn oft schon von weitem mit Gesang begrüßen und sich darin, selbst wenn er ihren Käfig umher trägt, nicht stören lassen. „ Die Hauptstadt Kanarias" erzählt Bolle, „erinnert sich noch einer früheren Nonne, die täglich, wenn sie dem noch jungen Vögelchen Futter reichte, wiederholt: „mi nino chiceritito" (mein allerliebstes Kindchen) zu ihm sagte, welche Worte dasselbe bald ohne alle Mühe, laut und tönend, nachsprechen lernte. Das Volk war außer sich ob der wundersamen Erscheinung eines sprechenden Singvogels. Jahrelang machte er das Entzücken der Bevölkerung aus, und große Summen wurden der Besitzerin für ihn geboten. Umsonst! Sie vermochte nicht, sich von ihrem Lieblinge zu trennen, in dem sie die ganze Freude, das einzige Glück ihres Lebens fand. Aber was glänzende Versprechungen außer Stande gewesen waren, ihr zu entreißen, das raubte der Armen die, selbst unter den sanften, freundlichen Sitten der Kanarier nicht ganz schlummernde Bosheit: der Vogel ward von neidischer Hand vergiftet. Sein Ruf aber hat ihn überlebt, und noch lange wird man von ihm in der Ciudad de las Palmas sprechen.

Mönchsgrasmücken singen heute noch überall in Wäldern, Gehölzen, Parkanlagen und Gärten. Sie haben in den letzten Jahrzehnten in vielen Gebieten Europas sogar zugenommen[1]. Soweit man ältere Quellen auswerten kann, ergibt sich, dass etwa im 19. Jahrhundert der beliebte Singvogel noch nicht so häufig und weit verbreitet war wie heute[1,2,3]. Die Zunahme ist für einen insektenverzehrenden Singvogel in Zeiten permanenter Naturvernichtung bemerkenswert! Die Gründe für diese erfreuliche Entwicklung sind noch nicht klar. Sie könnten mit günstigeren Verhältnissen in manchen Brutgebieten und Winterquartieren, verkürzten Zugwegen, zunehmenden Überwinterungen in Mitteleuropa und Veränderungen in der Struktur halboffener Kulturlandschaft zusammenhängen[1,4]. Aber vielleicht ist die Suche nach einzelnen Faktoren gar nicht der richtige Ansatz, den bisherigen Erfolgsweg der Mönchsgrasmücke zu erklären. Umfangreiche Forschungen haben bewiesen, dass die kleinen Singvögel sehr vielseitig und anpassungsfähig sind, daher nicht nur unterschiedliche geographische Areale erfolgreich besiedelt haben, sondern auch mit der Zeit gehen. Die Anpassungsfähigkeit kann wahrscheinlich auch mit neuerdings eingetretenen Veränderungen des Klimas mithalten.

Die Spurensuche beginnt mit der Auswertung von Ringfunden aus einem Verbreitungsgebiet, das von den Azoren und Madeira bis ins mittlere Sibirien reicht. Auf den atlantischen Inseln sind Mönchsgrasmücken (1) Jahresvögel, die nicht wegziehen. In Südeuropa sind sie (2) Teilzieher, leben nach einer Strategie, die offenbar unter Vögeln weit verbreitet ist. Ein Teil der Population zieht ab, der andere bleibt im Brutgebiet, also eine Risikoverteilung. In milden Wintern haben Nichtzieher Vorteile, weil sie keine Energie in anstrengende Wanderungen investieren müssen und zu Beginn der Brutzeit eher am Platz sind, sich also die günstigsten Reviere aussuchen können. In kalten Wintern ist die Sterblichkeit unter Nichtziehern höher, die Zugvögel der Population sind ihr entkommen, haben also jetzt Vorteile. Es wird aber noch komplizierter, denn immer wieder hat sich in Vogelpopulationen herausgestellt, dass nicht alle Individuen gleichermaßen winterhart sind: Weibchen oder Jährlinge neigen eher zum Wegzug als z. B. ältere Männchen. Unterschiede gibt es auch zwischen Bewohnern verschiedener Habitate, wie bei Stadt- und Waldamseln. (3) Kurz- und Mittelstreckenzieher, die nördlich der Sahara überwintern, sind Mönchsgrasmücken, die in West- und Mitteleuropa brüten. Nord- und Osteuropäer haben den längsten Wanderweg, sie überqueren als (4) Langstreckenzieher die Sahara und überwintern im subsaharischen Afrika, kommen einzeln sogar bis Südafrika. Es ist also bei Mönchsgrasmücken alles drin, was an Zugverhalten von Vögeln bekannt ist. Im Detail streuen die Ziele der wandernden Mönchsgrasmücken stark. Brutvögel aus Deutschland westlich der Breite von 12° E ziehen nach Südwesten, östlich davon

Im Hochsommer und Herbst ernähren sich Mönchsgrasmücken häufig von Holunderbeeren. Im Bild ein Männchen, noch mit braunen Federn des Jugendkleides in der schwarzen Kopfkappe.

nach Südosten ab[5]. In den letzten Jahren sind auch zunehmend Winterbeobachtungen in Gebieten mit wegziehenden Mönchsgrasmücken bekannt geworden. Vorverlegungen der Ankunft und Verschiebungen des Abzugs als Folge des Klimawandels sind nachgewiesen[6,7], allerdings auch relativ konstante Verhältnisse[8]. Im bunten Mosaik der Verhaltensweisen sind unterschiedliche Antworten auf Umweltänderungen zu erwarten.

Die Steuerung der für einen Zugvogel maßgebenden Faktoren, wie Vorbereitung des Stoffwechsels, Ablauf der Mauser, Startzeiten, Zugrichtungen oder Streckenlänge werden durch endogene Programme unter Einfluss von Außenfaktoren gemeistert. Bei Langstreckenziehern dominiert wahrscheinlich die endogene Programmierung durch Vererbung, bei Kurzstreckenziehern spielen exogene Faktoren eine größere Rolle. Die Kombination von endogener und exogener Zugsteuerung führt zu einer großen Variation des Zugverhaltens über die Arten, aber auch innerhalb einer Art. Variation bedeutet aber nicht nur geographische Unterschiede innerhalb von weit verbreiteten Populationen, sondern bietet auch Möglichkeiten der adaptiven Veränderung über die Zeit und damit der Evolution.

Durch die Forschungen von Peter Berthold und seinem Team hat die vielseitige Mönchsgrasmücke mit dazu beigetragen, Lösungen im komplexen Thema Vogelzug zu finden. Der Ansatz war nicht, Individuen draußen mit Ring und Hightech zu verfolgen, sondern Beobachtung von Käfigvögeln und ihrer gezüchteten Nachkommen. Verschiedene Messgrößen erlauben es, in einer Zuchtstation oder im Labor Zugverhalten von Käfigvögeln zu messen, man muss den Vögeln also nicht nachreisen. Eine dieser Möglichkeiten der Messung ist die Zugunruhe. Während ihrer Zugzeiten werden in Käfig gehaltene Zugvögel unruhig. Sie hüpfen und flattern umher oder schwirren im Sitzen mit den Flügeln. Bei Nachtziehern ist dieses Phänomen besonders auffällig, da sie außerhalb der Zugzeit nachts ruhen, in den Zugzeiten mitunter aber die ganze Nacht aktiv sind. In ausgetüftelten Registrierkäfigen kann man diese Aktivität quantitativ erfassen und aus Zugunruhemessungen Zugzeiten, Länge von Zugstrecken und Zugrichtungen ablesen. Aber auch Gewichtsentwicklungen, Gonadenreife oder Mauserabläufe lassen sich ermitteln. Wenn man die täglichen Hell-Dunkel-Wechsel und Umgebungstemperaturen normiert oder gleichschaltet, erhalten die Kontrollvögel im geschlossenen Raum keine Informationen über die Jahreszeiten in ihrer augenblicklichen Umgebung. Durch den dann gemessenen Jahresrhythmus vieler für den Zug entscheidender Vorgänge im und am Vogel sind endogene Programme zu erkennen, die im Normalfall zusammen mit Außenreizen den Zug steuern, aber ohne Information von außen ihren eigenen Jahresrhythmus abspulen.

Die Mönchsgrasmücke wurde in „Blackcap City“, der großen Volierenanlage der Vogelwarte Radolfzell, zur wichtigen Figur in der Geschichte der Erforschung des Vogelzugs[9]. Mönchsgrasmücken aus Südfrankreich sind Teilzieher, etwa drei Viertel der Vögel ziehen, ein Viertel sind Standvögel. Zuchten von Nichtziehern mit Nichtziehern dieser Population ergaben unter den Nachkommen proportional mehr Nichtzieher als in der Elterngeneration, Zieher miteinander verpaart mehr Zugvögel bereits in der ersten Folgegeneration. Schon nach 3-6 Generationen waren aus ursprünglichen Teilziehern durch strenge Auslese in zwei Linien fast reine Zugvögel- und Standvögelpopulationen geworden. Dies beweist, dass in der untersuchten Population die beiden Verhaltensweisen Ziehen und Dableiben erblich sind und Teilzieher gewissermaßen eine Drehscheibe für die Evolution von Zugvögeln oder Standvögeln sein können[10]. Auch das Orientierungsvermögen wird in die Folgegeneration nicht ziehender Eltern vererbt. Das haben Kreuzungen ziehender Mönchsgrasmücken aus Süddeutschland mit nicht ziehenden Artgenossen von den Kapverdischen Inseln bewiesen.

Sind in den wissenschaftlichen Zuchtprogrammen nachgewiesene mikroevolutive Veränderungen auch ohne experimentelle Auslese im Freiland zu erwarten? Auch dazu haben Mönchsgrasmücken von sich reden gemacht. Mitteleuropäische Brutvögel zogen bis vor etwa 60 Jahren nach Südwesten oder Südosten in mediterrane Winterquartiere. Seit den 1960er-Jahren gibt es in zunehmender Zahl Ringfunde in nordwestlicher Richtung. Brutvögel aus Süddeutschland und dem nördlichen Österreich wurden in den Niederlanden und Belgien gefunden und erreichten die südlichen Britischen Inseln. Offenbar überwintern dort mittlerweile Tausende mittel- und nordeuropäischer Mönchsgrasmücken, während britische Brutvögel nach wie vor nach Süden abziehen. Man vermutet, dass auch früher schon in der breiten Streuung der Abzugsrichtungen einige Mönchsgrasmücken aus Mitteleuropa den Süden Großbritanniens erreichten. Für die nach Südwesten abziehenden Vögel westlich der Zugscheide von 12° E würde das noch im Streuungsbereich der Abzugsrichtungen zu vermuten sein. Doch ganz offensichtlich hatten solche Abweichler kaum Chancen, im Nordwesten erfolgreich zu überwintern. Mittlerweile hat die Winterfütterung in Großbritannien und wohl auch in den Ländern dorthin ein Ausmaß angenommen, das Mönchsgrasmücken ein Überwintern erlaubt. Auch die milderen Winter der letzten Jahrzehnte mögen erfolgreiche Überwinterung begünstigt haben. 40 Mönchsgrasmücken, die in England im Winter gefangen und in Orientierungskäfigen getestet wurden, zogen nordwestliche Abzugsrichtungen in ihr Winterquartier vor, ebenso ihre gezüchteten Nachkommen[10]. Da hat sich also durch Mikroevolution in erstaunlich kurzer Zeit ein erblich weitergegebenes Merkmal durchgesetzt, ein neuer Ausschnitt im breiten Fächer der Zugrichtungen. Hat die Neuerung Erfolg und wie lange hat sie Bestand? Das ist noch völlig offen, aber einige Faktoren bringen den Abweichlern sicher Vorteile, etwa geringere innerartliche Konkurrenz im neuen Winterquartier oder ein deutlich kürzerer Zugweg. So investieren Nordwestzügler weniger Energie in die Wanderung, kommen in besserer Kondition und auch eher im Brutgebiet an und können sich die besten Plätze auswählen. Hinzu kommt, dass nach bisherigen Erkenntnissen in England überwinternde Mönchsgrasmücken sich vorzugsweise untereinander verpaaren und Überwinterer aus Spanien oder Portugal mit Artgenossen aus ihrem Überwinterungsgebiet, sodass fast wie im Zweiwege-Zuchtversuch die neue Abzugsrichtung über Generationen weiter zunehmen kann. Dieser selektiven Paarung ist man mithilfe von Wasserstoff- und Kohlenstoffisotopen auf die Spur gekommen, deren Muster in den lokalen Niederschlägen in Großbritannien und Irland sich von jenem in Spanien und Portugal unterscheidet. Solche Unterschiede lassen sich in Geweben nachweisen, die in den Überwinterungsgebieten aufgebaut wurden. An acht verschiedenen Plätzen in Süddeutschland und Österreich wurden Mönchsgrasmücken kurz nach ihrer Revierbesetzung untersucht. Als passendes Gewebe dienten die Spitzen der Zehenkrallen, die im Unterschied zur mittlerweile nachwachsenden Krallenbasis noch im Überwinterungsgebiet aufgebaut wurden. Der Isotopenvergleich von Paaren zeigte, dass Männchen aus Großbritannien und Irland sich 2,5-mal häufiger als zufällig mit Weibchen verpaarten, die ebenfalls aus diesem Überwinterungsgebiet zurückgekommen waren. Solche Paare produzierten größere Gelege und erreichten höheren Bruterfolg als ihre Artgenossen, die im Süden überwintert hatten. Offenbar zahlt es sich aus, dass die früher ankommenden Männchen aus dem Nordwesten in der Besetzung günstiger Brutterritorien die erste Wahl haben[11,12,13]. Wenn die selektive Paarungswahl über viele Generationen weitergeht und den Genaustausch zwischen den beiden Zugtypen verhindert oder zumindest stark reduziert, könnten langfristig aus den nach Süden und nach Norden ziehenden Mönchsgrasmücken zwei verschiedene Arten entstehen. Die Trennung könnte verschärft werden, denn die Selektion arbeitet auch gegen den Erfolg von Mischpaaren, deren Nachkommen eine mittlere Abzugsrichtung nach Westen einschlagen und damit wohl bisher ungünstige, von der Art gemiedene Winterquartiere erreichen.

Mit winzigen Lichtloggern ausgerüstete Mönchsgrasmücken erlaubten nun, Zugwege individuell zu verfolgen. Von drei in Süddeutschland brütenden Vögeln zog einer nach Westen, um in Südengland oder auch in Nordfrankreich zu überwintern. Zwei Vögel zogen über Italien nach Nordafrika[14]. Das ist eine erste Warnung, auch nach beeindruckender Forschungsleistung sich nicht sicher zu fühlen, alles schon erkannt zu haben und erklären zu können. Das Zugverhalten der Mönchsgrasmücke könnte noch weitere Überraschungen bieten, wenn es gelingt, die individuellen Unterschiede eingehender zu erfassen. Wohin erste Stufen einer nachgewiesenen Mikroevolution führen mögen, bleibt im Augenblick Spekulation. Auch andere Faktoren ändern sich ja im Lauf der Zeit. Wie läuft die Entwicklung, wenn als Folge des Klimawandels zunehmend mehr Mönchsgrasmücken in Mitteleuropa überwintern und damit Erfolg haben? Die bisherigen Einsichten in erstaunlich rasche mikroevolutionäre Entwicklungen fordern unsere Neugier weiter heraus.

Nachtigall

Ökogarten für die Sängerkönigin

Da, wo diese köstliche Sängerin des Schutzes seitens des Menschen sich versichert hält, siedelt sie sich unmittelbar bei dessen Behausung an, bekundet dann nicht die mindeste Scheu, eher eine gewisse Dreistigkeit, läßt sich daher ohne Mühe in ihrem Thun und Treiben beobachten.

Als „Philomele" wird die Nachtigall dem Leser vorgestellt. (Xylographie aus Gartenlaube *um 1870)*

Der vielen Feinde halber, welche den Nachtigallen, und zumal ihrer Brut nachstellen, thut der vernünftige Mensch nur seine Schuldigkeit, wenn er den edlen Sängern Plätze schafft, auf denen sie möglichst geschützt leben können. In größeren Gärten soll man […] dichte Hecken pflanzen, aus Stachelbeerbüschen bestehend zum Beispiel, und alles Laub, welches im Herbste abfällt, dort liegen lassen. Derartige Plätze werden bald aufgesucht, weil sie allen Anforderungen entsprechen. Das dichte Gestrüpp schützt, das Laub wird zum Sammelplatz von Würmern und Kerfen und verräth raschelnd den sich nahenden Feind. Noch mehr, als vor vierbeinigen und geflügelten Räubern hat man die Nachtigallen vor nichtsnutzigen Menschen, insbesondere gewerbsmäßigen Fängern zu wahren und diesen das Handwerk zu legen, wo und wie man immer vermag. So klug die unvergleichlichen Sänger sind, so wenig scheuen sie sich vor Fallen, Schlingen und Netzen; auch das einfachste Fangwerkzeug berückt sie […]. Wer schlagende Nachtigallen in seinem Garten, von seinem Fenster aus hören kann, braucht sie nicht im Käfige zu halten […].

Der Schlag, welcher der Nachtigall vor allem anderen unsere Zuneigung erworben hat und den aller übrigen Vögel […] an Wohllaut und Reichhaltigkeit übertrifft, ist wie Naumann schildert, „so ausgezeichnet und eigenthümlich, es herrscht in ihm eine solche Fülle von Tönen, eine so angenehme Abwechslung und eine so hinreißende Harmonie, wie wir in keinem anderen Vogelgesange wieder finden. Mit unbeschreiblicher Anmuth wechseln sanft flötende Strophen mit schmetternden, klagende mit fröhlichen, schmelzende mit wirbelnden; während die eine sanft anfängt, nach und nach an Stärke zunimmt und wiederum ersterbend endigt, werden in der anderen eine Reihe Noten mit geschmackvoller Härte hastig angeschlagen und melancholische, den reinsten Flötentönen vergleichbare, sanft in fröhliche verschmolzen. Die Pausen zwischen den Strophen erhöhen die Wirkung dieser bezaubernden Melodien, sowie das in denselben herrschende mäßige Tempo trefflich geeignet ist, die Schönheit derselben recht zu erfassen. Man staunt bald über die Mannigfaltigkeit dieser Zaubertöne, bald über ihre Fülle und außerordentliche Stärke und wir müssen es als halbes Wunder ansehen, daß ein so kleiner Vogel im Stande ist, so kräftige Töne hervorzubringen, daß eine so bedeutende Kraft in solchen Kehlmuskeln liegen kann."

Aeltere Männchen schlagen regelmäßig besser als jüngere; denn auch bei Vögeln will die edle Kunst geübt sein. Am feurigsten tönt der Schlag, wenn die Eifersucht ins Spiel kommt; dann wird das Lied zur Waffe, welche jeder Streiter bestmöglich zu handhaben sucht. Einzelne Nachtigallen machen ihren Namen insofern wahr, als sie sich hauptsächlich des Nachts vernehmen lassen, andere singen fast nur bei Tage. Während des ersten Liebesrausches bevor noch das Weibchen seine Eier gelegt hat, vernimmt man den herrlichen Schlag zu allen Stunden der Nacht; später wird es um diese Zeit stiller; der Sänger scheint mehr Ruhe gefunden und seine gewohnte Umgebung wieder angenommen zu haben.

Zwei wichtige aktuelle Einsichten hat Brehm in der Geschichte über die Sängerkönigin vor fast 140 Jahren seinem lesefreudigen Publikum nahegebracht. In Zeiten, in denen an Spätsommer- und Herbsttagen noch nicht die Laubbläser röhrten, trat er nachdrücklich dafür ein, zum Wohle der Sängerkönigin Laub liegen zu lassen. Sein Plädoyer für etwas mehr Ökologie im Garten ist heute im Zeitalter der „Gärten des Grauens“[1], aber auch der „Stunde der Gartenvögel“, zu einem zentralen Anliegen des Vogelschutzes in Dorf und Stadt geworden. Gartengrasmücke, Mönchsgrasmücke, Gartenrotschwanz, Heckenbraunelle, Rotkehlchen, Zaunkönig oder Gelbspötter sind nur einige der Singvögel, denen ökologisch sinnvolle Park- und Gartenkultur mit etwas weniger Ordnungs- und Sauberkeitszwang helfen kann.

Nachtigallen sind wie manche andere Gartenbewohner ursprünglich Waldvögel. Sie bevorzugen als Brutplatz dichtes Gebüsch, etwa als Unterholz in dichten, feuchten Laubwäldern oder am Ufer von fließenden und stehenden Binnengewässern. Nördlich der Alpen sind aber die „köstlichen Sängerinnen“ nicht überall zu hören. Die Verbreitung in Mitteleuropa ist kompliziert, denn Nachtigallen sucht man z. B. in weiten Teilen Österreichs vergebens und findet sie in der Schweiz vor allem in wärmeren und trockenen Regionen. Das gilt auch für Bayern mit den Schwerpunkten der Brutverbreitung in Mainfranken und entlang der Donau, aber großen Flächen ohne ein einziges Brutpaar in Südbayern und an den ostbayerischen Grenzgebirgen. Eine zusammenfassende Auswertung des Flickenteppichs der Vorkommen in Mitteleuropa zeigt eindeutig, dass in höher gelegenen und winterkalten Gebieten mit viel Nadelwald im Frühjahr kaum Nachtigallen zu hören sein werden. Ihr großes, zusammenhängend besiedeltes Brutgebiet ist das nordöstliche Viertel von Deutschland. Hier wartet allerdings eine Überraschung östlich einer Linie vom östlichen Schleswig-Holstein bis zur Oder an der Neißemündung: Ein Doppelgänger im bescheidenen Aussehen und mit mächtiger Stimme hat sich hier offenbar von Osten kommend angesiedelt, der Sprosser.

Zu Brehms Zeiten waren Nachtigallen vor allem im mittleren Deutschland wohl noch häufiger als heute, doch schließt man nach Abnahme ihres Bestandes im Lauf des vorigen Jahrhunderts bei derzeit regional lebhafter und durchaus unterschiedlicher Dynamik in Deutschland und in der Schweiz neuerdings auf einen stabilen, vielleicht sogar etwas steigenden Brutbestand[1,2,3]. Für einen Langstreckenzieher liegen die Ursachen der Bestandsdynamik natürlich nicht nur bei uns im Brutgebiet. So gibt es z. B. Hinweise, dass nach trockenen Wintern in der Sahelzone die Rückkehrquote von Nachtigallen, also die Wahrscheinlichkeit, überlebt zu haben, geringer ist als nach Perioden mit ausreichendem Regenfall[4]. Dies betrifft ohne Zweifel auch andere heimische Brutvögel, die in diesen Regionen überwintern, und verheißt keine gute Zukunft: Zunehmende Trockenheit in Ländern südlich der Sahara bedeutet Probleme des Überlebens für Langstreckenzieher. Auf den britischen Inseln hat man eine Verkleinerung des Brutareals registriert und eine Abnahme der Brutpaare außerhalb von Dichtezentren. Daran sind ohne Zweifel lokale Veränderungen des Lebensraumes schuld, aber Modelle zeigen, dass Klimawandel im britischen Brutgebiet und im afrikanischen Winterquartier die zukünftige Verbreitung in England entscheidend bestimmen werden. Man erwartet in dieser Modellrechnung aber positive Entwicklungen[5]. Wie auch immer, der Ökogarten für die Sängerkönigin wird nicht ausgedient haben.

Für die Vogelliebhaber der klassischen Zeit der Stubenvogelhaltung war natürlich die Qualität des Gesangs ein entscheidendes Kriterium. Die Experten wussten bereits viel über unterschiedliche Strophen und Gesangszeiten. Denn nicht alle Nachtigallen singen nachts, betont Brehm und brachte auch die Eifersucht bei Gesangsvorführungen mit ins Spiel. Hier haben neuere Forschungen angesetzt und manches Wissen der kritisch beobachtenden Kenner des 19. Jahrhunderts bestätigt und kausal erklärt. Nach einer kurzgefassten modernen Zusammenfassung unseres Wissens über die Vielfalt des Nachtigallengesangs von Hans-Heiner Bergmann und seinem Team singen Männchen bis zu 200 verschiedene Strophentypen, ältere Männchen mehr als vorjährige. Nachts sind häufiger Strophen aus gedehnten reintonigen Elementen zu hören als am Tag. Nachtigallen singen auch im afrikanischen Winterquartier und auf dem Zug[6]. Dabei hat man herausgefunden, dass auch in Afrika außerhalb der Brutzeit der reichhaltige Gesang sich nicht von der Gesangsleistung im Brutrevier unterscheidet. In der Brutzeit wiederholten Sänger Strophen allerdings häufiger als außerhalb der Brutsaison[7]. Könnte also der Gesang im Winterquartier bedeuten, dass die Männchen sich einüben? Oder werden auch in Afrika Reviere gegen Artgenossen verteidigt, die als Nahrungskonkurrenten infrage kämen?

Solche Ergebnisse ausführlicher bioakustischer Bestandsaufnahmen werfen Fragen nach biologischen Zusammenhängen auf. In einer gängigen Hypothese sagen Sangesleistungen einiges über die Qualität des singenden Männchens aus und sind für Weibchen daher Signale, die ihre Wahl beeinflussen. Bei Vögeln mit kleinen oder höchstens mittleren Repertoires sind solche Zusammenhänge bekannt. Gilt das auch für Singvögel mit außergewöhnlich großem Strophenrepertoire? In der Nachtigallenstadt Berlin hat man herausgefunden, dass Männchen mit großem Strophenrepertoire eher am Brutplatz eintrafen und längere Flügel hatten als Geschlechtsgenossen mit bescheidenerer Strophenvielfalt. Anteile von pfeifenden Elementen wiesen keine Korrelation mit Körpermaßen auf. Vögel, die früh am Brutplatz eintrafen, hatten höheres Körpergewicht und schienen in besonders guter Kondition zu sein[8]. Das kann allerdings auch auf einem Altersunterschied beruhen. Jedenfalls liegt es also nahe, im Repertoireumfang Hin-

Nachtigall: Bescheidene Gefiederfärbung, unvergleichlicher Gesang

weise auf konditionelle Qualität der Männchen zu vermuten, die Wahlen der Weibchen beeinflussen und gute Reproduktionsmöglichkeiten versprechen. Aber auch einzelne Bestandteile der reichhaltigen Strophenpalette haben Signalbedeutung. Alte Männchen singen Triller perfekter als jüngere. Bezug zu wichtigen Körpermaßen ließen sich jedoch nicht herstellen. Doch in einem Angebot hoher Gesangsvielfalt können einfache und aus dem Potpourri herausfallende Signale rasch wichtige Informationen vermitteln, der Adressat muss sich nicht das volle Repertoire anhören. Der Nachtigallentriller gibt in seiner mehr oder minder perfekten Ausführung ganz offensichtlich nur Auskunft über das Alter des Sängers, für Weibchen und Rivalen eine relevante Information[9]. Ähnliches gilt für die auffälligen Pfeifstrophen im Nachtigallengesang. Schwerere und größere Männchen singen nachts mehr Pfeifstrophen und die Weibchen reagieren im Vorspiel eindeutig stärker auf hohen Anteil an Pfeifstrophen, die somit für das Zusammenkommen der zukünftigen Brutpartner eine wichtige Rolle spielen: Sie stimulieren die Weibchen und geben Hinweise auf die Qualität der Männchen[10].

Sänger, die enorm viel in ihren Gesang investieren, sollten aber wohl auch haushälterisch mit ihren Gesangsvorträgen umgehen. Sind Männchen mit einem Weibchen verpaart und liegen bereits die Eier im Nest, lassen sie es etwas ruhiger angehen und antworten auf nächtliche Tonbandprovokation mit weniger häufigem und intensivem Nachtgesang als im Zeitfenster kurz vorher, wenn es darum geht, ein Weibchen zu ergattern. Männchen, die erfolglos waren, antworteten dagegen nach wie vor mit gleicher Gesangesfreudigkeit[11]. Mittlerweile hat man auch Anhaltspunkte dafür, dass die Sängerkönigin auf den Lärmpegel der Großstadt reagieren muss. Städtische Nachtigallen in Spanien erhöhten die dominante Frequenz ihrer Strophen vor dem Hintergrund des niederfrequenten Geräuschpegels und reduzierten die Pausen zwischen den Gesängen, behielten aber die Vielfalt ihres Gesangs bei[12].

„Einzelne Nachtigallen machen ihren Namen insofern wahr, als sie sich hauptsächlich des Nachts vernehmen lassen, andere singen fast nur bei Tage". Was Brehm schon erwähnenswert fand und was er dabei vermutete, hat mittlerweile durch die Forschungen von Valentin Amrhein und seinem Team Inhalt und Gewissheit bekommen. Nachts singen meistens Männchen, die noch nicht mit einem Weibchen verpaart sind. Nach der Paarbildung ist von ihnen nachts kein Gesang mehr zu vernehmen. Der nächtliche Gesang dient also vor allem dazu, Weibchen aufmerksam zu machen und sie anzulocken. Tagesgesang vor der Paarbildung spielt eine untergeordnete Rolle und flaut auch nach der Eiablage ab. Während der Eiablage erreicht der Tagesgesang der verpaarten Männchen einen Häufigkeitsgipfel. Das hält potenzielle Eindringlinge und Rivalen ab und könnte fremde Weibchen zu Seitensprüngen verleiten, wenn das eifrig am Tag singende Männchen gute Qualität verrät. Nachtgesang ist also vornehmlich an die Adresse der Weibchen gerichtet, die einen Partner suchen; Tagesgesang während der fruchtbaren Periode der verpaarten Weibchen soll Rivalen fernhalten, kann aber eigene Chancen zum Seitensprung erhöhen[13]. Vielfältige Forschungsansätze haben im Gesangsreichtum der Nachtigall ein kompliziertes System der Kommunikation mit vielen Informationsmöglichkeiten entdeckt, das sicher noch nicht ganz entschlüsselt ist, aber nach wie vor von uns als akustisches Wunderwerk „unvergleichlicher Sänger" empfunden wird.

Nebelkrähe

Systematik und unsere blöden Sinne

Die Krähen [...] unterscheiden sich von den Raben durch verhältnismäßig kleinen Schnabel, nur abgerundeten, nicht aber abgestuften Schwanz und sehr lockeres, wenig glänzendes Gefieder. Zwei Arten dieser Gruppe, welche in unserem Vaterlande ständig vorkommen, gleichen sich in der Größe so vollständig, daß sie, gerupft, schwerlich zu unterscheiden sein dürften, paaren sich auch nicht selten untereinander, und sind deshalb seit geraumer Zeit Zankapfel der Vogelkundigen geworden. Einzelne von diesen vertreten mit aller Entschiedenheit die Ansicht, daß beide nur als klimatische Ausartungen eines und desselben Thieres zu betrachten seien; ich glaube mit derselben Entschiedenheit das Gegentheil behaupten zu dürfen, weil die Verbreitung der Vögel jener Annahme widerspricht.

Die Rabenkrähe lebt [...] regelmäßig da, wo die Nebelkrähe nicht auftritt. Eine ersetzt also die andere. Ohne sich irgendwie an die Verschiedenheit des Klimas zu binden, und deshalb eben kann von einem Einflusse desselben durchaus keine Rede sein. Nun gibt es allerdings Gegenden, wo die Verbreitungskreise beider Arten aufeinander stoßen, und hier geschieht es in der That häufig, daß die beiden so innig verwandten Vögel eine Mischlingsehe eingehen; diese Thatsache beweist aber keineswegs, daß die beiden Krähen, weil sie sich paaren, gleichartig sein müssen. Bildeten beide wirklich nur eine Art, so wäre es unbegreiflich, warum da, wo die eine ausschließlich auftritt, nicht auch einmal die andere vorkommen könnte.

Hinsichtlich der Lebensweise unterscheiden sich Raben- und Nebelkrähe allerdings nicht, wenigstens unseren blöden Sinnen nicht [...].

Sind Raben- und Nebelkrähe zwei verschiedene Arten oder nur Unterarten einer Art? Der „Zankapfel der Vogelkundigen" beschäftigt die Systematiker bis in die aktuelle Gegenwart. Brehm hat mit der Entschiedenheit seiner Meinung eine Haltung angenommen, zu der sich erst moderne Forschung durchgerungen hat. Lange Zeit sprach man von der Aaskrähe, unter die man Nebel- und Rabenkrähe als Unterarten zusammenfasste. Beide besiedeln große getrennte Brutareale, Rabenkrähen in Mittel- und Westeuropa sowie in Mittel- und Ostsibirien, Nebelkrähen in Nord-, Ost- und östlichem Südeuropa sowie im südwestlichen Asien. Von Schottland über das östliche Mitteleuropa oder im mittleren Sibirien treffen die Areale beider Formen aufeinander. Hier sind Mischzonen entstanden, in denen Raben- und Nebelkrähen sich miteinander verpaaren und Hybride bilden. Merkwürdig ist, dass diese Mischzonen fast überall sehr schmal sind und sich offenbar über Jahrhunderte nicht wesentlich verändert haben. Das bedeutet, grob betrachtet, dass sich innerhalb der Mischzonen die beiden wie Angehörige einer Art verhalten, der Genfluss aber außerhalb wie zwischen zwei verschiedenen Arten unterbrochen oder zumindest sehr stark eingeschränkt ist. Der Ordnung halber hat man es daher mit einer Zwischenlösung versucht und die beiden offenbar sehr nah verwandten Arten als Semispezies („Halbarten") in einer Superspezies eingereiht.

Auch in den schmalen Mischzonen verhalten sich Nebel- und Rabenkrähe zueinan-

Zwei streitende Rabenkrähen und eine Nebelkrähe

der aber wie Arten, denn neben Hybriden leben hier meistens viele phänotypisch reine Raben- oder Nebelkrähen[1]. Es handelt sich also nicht um eine einheitliche Hybridpopulation, in der sich unterschiedliche Typen nach Zufall miteinander fortpflanzen. Trotzdem ergeben Untersuchungen mitochondrialer und nuklearer DNA so gut wie keine Unterschiede zwischen Nebel- und Rabenkrähe. Das deutet entweder auf eine Arttrennung in sehr junger Zeit, in der sich noch keine markanten genetischen Unterschiede entwickeln konnten, oder auf immer noch bestehenden weitgehenden Genfluss zwischen beiden Formen, der also nicht, wie es sich für „gute" Arten gehört, unterbunden oder zumindest sehr stark eingeschränkt ist. Auch beide Versionen nebeneinander sind denkbar. Untersuchungen des gesamten Erbguts (Genom) bestätigten die große Ähnlichkeit, entdeckten aber eine interessante Ausnahme. Gene, die (1) für Partnerwahl schwarz oder grau und (2) für die jeweilige Gefiederfärbung verantwortlich sind, sitzen nahe beieinander. Die Arttrennung ist damit auf Änderungen eines relativ sehr kleinen Teils des Genoms beschränkt, der mit traditionellen DNA-Vergleichen nicht erfasst wurde. Erst auf dem Niveau voller Genomanalyse wurden die genetischen Unterschiede in der Ausbildung der Gefiederfärbung und ihrer Wahrnehmung, die eine Partnerwahl entscheidet, entdeckt. Das Beispiel zeigt, dass selbst die übliche DNA-Methodik manchmal nicht ausreicht, alle Entwicklungslinien im Genom zu entdecken[2,3,4].

Von 2007 bis 2017 wuchs die Zahl der anerkannten Vogelarten noch um 0,9% pro Jahr – und das nach rund 250 Jahren emsigen Forschens. Die Gründe dafür sind nicht etwa viele Neuentdeckungen in abgelegenen Gebieten draußen, sondern neue Methoden, wie Molekulargenetik mit Fortschritten bis zur Genomik, integrative Betrachtungsweisen von Befunden aus unterschiedlichen Forschungsansätzen oder Definitionen von Artkonzepten und von Artabgrenzungen. Diskussionen sind in vollem Gang und zeigen eines ganz deutlich: Auch sorgfältiger Augenschein reicht nicht aus, um Arten zu entdecken, voneinander zu unterscheiden oder in ihre Evolutionsgeschichte zu blicken. Aber die Genomanalyse der beiden Krähenstämme sagt auch, dass es nicht unseren „blöden Sinnen" anzulasten ist, wenn man in der Lebensweise der beiden Krähenarten keine Unterschiede entdeckt. Sie sind ganz offensichtlich (noch) nicht auffallend genug endogen programmiert. Nur Gefiederfärbung als Signal sowie seine Wahrnehmung und Beantwortung über die Partnerwahl trennen die beiden. Hybride kommen auch bei anderen miteinander nahe verwandten Arten vor, vor allem dann, wenn sich Arealgrenzen etwas verschieben. Arten sind Ergebnisse der Evolution, also eines kontinuierlichen Vorgangs, der Grenzen fließen lässt. Was eine Art ist und was zu einer Art zählt, gehört daher zu den schwierigsten Fragen, die Biologen zu beantworten haben.

Rabenkrähe

Imageprobleme, Zweiklassengesellschaft, erstaunliche Intelligenz

Feldgehölze bilden ihre liebsten Aufenthaltsorte; sie meiden aber auch größere Waldungen nicht und siedeln sich da, wo sie sich sicher wissen, selbst in unmittelbarer Nähe des Menschen, also beispielsweise in Baumgärten an. Sie

Rabenverwandte: Saatkrähe (links unten), Nebelkrähe (links oben), Rabenkrähe (rechts oben), Kolkrabe (rechts unten) (Buch der Welt *1851, Federlitho, handkol.)*

sind gesellig in hohem Grade, leiblich wie geistig begabt und somit befähigt, eine sehr bedeutsame Rolle zu spielen. Sie gehen gut, schrittweise, zwar etwas wackelnd, jedoch ohne jede Anstrengung, fliegen leicht und ausdauernd, wenn auch minder gewandt als die eigentlichen Raben, sind feinsinnig, namentlich was Gesicht, Gehör und Geruch anlangt, und stehen an geistigen Fähigkeiten kaum oder nicht hinter dem Kolkraben zurück. Im kleinen leisten sie ungefähr dasselbe, was der Rabe im großen auszuführen vermag; da sie aber regelmäßig bloß kleinen Thieren gefährlich werden, überwiegt der Nutzen, welchen sie stiften, wahrscheinlich den Schaden, den sie anrichten. Man darf mit aller Bestimmtheit annehmen, daß sie zu den wichtigsten Vögeln unserer Heimat gehören, daß ohne sie die überall häufigen und überall gegenwärtigen schadenbringenden Wirbelthiere und verderblichen Kerbthiere in der bedenklichsten Weise überhand nehmen würden, Vogelnester plündern allerdings auch sie aus, und einen kranken Hasen oder ein Rebhuhn überfallen sie ebenfalls; sie können auch wohl im Garten und im Gehöfte mancherlei Unfug stiften und endlich das reifende Getreide, insbesondere die Gerste, in empfindlicher Weise brandschatzen; was aber will es sagen, wenn sie während einiger Monate in uns unangenehmer Weise stehlen und rauben, gegenüber dem Nutzen, welchen ihre Tätigkeit während des ganzen übrigen Jahres dem Menschen bringt! Der kleine Bauer, dessen Gerstenfelder sie in dreister und merklicher Weise plündern, ist berechtigt, das fast ungehinderte Anwachsen ihres Bestandes mit mißgünstigem Auge anzusehen und selbst zu beschränken; der Jäger wird sich ebenfalls nicht nehmen lassen, dann und wann sein Gewehr auf sie zu richten; der Land- und Forstwirt aber dürfte sehr wohl thun, sie zu schützen. Es ist ein Irrthum, zu glauben, daß der Mensch die Thätigkeit der Krähen zu ersetzen im Stande sei, und daher zu beklagen, wenn man zum Beispiel Gift gegen Mäusefraß auslegt und dadurch kaum mehr Mäuse vertilgt als Krähen, welche ihrerseits das gefräßige Heer in der umfassendsten und erfolgreichsten Weise bekämpfen, da mit aller Bestimmtheit behauptet werden kann, daß durch den Tod einer einzigen Krähe der land- und Forstwirtschaft weit größerer Schaden erwächst als durch die Thätigkeit von zehn lebenden. Vor allem hüte man sich, einzelne Beobachtungen zu verallgemeinern [...].

Natürlich muss Brehm auf die Schädlichkeit der schwarzen Vögel hinweisen, aber er bemüht sich sehr, eine Lanze für Krähen zu brechen. Wenn er Rabenkrähen zu den wichtigsten Vögeln unserer Heimat zählt, meint er das ohne Zweifel positiv. Mit der Behauptung, ihr Nutzen würde den Schaden, den sie stiften, überwiegen, versucht er, sich gegen den schlimmen Ruf zu stemmen, dem die Krähenverwandtschaft mit schwarzen Vögeln, wie Rabenkrähe, Saatkrähe oder Kolkrabe, seit Menschengenerationen ausgesetzt ist. Für Elster und Eichelhäher fällt auch noch ausreichend üble Nachrede ab.

Die Gründe für eine historische Abneigung gegen Krähen, die bis in unsere Tage reicht und ständig Auseinandersetzungen provoziert, speisen sich aus ganz verschiedenen Quellen. Schwarze Vögel in Scharen sind auffällig und wirken mit ihrem Gekrächze wenig sympathisch. Als „Totenvögel" kommen sie aus einer alten Überlieferung, weil sie als „Allesfresser" auch an Aas und Abfall gehen und sich an Plätzen herumtrieben, die den Menschen unheimlich waren oder sie abstießen. Raben- und Nebelkrähe wurden denn auch im deutschen Namenkatalog unter Aaskrähe zusammengefasst, als man sie noch unter einer Art subsummierte. Dass man Aasfresser als „Gesundheitspolizei" schätzen könnte, hatte in höheren Breiten im Unterschied zu tropisch-subtropischen Ländern mit einer größeren Artenpalette von Krähen bis zu großen Geiern kaum Tradition.

Dem Typ Allesfresser winken auch die besten Chancen, über die Runden zu kommen, sich in veränderten Landschaften durchzusetzen und in der Nähe des Menschen niederzulassen. Allesfresser (Omnivore) darf man natürlich nicht wörtlich nehmen. Die Bezeichnung bezieht sich grundsätzlich auf eine breite Nahrungspalette aus proteinreicher vegetabilischer und aus tierischer Nahrung. „Vielfältig und weitgehend vom örtlichen und zeitlichen Angebot bestimmt" resümiert das Handbuch der Vögel Mitteleuropas[1]. Solche Flexibilität erlaubte den Rabenkrähen der Ausräumung und Öde industrialisierter Landwirtschaft in die Siedlungen der Menschen auszuweichen. Abnehmende Scheu vor Menschen und Einschränkung der Verfolgung – in bewohnten Gebieten schon aus rein polizeilichen Vorschriften – förderten die Einwanderung in nahrungsreiche Flächen in Stadt und Dorf. Diese Entwicklung wiederum spiegelte besorgten Menschen eine explosive Zunahme vor und selbst aktuelle Tageszeitungen ereifern sich über „Krähenplage" in Stadtlandschaften[2]. Rabenkrähen geht es in einer groben Abschätzung ihrer Bestandsentwicklung gut, ihre Dichtezentren liegen in Stadt- und Siedlungslandschaften. Von einer Massenvermehrung kann aber auch hier keine Rede sein[3]. Denn auch in Stadtgebieten sind die Verhältnisse nicht immer ideal und der Nachwuchs kann deutlich geringer und weniger fit sein als in den weitgehend verschwundenen klassischen und für Krähen optimalen Agrarlandschaften[4]. Und machen Krähen in Stadt und Dorf wirklich so viel Schaden, wie man ihnen nachsagt? Als Schädlinge der Landwirtschaft (z. B. am Mais[5]) dürfte sich ihre Rolle inzwischen stark relativiert haben. Überprüfungen in Deutschland ergaben keine „erhebliche gemeinwirtschaftliche Schäden“ etwa an Saatgut, Kulturpflanzen und/oder Folien von Silageballen[6].

Bleiben noch zwei historische Quellen, die bis heute das Image der ungeliebten schwarzen Vögel prägen. Da ist einmal die Jagd, die vor allem um ihr Niederwild besorgt ist. „Jagd auf Plünderer und Nesträuber“ titelt die Süddeutsche Zeitung noch 2018[7]. Und so kommt auch der frühe Vogelschutz in seinem Kosten-Nutzen-Denken als Krähengegner mit nachhaltiger Wirkung ins Spiel. Noch in der 10. „sehr verbesserten“ Auflage seiner Bibel des Vogelschutzes zählt Hans von Berlepsch 1923 Rabenkrähen zu den „unbedingten Feinden schützenswerter Vögel“[8]. Das hat sich in den Köpfen vieler Vogelfreunde bis heute gehalten. Gleiches gilt für Nebelkrähen, auch einige andere Krähenverwandte werden darin einbezogen. Nur der mächtige Kolkrabe hat sich dank mythenumwobenem Image etwas heraushalten können. Immerhin: In neuester Zeit widmen auch Tageszeitungen, beraten von Experten, der Imagepflege von Rabenkrähen längere Artikel[9].

Den Ruf der Rabenkrähe zu retten, hat zu einer Fülle von Publikationen und Diskussionen geführt. Als Resultat fasst der Deutsche Jagdverband zusammen: „Über die Rolle von Aaskrähen und Elstern als Prädatoren und deren Einfluss bestehen sehr unterschiedliche Ansichten“; er sieht damit klar die Realität[10]. Der schier endlose gruppenpolitische Meinungsstreit und seine juristische Aufarbeitung leiden nach wie vor unter Defiziten in der biologischen und ökologischen Analyse. Das gilt nicht nur für die Gegner der Rabenkrähe, auch ihre Verteidiger haben in ihren Argumenten oft die grundsätzlichen Probleme, vor allem die Vernetzung von Zusammenhängen und ihre Dynamik, übersehen und einzelne Befunde statistisch nicht korrekt gewertet[11]. Allerdings ist durch eine Reihe von Bestandsaufnahmen mittlerweile deutlich geworden, dass vor allem Kleinvögel in Wald und Siedlung in ihrem Bestand durch regionale oder lokale Zunahme von Rabenkrähen nicht beeinträchtigt werden[6]. Wenn die pauschale Verlustrate, gemessen an ausfliegenden Jungen als Anteil abgelegter Eier, bei offen brütenden Singvögeln normalerweise deutlich über 50% liegt, werden schon aus rein statistischen Gründen einzelne Beobachtungen nestplündernder Rabenkrähen oder sorgsam zusammengestellte Nahrungsuntersuchungen, deren „Interpretation in der Regel erhebliche Schwierigkeiten bietet“[1], kaum als Argumente für Gefährdung von Singvogelbeständen ausreichen. Zu beantworten ist die wichtige Frage, ob die Eingriffe von Rabenkrähe, Eichelhäher oder Elster zu anderen Verlustursachen dazukommen, also additiv sind. Einsatz von Videokameras haben hier erste wichtige Aufschlüsse ergeben, die zu eingehender Prüfung der Verhältnisse herausfordern[2,12]. Bei Wasservögeln, die in der Verlandungszone oder am Ufer brüten, können Störungen, die umgebende Vegetation, aber auch Anpassungen des Verhaltens der Brutvögel die Wirkung des Krähenraubs beeinflussen[13]. Somit kommen viele Faktoren ins Spiel, die bei der Beurteilung zu berücksichtigen sind.

Gefährlich sieht die Lage bei Offenbrütern in der Agrarlandschaft aus, zu denen heute mit Kiebitz oder Brachvogel auch viele ehemalige Feuchtgebietsbrüter zählen. Ihre Bestände gehen teilweise katastrophal zurück, nicht zuletzt wegen sehr hoher Verlustrate durch Nestplünderer. Heute weiß man durch Einsatz von Thermologgern, dass die Hauptmenge der Verluste von Bodenbrütergelegen nachts eintritt, also nicht von Vögeln, sondern von Säugetieren stammt, die nach Trockenlegung auch bei ehemaligen Feuchtgebietsbrütern gut an die Nester kommen[12,14,15]. Eine globale Übersicht über die Einwirkung von Krähenverwandten auf den Bestand anderer Vogelarten, in der vor allem auch experimentelle Arbeiten berücksichtigt sind, kommt in 326 eindeutig ermittelten Zusammenhängen zum Ergebnis, dass in 81% der Fälle weder ein Einfluss auf die Produktion noch auf die Häufigkeit der potenziellen Opfer festzustellen war. In 41% der Fälle von erkennbaren Zusammenhängen nahm die Produktion potenzieller Opfer ab, aber nur in 10% ihre Häufigkeit. Entfernte man alle Krähenverwandte, gab es lediglich bei 16% der Fälle einen Einfluss auf die Produktivität, dehnte man die Beseitigung auf andere Nesträuber aus, war ein Erfolg bei 60% erkennbar[16]. Solche Untersuchungen sind freilich keine Freisprüche vor dem Gericht der Krähengegner, sollten aber dazu beitragen, dass sich die Meinung in den Interessenverbänden allmählich der Realität anpasst, die Brehm vor fast 140 Jahren schon vertreten hat.

Rabenkrähen pauschal zu töten, um ihre Zahl zu verringern, nützt auch gar nichts, selbst wenn juristische Möglichkeiten eingeräumt werden. Sie durch Nachstellung und geeignete Methoden von einem Ort, an dem sie Schaden anrichten und möglicherweise andere Arten schädigen, gezielt zu vertreiben, steht auf einem anderen Blatt. Aber der Finger am Abzug als Methode zur Verminderung der Krähenzahlen ist untauglich. In den drei Jagdjahren 2000/2001 bis 2002/2003 wurden in Deutschland 715 050 Aaskrähen als erlegt gemeldet[6] – eine Abnahme ist nicht eingetreten. Nach welchen Regeln soll denn Jagd auch regulieren, wobei mit regulieren eigentlich nur dezimieren gemeint ist? Abschuss mischt sich in natürliche Regulationsvorgänge ein und kann sie sogar außer Kraft setzen, bringt also keinen zusätzlichen Erfolg. Bei der Rabenkrähe hat jeder Versuch, die Individuenzahl zu verringern, mit einer komplizierten Sozialstruktur zu tun. Da leben Dauerpaare über die Landschaft verteilt, die ein Revier besitzen und es gegen Artgenossen verteidigen. Nur solche Revierbesitzer bauen Nester und brüten, sorgen also für die Vermehrung. Viele geschlechtsreife Rabenkrähen leben aber ohne Revier, meist in

Schwärmen. Diese Nichtbrüter können erst zu einer Brut kommen, wenn es ihnen gelingt, ein Revierpaar zu ersetzen oder einen Platz als Partner eines Reviervogels zu ergattern. Schwächeren und in der Rangordnung sehr tief stehenden Individuen gelingt das in ihrem Leben oft nicht. Reviervögel und nichtbrütende Schwarmvögel stehen dauernd miteinander in Konkurrenz, komplizierte Beziehungen entstehen durch komplexe Sozialstrukturen, der Eierraub von Nichtbrütern bei Nestbesitzern der eigenen Art nicht ausschließt. Die Verteilung der Rabenkrähen über die Landschaft ist das Ergebnis eines Systems aus Reviervögeln mit ihren Jungen und den Schwarmgesellschaften der Nichtbrüter. Abschuss kann Nichtbrüter treffen, ändert also an der Zahl der Individuen der kommenden Generation kaum etwas, vermindert wohl auch den Druck auf Reviervögel. Erwischt es Reviervögel, wird Platz für Nachrücker aus den Nichtbrütern frei. Kurz vereinfacht ist bereits aus Ableitungen der Populationsstrukturen höchst unwahrscheinlich, nachhaltige Wirkung vom Krähenabschuss innerhalb legaler Möglichkeiten zu erwarten. Langfristige Zählungen zeigen auch, dass die Zahl der Krähen nach Einführung von Abschüssen gegenüber vorhergehender Schonzeit zunahmen[17]. Der Schuss kann also nach hinten losgehen.

„Leiblich wie geistig begabt" - über die Intelligenz der Rabenvögel sind schon Bücher geschrieben worden[19]. Wenn man Intelligenz als kognitive und geistige Leistungsfähigkeit definiert, die zur Lösung eines Problems eingesetzt wird, bieten Rabenvögel eine erstaunliche Vielzahl von Möglichkeiten, ihr nachzuspüren und von den Ergebnissen überrascht zu werden. Dies gilt vor allem für Entdeckung und Erwerb von Nahrung, ihre Behandlung und Sicherung für die nahe Zukunft. Nahrungsverstecke werden so angelegt, dass sie individuell auch noch nach langer Zeit, bei gesellig lebenden Arten aber möglichst nicht von diebischen Artgenossen entdeckt werden. Und geradezu spektakulär ist der Werkzeugeinsatz der Geradschnabelkrähe aus Neukaledonien, um Zugangsprobleme zur Nahrung zu lösen. Von der Rabenkrähe haben vor allem die „Nusskrähen" von sich reden gemacht.

An verschiedenen Orten beobachtete man etwa seit den 1970er-Jahren Krähen, die Walnüsse auf harten Untergrund fallen ließen. Hartschalige Beute von beachtlicher Höhe wiederholt auf den Boden zu werfen, ist für Vögel allerdings nicht außergewöhnlich. Allein von neun Krähenverwandten ist bekannt, dass sie Nüsse, aber auch Muscheln oder gepanzerte Krebstiere auf den Boden fallen lassen, bei ebenso vielen Möwenarten sind es vor allem Muscheln. Schildkröten und Knochen werfen Bartgeier und einige andere große Greifvögel auf Felsen, um an den für sie genießbaren Inhalt zu gelangen[18]. Sicher ist beachtlich, dass Krähen auf eine Walnussbehandlung gekommen sind, die ihnen über den versiegelten Böden der Stadt Erfolg verspricht. Aber die eingehendere Beobachtung hat erst entscheidende Einsichten darüber erbracht, dass diese Leistung für sich genommen noch nicht das Ende eines Lern- und Erfahrungsweges bedeutet. Amerikakrähen passten in Kalifornien ihr Nüsseknacken der jeweiligen Situation an. Besonders hartschalige Nüsse ließen sie aus größeren Höhen und über härterem Untergrund fallen, verringerten aber die Fallhöhe, wenn Artgenossen in der Nähe waren, um das Risiko zu verringern, bei ihrer Arbeit bestohlen zu werden[18]. In München ließen Rabenkrähen aus niedriger Höhe Nüsse auf eine viel befahrene Straße fallen oder legten sie auf die Asphaltdecke, zogen sich zurück, warteten die anschließende Grünphase der Ampel ab und kamen wieder auf die Straße, wenn die nächste Rotphase die Autos zum Stehen brachte. Oft waren inzwischen die vorher abgelegten Nüsse überfahren worden und ihr Inhalt konnte in den Kehlsack gestopft werden. Dass Krähen Autos einsetzen, um an den Inhalt von Walnüssen zu kommen, war vorher bereits von Dschungelkrähen als Sensation aus Tokio bekannt geworden[19]. Krähen können also Zusammenhänge erkennen und daraus „lernen". Doch gerade besonders intelligentes Verhalten lässt sich nicht leichtfertig verallgemeinern. Eine kritische Sichtung in der Zeit dieser Automobilaktivitäten hatte für Amerikakrähen nur wenige Einzelfälle ergeben, die das Verhalten als mehr oder minder zufälliges Beiprodukt des Nüssewerfens erscheinen lassen. An zwei Orten Kaliforniens, an denen in den 1970er-Jahren Autos beim Nüsseknacken „eingesetzt" wurden, ließen sich mehr als zehn Jahre später bei sorgfältiger Beobachtung und statistischer Auswertung keinerlei Hinweise ermitteln, dass die immer noch eifrig Nüsse werfenden Krähen mit den Autos rechneten. Sie arbeiteten nur mit der harten Bodenoberfläche, gegen die sie auch Nüsse mit den Füßen drückten, um sie aufzuhacken[20].

Das Angebot beeinflusst natürlich die bevorzugte Nahrungswahl und so ist die Frage, wann und wo Rabenkrähen auf die Taktik der gezielten Walnussbearbeitung kommen, wohl von den örtlichen Umständen abhängig. Vielleicht ist das Nüsseknacken durch Wurf aus größerer Höhe auch erst durch die in der zweiten Hälfte des vorigen Jahrhunderts stark wachsende Beobachtungsaktivi-

Ein Paar der Rabenkrähe bleibt meist ein Leben lang zusammen.

tät vogelkundlich interessierter Menschen „entdeckt" worden, zumal zunehmende Asphaltierung der Böden sich vor allem auf die Alltagsumgebung der Stadtmenschen konzentriert. Unser Team lebte und arbeitete 43 Jahre im Umkreis von etwa zwei Rabenkrähen-Brutrevieren am Waldrand. Walnussbäume gab es erst etwas weiter unten im Ort. Unter mehr als 11 600 täglichen Datensätzen zum Verhalten unserer Rabenkrähen taucht erst im 26. Beobachtungsjahr eine Walnuss auf, die eine Krähe in der Wiese vergrub. Erst 13 Jahre später ließ zum ersten Mal eine Krähe eine Walnuss zweimal auf den Teerboden der kleinen Straße fallen und verzehrte dann den Inhalt. In den vier Folgejahren beobachteten wir jeweils eine Nusskrähe, von denen aber nur einmal eine die Nuss auf Teerboden fallen ließ. Das Nahrungsangebot auf der etwa 4 Hektar großen Beobachtungsfläche war offenbar reichhaltig; Kirschen, Äpfel, Mehlbeeren, Holunderbeeren, auch Blindschleichen, Erdkröten, Grasfrösche, Regenwürmer sowie Kompostabfälle konnten wir als Krähenbeute in mehreren Jahren an vielen Tagen registrieren, aber nur einen einzigen Nestraub in 43 Jahren. Walnüsse schienen hier keine große Rolle zu spielen. Ein Nussbaum im Garten mitten in der Kleinstadt, 11 Jahre fast täglich kontrolliert, ergab in vier Jahren „Nusskrähen", von denen aber nur zweimal eine die Nuss auf den Asphalt fallen ließ. Hier hatte anscheinend diese Technik keine Chance, sich durchzusetzen, weil die Krähen offenbar besseren Erfolg hatten, die abgepflückte Nuss mit dem Fuß auf eine harte Unterlage am Boden oder in die gewellten Dachziegel zu drücken und sie mit dem Schnabel aufzuhacken. Das setzte sich durch[21]. Schließlich ist es auch intelligent, von entdeckten oder erfundenen spektakulären Lösungen wieder abzurücken, wenn es anders möglicherweise weniger aufwendig geht. Andererseits nutzten Rabenkrähen z. B. in Konstanz einen kleinen geteerten Hof nachweislich 15 Jahre regelmäßig als Abwurffläche[22]. Traditionen werden also auch über Generationen „gepflegt", wenn sie sich als nützlich erweisen.

„Allesfresser" müssen vielseitig sein und den Umständen angepasst dazulernen, um überleben zu können. Ihren Methoden nachzuspüren, ist ein spannendes Beobachtungsfeld, das immer wieder Überraschungen bereithält. Auf sieben kleinbedruckten Seiten fasst das Handbuch der Vögel Mitteleuropas zusammen, was eifrige Beobachter bereits gegen Ende des vorigen Jahrhunderts darüber herausgefunden hatten[1]. Mittlerweile ist die Liste der Einfälle von Krähen deutlich länger geworden.

Rauchschwalbe

Reisepläne, Ornamente, Nahrungsmangel und Wohnungsnot

Die Rauchschwalbe trifft durchschnittlich zwischen dem ersten und fünfzehnten April, ausnahmsweise früher, selten später bei uns ein und verweilt in ihrer Heimat bis Ende des September oder Anfang des Oktober, Nachzügler selbstverständlich abgerechnet. Während der Zugzeit sieht man sie in ganz Afrika. Bis zu den Ländern am Vorgebirge der Guten Hoffnung dringt sie vor und ebenso ist sie in allen Tiefländern Indiens, auf Ceylon und den Sundainseln Wintergast. Gelegentlich ihrer Wanderung überfliegt sie Länderstrecken, welche jahraus, jahrein verwandte Schwalben beherbergen und diesen also Er-

„Boten des Frühlings" (Xylographie aus Gartenlaube um 1880)

fordernisse zum Leben bieten müssen, ohne hier auch nur zu rasten. So sah ich sie am dreizehnten September im südlichen Nubien erscheinen, so beobachtete ich sie auf ihrem Rückzuge nur wenige Tage früher, als sie bei uns einzutreffen pflegt, in Chartum, am Zusammenflusse des Weißen und Blauen Stromes, zwischen dem funfzehnten und sechzehnten Grade nördlicher Breite. Höchst selten kommt es vor, daß im Inneren Afrikas noch im Hochsommer eine Rauchschwalbe gesehen wird, und ebenso selten begegnet man einer im Winter in Egypten oder sonstwo im Norden des Erdtheils. Unmittelbar nach ihrer Heimkehr findet sie sich bei ihrem alten Neste ein, oder schreitet zur Erbauung eines solchen. Damit beginnt ihr Sommerleben mit all seinen Freuden und Sorgen.

Die Rauchschwalbe ist, wie Naumann trefflich schildert, ein außerordentlich flinker, kühner, munterer, netter Vogel, welcher immer schmuck aussieht, und dessen fröhliche Stimmung nur schlechtes Wetter und demzufolge eintretender Nahrungsmangel unterbrechen kann. „Obgleich von einem zärtlichen und weichlichen Naturell, zeigt sie doch in mancher ihrer Handlungen viel Kraftfülle: ihr Flug und ihr Betragen während desselben, die Neckereien mit ihresgleichen, der Nachdruck, mit welchem sie Raubvögel und Raubthiere verfolgt, beweisen dies. Sie fliegt am schnellsten, abwechselndsten und gewandtesten unter unseren Schwalben; sie schwimmt und schwebt, immer rasch dabei fortschießend, oder fliegt flatternd, schwenkt sich blitzschnell seit-, auf- oder abwärts, senkt sich in einem kurzen Bogen fast bis zur Erde oder bis auf den Wasserspiegel herab, oder schwingt sich ebenso zu einer bedeutenden Höhe hinauf und alles dies mit einer Fertigkeit, welche in Erstaunen setzt; ja sie kann sich sogar im Fluge überschlagen. Mit großer Geschicklichkeit fliegt sie durch enge Öffnungen, ohne anzustoßen, auch versteht sie die Kunst, fliegend sich zu baden, weshalb sie dicht über dem Wasserspiegel dahinschießt, schnell eintaucht, so einen Augenblick im Wasser verweilt und nun sich schüttelnd, weiter fliegt."

Falls es irgend möglich, baut sie das Nest in das Innere eines Gebäudes, so daß es von oben herab durch eine weit überragende Decke geschützt wird. Ein Tragbalken an der Decke des Kuhstalls oder der Flur des Bauernhauses, ein Dachboden den die besenführende Magd meidet, oder irgend eine andere Räumlichkeit, welche eher den Farbensinn eines Malers als das Reinlichkeitsgefühl der Hausfrau befriedigt, mit kurzen Worten, alternde, verfallende, mehr oder minder schmutzige, vor Zug und Wetter geschützte Räume sind die Nistplätze, welche sie besonders liebt. Hier kann es vorkommen, daß förmliche Siedelungen entstehen. Das Nest selbst wird an dem Balken oder an der Wand, am liebsten an rauhen und bezüglich unten durch vorspringende Latten, Pflöcke und dergleichen verbesserten Stellen festgeklebt. Es ähnelt etwa die Viertheile einer Hohlkugel [...]. Der Stoff ist schlammige oder mindestens fette Erde, welche klümpchenweise aufgeklaubt, mit Speichel überzogen und vorsichtig angeklebt wird [...]. Feine zwischen Nestwände eingelegte Halme und Haare tragen zur besseren Festigung bei, das eigentliche Bindemittel aber ist der Speichel.

Die anfangs sehr häßlichen, breitmäuligen Jungen werden von beiden Eltern fleißig geatzt, wachsen unter günstigen Umständen rasch heran, schauen bald über den Rand des Nestes heraus und können, wenn alles gut geht, bereits in der dritten Woche ihres Lebens außerhalb des Eies ihren Eltern ins Freie folgen. Sie werden noch eine zeitlang draußen gefüttert, anfangs allabendlich ins Nest zurückgeführt, später im Freien hübsch zur Ruhe gebracht und endlich ihrem Schicksale überlassen.

Ungeachtet ihrer Gewandtheit und trotz ihrer Anhänglichkeit an den Menschen droht der Schwalbe mancherlei Gefahr. Bei uns zu Lande ist der Baumfalke der gefährlichste von allen natürlichen Feinden; in Südasien und Mittelafrika übernehmen andere seines Geschlechtes diese Rolle. Die jungen Schwalben werden durch alle Raubthiere, welche im Inneren des Hauses ihr Wesen treiben, und mehr noch durch Ratten und Mäuse gefährdet. Zu diesen Feinden gesellt sich hier und da der Mensch. In Italien wie in Spanien werden alljährlich hunderttausende von Schwalben durch Bubenjäger vertilgt.

Im 19. Jahrhundert musste man den Schwalben noch nachreisen, um zu entdecken, wohin sie fliegen und wo sie den Winter verbringen. Heute unterrichtet ein gewaltiger Atlas des Vogelzuges über die Wanderungen heimischer Rauchschwalben und das Auftauchen von Gästen aus anderen Ländern in Deutschland[1]. Ein Jahrhundert Beringung hat eine Datenfülle erbracht, deren Ergebnisse man längst nicht mehr mit wenigen Worten zusammenfassend schildern kann. Allein in Deutschland wurden von 1945 bis etwa 2012 fast 765 000 Rauchschwalben mit Ringen markiert, die über 1500 Wiederfunde über 10 km Entfernung ergeben haben. Dazu kommen noch mehr als 1600 Fernfunde über mehr als 10 km seit 1901. Die älteste in Deutschland beringte Rauchschwalbe wurde 11 Jahre alt, die weiteste Strecke hatte eine Schwalbe mit 9276 km zurückgelegt. Beringte Rauchschwalben, die sich irgendwann einmal in

Deutschland aufhielten, stammen aus einem Gebiet, das von Norwegen bis Südafrika reicht und sich damit über fast 97 Breitengrade erstreckt. Im Herbst ziehen in Deutschland beheimatete Rauchschwalben in Richtungen zwischen Südwesten und Südosten ab, überqueren aber das Mittelmeer nach den bisherigen Funden nur im Westen bis etwa Italien. Sie fliegen auch über die Alpen. Im November sind sie dann schon in Zentralafrika. Die Schwalben, die Brehm im Sudan, in Ägypten und noch weiter östlich sah, stammen also sicher nicht aus Deutschland, sondern aus östlicher gelegenen Brutgebieten. Das wichtigste Überwinterungsgebiet deutscher Rauchschwalben liegt im äquatorialen afrikanischen Regenwald, bis nach Südafrika scheint nur ein kleiner Teil zu wandern. Aber solche Angaben stecken nur den groben Rahmen ab, in dem sich ein Schwalbenjahr abspielt.

Vielfältiger wird das Bild, wenn man ins Detail geht. Neue Technologien, die das klassische Beringen in der Zugvogelforschung in eine neue Forschungsdimension führen und immer mehr ersetzen, erlauben, die Zugwege einzelner Vögel zu verfolgen. Man muss nicht mehr auf einen Fund warten, der zwar Auskunft gibt, wo sich der Vogel aufgehalten hat, aber über den eingeschlagenen Weg höchstens Schlüsse zulässt. Aus dem Weltraum, aber auch mithilfe von Radiotelemetrie vom Boden aus kann man Vögel individuell verfolgen. Das Problem ist allerdings, dass man kleine Vögel durch mitgeführte Sender oder Datenlogger, die viele Ortungen speichern können, nicht zu sehr belasten sollte. Die Diskussion darüber ist grundsätzlich wichtig, denn Rauchschwalben mit winzigen Loggern hatten eine geringere jährliche Wahrscheinlichkeit des Überlebens, verzögerten Brutbeginn im Folgejahr und kleinere Erstgelege[2]. Nach Untersuchungen in Windtunneln war die Flugleistung von Vögeln mit Geolokatoren, die 3,5% des Körpergewichts ausmachten, allerdings kurzfristig nicht beeinflusst[3]. Technische Fortschritte lösen sich aber in fast atemberaubendem Tempo ab, sodass aktuelle Probleme bald solche von gestern werden. So haben die mit Hightech markierten Vögel immer kleinere „Lasten“ zu tragen, die sie nicht stören.

Mittlerweile versucht man auch auf anderem Wege, individuellen Zusammenhängen zwischen Brutgebiet und Winterquartier auf die Spur zu kommen. Die Signaturen von Spurenelementen und stabilen Isotopen von Kohlenstoff, Stickstoff und Wasserstoff in Federn, die je nach Mauserzeitpunkt in Afrika oder in Europa gewachsen sind, verraten nicht nur, wo sich ein Vogel aufgehalten hat, sondern etwa auch, dass sich Nahrung oder Mauserort in Afrika mit dem Alter des Individuums ändert[4].

Neue, oft überraschende Einsichten über das Verhalten von Langstreckenziehern, die ähnlich Rauchschwalben im tropischen oder südlichen Afrika überwintern, zeigen, wie enorme Probleme von kleinen Vögeln gemeistert werden, aber auch, wie länderübergreifender Natur- und Vogelschutz zu arbeiten hat. Mit Geolokatoren ausgerüstete Rauchschwalben aus dem Baltikum überwinterten z. B. hauptsächlich im südlichen Afrika. Sie erreichten ihr Winterquartier auf einer strikt südwärts gerichteten Route durch Afrika. Im folgenden Frühjahr aber führte sie ihr Weg weiter östlich über die Arabische Halbinsel und den Kaukasus zurück. Trotz dieses Umwegs war der Heimzug zeitlich kürzer als der herbstliche Wegzug, weil offenbar sehr günstige Umweltbedingungen den Zug zurück erleichterten[5]. Wenn die Ergebnisse einer Untersuchung hier im Imperfekt erzählt werden, bedeutet das übrigens nicht, dass man damit einen Befund auf ein singuläres Ereignis reduzieren will. Es geht vielmehr darum, ein einzelnes Untersuchungsergebnis nicht unkritisch zu verallgemeinern, auch wenn es noch so gut abgesichert ist oder plausibel klingt. Jedenfalls ist der nachgewiesene Schleifenzug baltischer Rauchschwalben ein Hinweis mehr, dass das Schicksal unserer Zugvögel nicht nur am Brutplatz in Mitteleuropa, sondern auch von Situationen und Entwicklungen in Durchzugsgebieten und Winterquartieren bestimmt wird. Die Erhaltung einzelner Arten wird damit zu einem Problem, das nur in internationaler Zusammenarbeit gelöst werden kann, um die sich BirdLife International, die weltumspannende Organisation des Vogelschutzes, mit vielen nationalen Partnern bemüht.

Auch die Reisepläne der Schwalben ändern sich mit dem Klimawandel. Die Ankunfts- und Abzugsdaten zu Zeiten Brehms haben sich längst verschoben. In verschiedenen Gegenden Deutschlands werden die ersten Rauchschwalben heute im Frühjahr bis über 10 Tage früher beobachtet als noch vor wenigen Jahrzehnten[6,7]. Da die Vögel in weit entfernten Winterquartieren keine Informationen über das Frühjahrswetter in Mitteleuropa erhalten können, dürften die Verhältnisse in den letzten Abschnitten des Heimzugs die Informationen vermitteln, die ihre Ankunft am Brutplatz beeinflussen. Ankunftsdaten haben auch Einfluss auf das „Familienleben“: In Japan und Nordamerika fanden die vorjährigen Paare wieder zusammen, wenn Männchen und Weibchen sich am selben Tag wieder am Brutplatz einstellten. Trafen die Weibchen eher ein, kam es durchwegs zu Scheidungen, bei früher eintreffenden Männchen zu Wiederverpaarungen und Scheidungen[8]. Nach planmäßigen Beobachtungen in Süddeutschland hat sich auch der Herbstzug etwas verfrüht[9]. Die Erklärung dafür bietet vielleicht eine Studie aus Polen, denn hier konnte man nachweisen, dass sich Rauchschwalben nach Beendigung des Brutgeschäfts noch viel länger an den nachbrutzeitlichen Ruhe- und Schlafplätzen aufhielten, als es zum Aufbau des Reservefetts für den Zug nötig gewesen wäre. Warum diese Verzögerung? Vermutlich bietet der lange, für die Vorbereitung zur weiten Reise nicht mehr nötige Aufenthalt Vorteile, etwa in vertrauter Gegend das Risiko zu verringern, zur Beute von Fressfeinden zu werden, oder die Möglichkeit, sich über die Qualität künftiger Brutplätze zu informieren[10]. Wäre dann also, verglichen mit der polnischen Studie, ein früherer Abzug Zeichen für schlechtere Umweltbedingungen in der Brutheimat?

Besonderen Anreiz für die Forschung bieten die verlängerten äußeren Steuerfedern des gegabelten Schwalbenschwanzes und die über die Steuerfedern verteilten weißen Flecken. Diese Schwanzspieße sind bei alten Männchen am längsten, bei Weibchen kürzer und bei den diesjährigen Männchen am kürzesten. Unterschiedliche Länge und Ausbildung der weißen Fleckenornamente scheinen nicht nur über Alter und Geschlecht, sondern auch viel über die Kondition der Individuen zu erzählen. Und da setzen unterschiedliche Überlegungen zu Auslese und Fitness an.

Bei der Mauser stellte sich heraus, dass Steuerfedern mit größeren, weniger gerundeten weißen Marken schneller wieder heranwuchsen. Bei den Männchen waren die Unterschiede im Umfang der weißen Flecken größer als bei Weibchen. Offenbar lag ihnen also eine höhere Varianz der Körperkondition zugrunde. Das wiederum bedeutet, dass der Umfang der weißen Ornamente ein Signal für die individuelle Kondition sein kann und damit eine soziale Bedeutung hat. Die Ergebnisse deuten aber auch an, dass nicht nur die Größe, sondern auch die Form der weißen Ornamente eine kommunikative Rolle spielt[11]. Folglich war die Schwanzlänge der Männchen mit höherem Erfolg in der Partnerfindung verbunden, was zu früherem Brutbeginn führte. Wahrscheinlich orientierten sich in einer Untersuchung die Weibchen bei ihrer Partnerwahl nach der Schwanzlänge der Männchen und weniger nach der Qualität des Brutreviers[12].

Der Vaterschaftserfolg von Männchen mit langen und experimentell verlängerten Schwanzspießen pro Brutsaison war höher als der von Männchen mit kürzeren oder verkürzten, sowohl durch mehr Junge in den eigenen Bruten als auch durch mehr außereheliche Sprösslinge. Männchen mit kürzeren Schwanzspießen hatten auch kaum Chancen für Seitensprünge. Lange Schwanzspieße waren also eindeutig ein Erbmerkmal mit guten Chancen der Weitergabe von Genen an die nächste Generation[13].

Zu Beginn der Brutzeit wurden bei 31 Männchen die Schwanzspieße entweder um je 20 mm gekürzt, verlängert oder unverändert belassen. Während der ersten Brut im Jahr änderte sich weder bei Männchen noch bei Weibchen der drei Gruppen die Zahl der Jungenfütterungen pro Stunde. Bei Zweitbruten beteiligten sich jedoch die Männchen mit verlängerten Schwanzspießen weniger oft an der Fütterung als unmanipulierte und solche mit verkürztem Schwanz. Vermutlich hatten Männchen mit überlangen Schwanzspießen Nachteile beim Insektenfang im Flug. Weibchen glichen aber die geringere Leistung der Männchen durch höheren eigenen Einsatz nicht aus, sodass die Nestlinge mit weniger Fütterungen versorgt wurden. Kompensiert wurde das Defizit aber dennoch, nämlich durch den höheren Anteil größerer Insekten während der Zweitbruten[14].

In Nordamerika hat man herausgefunden, dass nach ungewöhnlich kaltem und regnerischem Wetter überlebende Männchen eine geringere Varianz in der Asymmetrie zwischen beiden Schwanzspießen aufwiesen als ihre umgekommenen Geschlechtsgenossen. Unter den Weibchen hatten die Überlebenden signifikant längere Schwanzspieße als die Umgekommenen und ebenfalls geringere Varianz in der Asymmetrie beider Seiten. Vögel mit geringerer Asymmetrie in Flügel und Schwanzspitzen hatten wohl deshalb bessere Überlebenschancen, weil sie unter extremen Bedingungen effektiver Nahrung erjagen konnten. Längere Schwanzspieße stehen für kräftigere Individuen, die bei kaltem Wetter thermische Vorteile ausspielen können, weil die Körperoberfläche relativ zum Körperinhalt kleiner ist und der Körper mehr Fett anlagern kann[15].

Rauchschwalbe: Die Schwanzspieße der Männchen sind besonders lang.

Eine Reihe unterschiedlicher Ansätze deutet also in dieselbe Richtung. Die Länge der äußeren Schwanzspieße und die weißen Signale auf den Steuerfedern der Männchen signalisieren den Weibchen Informationen, die ihre Wahl mitentscheiden. Damit sind diese Ornamente Ansatzpunkte der sexuellen Selektion und werden mit Unterschieden im Fortpflanzungserfolg weitergegeben. Die Variabilität der Merkmalsausprägung bleibt im Wettstreit erhalten. Gilt das für alle Populationen der weit verbreiteten Rauchschwalbe?

In Nordostchina unter Brutvögeln einer asiatischen Unterart ergab sich, dass die Brutleistung männlicher Rauchschwalben mit Farbunterschieden des Bauchgefieders in Verbindung zu bringen war. Die Länge der äußeren Schwanzfedern unterlag wahrscheinlich nicht der sexuellen Selektion. Unter japanischen Rauchschwalben spielte die Bauchfärbung der Männchen wiederum ganz offensichtlich keine Rolle; es war die Kehlfärbung der Männchen, die die Wahl der Weibchen beeinflusste[16]. Innerhalb einer Art können also verschiedene Angebote für Kommunikation zwischen den Geschlechtern zu unterschiedlichen Wegen der Weitergabe von Merkmalen führen. Biologische Vielfalt ist mehr als nur Vielfalt verschiedener Arten.

Die Geschichte der Rauchschwalbe nimmt seit Jahrzehnten einen bedrohlichen Verlauf. Die von Brehm beschworenen Gefahren durch Baumfalke und andere Schwalbenjäger spielen in ihr allerdings eine untergeordnete Rolle, wenn auch immer wieder einmal Schwalben durch einen Fressfeind angegriffen werden und ein lokaler Bestand sogar in Gefahr gerät. In den Niederlanden etwa hatte ein Waldkauz einen kleinen lokalen Brutbestand fast ums Überleben gebracht[17]. Aber es sind nicht die vielen für Schwalben unerfreulichen Anekdoten, die eine gefährliche Situation heraufbeschworen haben. Auch berüchtigte Schwalbenkatastrophen durch schlechtes Wetter können nach einigen Jahren wieder ausgeglichen werden. Die Abnahme der Insektenmenge, vor allem auch Verlust von Gebieten, in denen bei ungünstigem Wetter noch ausreichend Beute gemacht werden kann, trifft neben der Rauchschwalbe auch die anderen heimischen Luftjäger Mehlschwalbe, Uferschwalbe oder Mauersegler. Verschlechterung der Situation trat nicht nur in heimischen Brutgebieten ein, sondern auch in Durchzugsgebieten und afrikanischen Winterquartieren. Rückgang der Weidewirtschaft und große einheitliche, insektenarme Produktionsflächen, oft noch mit Insektizideinsatz, spielen eine entscheidende Rolle. Für die Rauchschwalbe kommt dazu, dass sie auf dauernd offene Gebäude angewiesen ist, um brüten zu können. Offene Kuhställe oder Dachböden, die „die besenführende Magd meidet“, sowie „alternde, verfallende, mehr oder minder schmutzige vor Zug und Wetter geschützte Räume“ sind rar geworden, klassische Bauerndörfer verschwinden. Vor allem im großstadtnahen Umkreis und in städtischen Lebensräumen verschließt moderne Bauweise Brutstätten. Verschiedene Ursachen, die für Bestandsänderungen verantwortlich sein können, führen über historische Zeiträume in größeren Gebieten aber zu einem sehr wechselhaften Bild des Auf und Ab regionaler Schwalbenbestände, das nicht immer leicht zu durchschauen ist[22].

Im Detail liegen viele Ergebnisse vor, die Zusammenhänge erklären. Karl-Heinz Loske hat in den westfälischen Hellwegbörden Verlust von Brutplätzen durch Verschwinden von kleinen Höfen mit gemischtem

Viehbestand sowie stark verringerten Bruterfolg durch Abnahme strukturreicher Kulturlandschaft mit insektenreichem Schlechtwetter-Nahrungsangebot als Treiber des Niedergangs der Schwalben ausgemacht. Dazu kam Intensivierung der Bewirtschaftung, Verstädterung der Dörfer, übertriebene Hygiene und neue Trends der Tierhaltung. Eine bäuerlich genutzte Landschaft hatte sich verändert und mit ihr die Lebensbedingungen der Rauchschwalben, Fortsetzung dieser Entwicklung wahrscheinlich[19]. In einer polnischen Untersuchung schlug sich die Anwesenheit von Weide- und Haustieren, seien es auch nur freilaufende Hühner und Schweine, im Futter für Schwalbennestlinge in einem höheren Anteil ergiebiger größerer Insekten, vor allem Fliegen und Käfer, und weniger Kleininsekten (Hautflügler) nieder als in Brutplätzen an Häusern ohne Haustier- und Viehhaltung[20]. Schwalben jagen also hauptsächlich in der weiteren Umgebung ihrer Nester und müssen sich daher den lokalen Verhältnissen anpassen. Auch in den Niederlanden waren Betriebe mit Viehhaltung häufiger besiedelt als solche ohne. Die Dichte der Nester war in großen Viehställen allerdings größer als in kleinen, doch flogen in letzteren mehr Junge in ersten und zweiten Jahresbruten aus, ganz offenbar, weil auf den Stahlträgern der Viehhallen platzierte Nester leichter Nesträubern zugänglich waren und häufiger durch Sperlinge gestört wurden[21]. Konventionelle Nutztierhaltung tut Schwalben gut[20], auch wenn sich, zumindest im engen Zeitfenster zwischen Betrieben konventioneller und biologischer Landwirtschaft, die Zahl der Brutpaare nicht ändert und Landwirte beider Bewirtschaftungsformen Schwalben gerne sehen[3,22]. Viehhaltung und Schwalbenverbreitung hängen so eng zusammen, dass man z. B. für das nördliche Italien bereits Modelle entwickelt hat, von der Verbreitung der Viehhaltung auf die Häufigkeit der Rauchschwalben zu schließen. Nicht weniger als 116000 Paare auf einer Fläche von 8695 km² sind in die Berechnungen mit einbezogen worden[23]. Blütenreiche Randstreifen um Ackerflächen scheinen Schwalben besseren Jagderfolg zu bringen. Ob damit auch ein besserer Bruterfolg erzielt wird, muss aber noch genauer untersucht werden[24].

Die Vielschichtigkeit des Problems der Schwalben um uns ist erkannt und viele Möglichkeiten bieten sich an, Abhilfe zu schaffen. Sich zuspitzende öffentliche Kritik an nationaler und europäischer Agrarpolitik wird hoffentlich Druck in die richtige Richtung aufbauen. Die politische Forderung von Umweltschützern und Bauernverbänden nach Erhaltung und Förderung kleinstrukturierter Landwirtschaft mit Familienbetrieben könnte also auch zum Schwalbenschutz werden.

Ringeltaube

In die Stadt – weg vom traurigen Sonntagsschützen

Sie ist ein echter Baumvogel. In Deutschland begegnet man ihr in allen Waldungen, sie mögen groß oder klein sein und aus Schwarz- oder Laubholz bestehen, im Gebirge wie in der Ebene, nah bei Dörfern wie fern von menschlichen Wohnungen; doch scheint es, als wenn sie den Nadelwald bevorzugt, möglicherweise aus dem einzigen Grunde, weil Tannen-, Fichten- und Kiefernsamen zu ihren liebsten Nahrungsmitteln gehören. Ausnahmsweise siedelt sie sich auch inmitten der Dörfer oder selbst inmitten volkreicher Städte auf einzelnen Bäumen an; ich habe sie in den Spaziergängen Leipzigs und Dresdens sowie in den Gärten von Paris, Berlin und Jena als Brutvogel gefunden. Im Norden ihres Verbreitungskreises ist sie Zugvogel, welcher sehr regelmäßig wegzieht und wieder erscheint, schon im südlichen Deutschland und noch mehr in Spanien und Italien aber Standvogel.

Das Betragen ist zuerst von meinem Vater treu und ausführlich geschildert, und seine Beschreibung seitdem wohl umschrieben, aber weder bereichert, noch irgendwie berichtigt worden:

„Die Ringeltaube ist ein äußerst rascher, flüchtiger und scheuer Vogel [...]. Die Nacht bringen beide Gatten in der Nähe des Nestes zu. Früh vor Tagesanbruch sind sie schon munter, und das Männchen begibt sich auf seinen Lieblingsbaum. Hier fängt es in der Dämmerung an zu rucksen [...]. Bei der Paarung, zu welcher das Rucksen das Vorspiel ist, zeigt sich der Tauber äußerst unruhig. Er bleibt dann nicht auf einer Stelle, sondern fliegt von freien Stücken auf, steigt in schiefer Richtung in die Höhe, schlägt die Flügelspitzen so heftig zusammen, daß man es auf weithin klatschen hört, senkt sich darauf schwebend nieder und treibt dieses Spiel auf lange Zeit. Merkwürdig ist die geringe Anhänglichkeit der Ringeltaube an ihre Eier. Ich kenne keinen deutschen Vogel, welcher seine Eier so gleichgültig betrachtet. Jagt man die brütende Ringeltaube vom Neste, dann kann man die Eier gleich mitnehmen; denn sie verläßt sie gewiß. Mir ist kein Fall vorgekommen, daß sie dieselben wieder angenommen hätte. Sind aber beide Gatten in der Nähe des fast oder wirklich vollendeten Nestes und werden aufgejagt, dann verlassen sie es gewöhnlich nicht. Wenn ich jetzt ein Nest dieser Taube finde, gehe ich vorbei, als hätte ich es nicht gesehen, und lasse die brütende Taube ruhig darauf sitzen [...].“

Ringeltaube (links). Hohltaube (rechts) (Brehms Thierleben. *2. Aufl.*)

Die wenigen Körner, welche sich die Ringeltaube im Felde zusammenliest, darf man ihr gönnen: es sind eben nur solche, welche ohne sie doch verkommen wären, sie gleicht auch diesen kleinen Eingriff in das Besitzthum des Menschen tausendfach wieder aus durch das Aufzehren von Unkrautsamen verschiedener Art. Ich meinerseits sehe in ihr einen Vogel, der im Walde nicht fehlen darf. Weil er zu dessen Belebung wesentlich beiträgt und trete schon deshalb unbedingt für ihre Schonung ein. Der gierige Bauer freilich oder der traurige Sonntagsschütze verfolgen sie zu jeder Jahreszeit, und der Südeuropäer lichtet die Reihen der sich bei ihm zu Gaste bittenden Wanderscharen soviel als möglich. Diejenigen, welche in den Städten nisten und wenige Meter über den Häuptern der Spaziergänger ungescheut ihr Wesen treiben, ja thun, als ob sie gezähmt wären, sind seltene Ausnahmen von der Regel.

Im Flug sind Ringeltauben leicht an den weißen Flügelbändern zu erkennen; der weiße Halsring fehlt im Jugendkleid.

Inzwischen sind „zahme" Ringeltauben zu Füßen und Häuptern von Spaziergängern und Städtern, die in ihre Arbeit eilen, zumindest in einer Reihe von Städten keine „seltene Ausnahme von der Regel" mehr. Das geht vermutlich schon auf eine Entwicklung zurück, die in der ersten Hälfte des 19. Jahrhunderts begann und zu Brehms Zeiten die Aufmerksamkeit der Vogelbeobachter auf sich zog. Getreide, Kohl, Rüben und auch Mais wurden auf immer größeren Flächen angebaut, der Waldvogel besuchte die ihm von der Landwirtschaft angebotenen Nahrungsflächen vor allem nach der Brutzeit in großen Scharen, sehr zum Leidwesen der Pächter und Besitzer. Aber wieder einmal konnte heftige Bejagung keine nachhaltige Dezimierung der Populationen erreichen. Erst ab etwa 1860 wanderten Ringeltauben zögerlich in Städte Mitteleuropas ein. Sie trafen da auf potenzielle Konkurrenten, die Straßentauben, verwilderte

Haustauben, die sich vor allem ab Beginn des 20. Jahrhunderts als wildlebende Stadtvögel ausbreiteten. Sie brachten als Abkömmlinge der Felsentaube eine etwas andere Vorliebe für Neststandorte mit, nämlich Höhlungen und Nischen an steilen Felswänden, die in der Stadt von Gebäudefassaden mit Simsen und Überdachungen, Mauerlöchern und halboffenen Hallen ersetzt werden. Ringeltauben profitierten als Baumbrüter zunächst von der wachsenden Begrünung in Stadtarealen, legen aber ihre Nester mittlerweile gelegentlich auch auf Vorsprünge an Bauwerken. Man geht sich also als Felswand- und Baumbrüter weitgehend aus dem Weg, was die Aufzucht des Nachwuchses anbelangt. Die trotz kommunalen Verbots immer noch aktive Taubenfütterung sieht fast nur Straßentauben, wenige Ringeltauben als Gäste. So konnten mittlerweile in vielen Städten zwei Taubenarten in stattlichen Zahlen heimisch werden, zwischen denen sich ab den 1950er-Jahren die kleine Türkentaube als Neueinwanderer aus dem Südosten „zwängen" konnte, allerdings nicht überall mit Erfolg.

Mit geschätzten 2,6 bis 3,1 Millionen Brutrevieren ist die Ringeltaube der häufigste Nichtsingvogel in Deutschland. Die Bestände konzentrieren sich besonders im wintermilden Nordwestdeutschland in städtisch geprägten Räumen. Strenge Winter können Bestandseinbrüche zur Folge haben, das herbstlich-winterliche Nahrungsangebot wird vor allem von wechselnder Menge an Bucheckern und Eicheln bestimmt. In den letzten zwei Jahrzehnten hat es aber unter den in Südwesteuropa und zunehmend auch in Deutschland überwinternden Ringeltauben offenbar keine größeren Rückschläge mehr gegeben[1,2]. Auf den Britischen Inseln hat eine umfassende Besiedlung ab Anfang des 19. Jahrhunderts begonnen, die rund eineinhalb Jahrhunderte später auch Island erreichte. Heute schätzt man die Ringeltaube als die häufigste Vogelart im Vereinigten Königreich ein. In London brüten allein über 800 Paare, im Winter wie im Sommer ist die ganze Stadt voller Ringeltauben, die sie seit dem späten 19. Jahrhundert von den zentralen Parkanlagen aus besiedelt haben[3].

Die Geschichten über Verstädterungen von Ringeltauben bieten ein buntes Mosaik von aktuellen Situationen als Ergebnis unterschiedlicher Entwicklungen in den letzten zwei Jahrhunderten[4]. Es gibt Städte, in denen Ringeltauben zum Bild gehören und ohne Scheu vor vielen Menschen, überall wo Bäume und Grünflächen sind, herumfliegen oder am Boden nach Nahrung suchen, wie etwa in Frankfurt. Oft beginnt die Geschichte einer Stadtbesiedlung mit Daten schon früh im späten 19. und frühen 20. Jahrhundert, ohne dass es dann zu einer dauerhaften und hochgradigen Verstädterung kam wie etwa in den Weltstädten London, Berlin oder Hamburg. In Wien war die Verstädterung noch nach der letzten Jahrtausendwende nur „ansatzweise" zu beobachten. Schwerpunkte der Verbreitung blieben die Wälder und großen Parks des Stadtgebiets, in denen immer wieder Gebiete verlassen und zurückerobert wurden; die Innenstadt blieb unbesetzt[5]. Auch in anderen Großstädten ist das Bild ähnlich: Ringeltauben konzentrieren sich auf die begrünten Randzonen und dringen erst neuerdings in Stadtkerne vor, wenn dort alte Bäume passende Neststandorte bieten. Reihensiedlungen mit jüngeren Baumpflanzungen bieten ihnen wenig Chancen[6]. Mitunter spielen nahgelegene Felder als Nahrungsflächen für Siedlungsbrüter eine Rolle. Der Taubenkropf hat beachtliche Speicherkapazität und kann z. B. über tausend Getreidekörner aufnehmen, sodass sich ein längerer Flug vom Nestrevier zu einem Nahrungsangebot lohnen kann.

Je näher man an die Alpen kommt, desto spärlicher trifft man Ringeltauben in der Stadt, weil dort Verstädterungen, wenn überhaupt erkennbar, erst jüngsten Datums sind. So hat in der Schweiz die stärkere Besiedlung von Dörfern und Städten erst um die letzte Jahrtausendwende eingesetzt und war noch um 2015 in vollem Gang. Die Dichten der Brutpaare haben bis in die jüngste Zeit in Dörfern und Städten deutlich stärker zugenommen als im Wald[7]. In den bayerischen Alpentälern gibt es noch Orte, in denen schon eine einzelne verflogene Ringeltaube eine Besonderheit darstellt, wie etwa in Garmisch-Partenkirchen. Allerdings ist hier auch der geschlossene Bergwald mit hohem Anteil an Nadelbäumen wenig taubenfreundlich und die Zahl der Brutpaare gering, sodass eine Zuwanderung aus dem Wald wenig wahrscheinlich wird. Für Tauben ergiebige Felder, die als ergänzende Nahrungsflächen dienen könnten, fehlen im Talgrund. Straßen- und Türkentaube, die große alte Bäume, die man im Siedlungsgebiet nicht gerne sieht, als Nestplatz nicht benötigen, haben es dagegen geschafft; sie profitieren als Siedlungsfolger von der zunehmenden Verbauung der Alpentäler, sicher auch von milderen, schneeärmeren Wintern[8,9].

Mildere Winter, günstigeres Nahrungsangebot durch Winterfütterung und schneefrei geräumte Flächen, vielleicht auch weniger Nestfeinde und geringerer Druck von gefiederten Jägern, wie Wanderfalke, Uhu oder Habicht, mögen das Einwandern der Ringeltaube in Städte gefördert haben. Allerdings haben Rabenkrähen als Nestplünderer in der Stadt zugenommen. „Die Ringeltaube ist ein äußerst rascher, flüchtiger und scheuer Vogel..." betont Brehm-Vater und gemäß traditionellem Jägerlatein hat er „auf jeder Feder ein Auge"[10].

Die Fluchtbereitschaft und Fluchtdistanz der städtischen Ringeltauben scheint sich also entscheidend geändert zu haben und wie bei anderen Stadtvögeln sicher einen wesentlichen Anteil an der aktuellen Verteilung brütender Ringeltauben in Mitteleuropa auszumachen. Bejagung und das von ihr ausgelöste Fluchtverhalten spielen im Nutzungsmuster von Lebensräumen ganz offensichtlich eine nicht zu unterschätzende Rolle. Dies ist zwar mehr Vermutung als wissenschaftliche Erkenntnis, aber mittlerweile bei unterschiedlichen Vögeln und Säugetieren sehr wahrscheinlich. Graureiher, Greifvögel, Krähenverwandte, Schalenwild oder Fuchs bieten Beispiele. Sicher haben aber auch zunehmend industrialisierte Landwirtschaft und veränderte Nutzung der Wälder ihren Teil dazu beigetragen, Ringeltauben von ihren „angestammten" Bruthabitaten in die Stadt zu treiben. Das in Aussicht gestellte Bestreben der Forstwirtschaft nach artenreicherem Mischwald könnte der Ringeltaube den Wald wieder schmackhaft machen, vor allem wenn ökologische Anbauflächen hinzukommen.

Ein flüchtiger Blick auf die Brutbiologie lässt keine Besonderheiten erkennen, die Ringeltauben zu einer über Jahrhunderte stattfindenden Zunahme und Besetzung neuer Lebensräume besonders geeigneten Vogelart werden lassen. Die Nester sind sehr nachlässig angelegte dünne Plattformen aus meist dürren Ästchen (in der Stadt auch ausnahmsweise aus Metalldrähten). Mitunter schimmern die weißen Eier sogar nach unten durch. Das Gelege umfasst maximal nur zwei Eier. Die Verluste sind hoch. Sie liegen nach bisherigen, allerdings methodisch nicht immer ganz einwandfreien Untersuchungen oft bei über zwei Drittel der abgelegten Eier. Aber zumindest bei Stadtpopulationen werden über die Jahre ausreichend Junge pro Brutpaar flügge, um den Bestand zu halten. Eine mögliche Legezeit pro Jahr von März bis September verrät, dass Tauben noch eine Möglichkeit des Ausgleiches von Verlusten und der erfolgreichen Reproduktion nach einem Nestverlust in einem neuen Lebensraum gewissermaßen in der Hinterhand haben. In dieser langen Brütezeit können häufig zwei, oft aber auch drei Jahresbruten stattfinden. Zeitlich variable Brutzeiten im Jahr als Anpassung an die Ressourcendynamik in unterschiedlichen Lebensräumen erlaubt eine Spezialität der Tauben. Die Nestlinge werden mit der Kropfmilch gefüttert. Unter Hormoneinfluss schwellen kurz vor dem Schlüpfen der Jungen bei beiden Elternvögeln Teile der Kropfwandung zu einer quarkähnlichen Substanz an, die abgestoßen wird. Sie ist, abgesehen von Epithelzellen, der Milch der Säugetiere im Nährstoffgehalt und in der stofflichen Zusammensetzung auffallend ähnlich. Mit dieser Kropfmilch werden die Nestlinge etwa zwei Wochen gefüttert. Allmählich kommt dann Tag für Tag Nahrung dazu, die auch die Altvögel zu sich nehmen. Ihr Anteil erreicht erst in der dritten Woche über 80% der Futtermasse[11]. Die Kropfmilch lockert die Abhängigkeit der Tauben von zeitlich begrenzten Angeboten geeigneter Nahrung für frisch geschlüpfte Nestlinge und erlaubt auch Brutzeiten am Rande des Sommerhalbjahres und zu Zeiten, in denen passende Nestlingsnahrung knapp ist. Aber der Preis für diese Flexibilität ist die energieaufwendige Produktion von Kropfmilch, die einem Taubenpaar nicht erlaubt, mehr als zwei Nestlinge pro Brutversuch aufzuziehen.

Rotkehlchen

Liebenswerter Einzelgänger, rund ums "rote Tuch" für Artgenossen

Es ist ein liebenswertes Geschöpf, welches sein munteres, fröhliches Wesen bei jeder Gelegenheit bekundet. Auf dem Boden sitzend, trägt es sich aufrecht, die Flügel etwas hängend, den Schwanz wagerecht, auf Baumzweigen sitzend etwas lässiger. Es hüpft leichten Sprunges rasch, meist aber mit Absätzen über den Boden oder auf wagerechten Aesten dahin, flattert von einem Zweige zum anderen und fliegt sehr gewandt, wenn auch nicht regelmäßig, über kurze Entfernungen halb hüpfend, halb schwebend [...] schwenkt sich hurtig zwischen dem dichtesten Gebüsche hindurch und betätigt überhaupt große Behendigkeit. Gern zeigt es sich frei auf einem hervorragenden Zweige oder auf dem Boden; ungern aber, bei Tage wohl kaum, fliegt es in hoher Luft dahin, sitzt vielmehr stets auf seine Sicherung bedacht, so keck es auch sonst zu sein scheint. Den Menschen fürchtet es kaum, kennt aber seine Feinde wohl und bekundet ihrem Erscheinen Angst oder Besorgnis. Es ist einer unserer lieblichsten Sänger. Sein Lied besteht aus mehreren mit einander abwechselnden flötenden und trillernden Strophen, welche laut und gehalten vorgetragen werden, so daß der Gesang feierlich klingt.

Das Rothkehlchen erscheint bei uns bereits im Anfange des März, falls die Witterung es irgend erlaubt. Hat aber im Vaterlande, dem es den kommenden Frühling verkündet, oft noch viel von Kälte und Mangel zu leiden. Es reist des Nachts und einzeln, laut rufend, in hoher Luft dahin und senkt sich mit Anbruche des Tages in Wälder, Gebüsche und Gärten hernieder, um sich hier zu sättigen und auszuruhen. Sobald es sich fest angesiedelt hat, tönt der Wald wider von seinem schallenden Gelock, einem scharfen „Schnickerikit", welches oft wiederholt wird und zuweilen trillerartig klingt. Der erste warme Sonnenblick erweckt auch den schönen Gesang. Geht man seinen Tönen nach, so sieht man das auf dem Wipfelzweige eines der höchsten Bäume der Dickung sitzende Männchen aufgerichtet, mit etwas herabhängenden Flügeln und aufgeblasener Kehle, in würdiger, stolzer Haltung, ernsthaft, feierlich, als ob es die wichtigste Arbeit seines Lebens verrichte. Es singt bereits in der Morgendämmerung und bis zum Einbruche der Nacht, im Frühling wie im Herbste. Sein Gebiet bewacht es mit Eifersucht und duldet in ihm kein anderes Paar; aber der Bezirk des einen Pärchens grenzt unmittelbar an den des anderen. Inmitten des Wohn-

Rotkehlchen (links) und Gartenrotschwanz, Männchen (rechts)
(Brehms Thierleben, *2. Aufl.*)

kreises, welchen eins sich erwarb, steht das Nest, stets nahe oder auf dem Boden, in Erdhöhlen oder in ausgefaulten Baumstrunken, zwischen Gewurzel, im Moose, hinter Grasbüscheln, sogar in verlassenen Bauen mancher Säugethiere […].

[…] beide Eltern brüten abwechselnd, zeitigen sie etwa in vierzehn Tagen, füttern die Jungen rasch heran, führen und leiten sie nach dem Ausfliegen noch etwa acht Tage lang, überlassen sie sodann ihrem eigenen Geschicke und schreiten, falls die Witterung es gestattet, zu einer zweiten Brut. Anfänglich werden die Jungen mit allerlei weichem Gewürm geatzt, später erhalten sie dieselbe Nahrung, welche die Alten zu sich nehmen: Kerfe aller Art und in allen Zuständen des Lebens, Spinnen, Schnecken, Regenwürmer etc.; im Herbste erlabt sich alt und jung an Beeren der Wald- und Gartenbäume oder -sträucher. Nach vollendeter Brutzeit, im Juli oder August, mausern die Rothkehlchen; nachdem das neue Kleid vollendet ist, rüsten sie sich allgemein zum Wegzuge.

„Schwenkt sich hurtig zwischen dem dichtesten Gebüsche hindurch" ... ein kleines unbeabsichtigtes Experiment bewies, was ein Gebüschbrüter an Befähigungen erworben hat. An einer Singvogelfutterstelle musste der Stadttauben wegen das auf den Boden geschüttete Futter mit einem dünndrahtigen Blumennetz umgeben werden. Das Maschengitter schloss wenige Zentimeter über dem Boden ab, sodass Kleinvögel bis etwa Amselgröße etwas mühselig, aber gerade noch durchschlüpfen konnten. Etwa 15 cm über dem Boden waren zwei Einfluglöcher für Kleinvögel in den Draht geschnitten. Das Rotkehlchen entdeckte schon am ersten Tag diese im dünnen Draht nicht auffälligen Durchschlupflöcher und konnte sich regelmäßig am Futter laben. Nach 24 Tagen pickten Haussperlinge bei 198 Besuchen immer noch außen herum auf fast leerem Boden, einige hatten gelernt, unter dem niedrigen Schlitz am Boden ins Innere durchzukrabbeln, auch einigen Amseln gelang das; sie blieben aber bei 38 Besuchen meistens außen vor. In 24 Besuchen schafften es Kohlmeisen und in 4 Buchfinken nicht, die Einfluglöcher zu entdecken[1].

Buschwerk und Unterholz sind die bevorzugten Aufenthaltsorte der Rotkehlchen. Männchen singen oft exponiert hoch auf Bäumen. Bei der Nahrungssuche bewegen sich die Vögel häufig auf dem Boden und suchen ihn nach Insekten und deren Larven ab. Im Herbst und Winter spielen Früchte und Beeren eine wichtige Rolle, darunter auch der auffallend rote Arillus des Pfaffenhütchens. Die Pflanze wurde trotz ihrer Giftigkeit schon im 19. Jahrhundert Rotkehlchenbrot genannt. Im Herbst und Winter kommen Rotkehlchen regelmäßig auch einzeln an Futterstellen und picken kleine Körner oder Haferflocken auf. Vor allem außerhalb der Brutzeit wagen sie sich oft aus der Deckung und suchen den Boden ab. Dabei interessieren sie sich besonders für frisch umgegrabene und locker aufgeworfene Böden und kommen daher auch oft dem nach klassischer Art noch mit dem Spaten arbeitenden Gärtner nahe. Das hat ihnen den Ruf eingebracht, neugierig zu sein. Der zierlich elegante Vogel auf relativ langen Läufen knicksend und hüpfend, der aufmerksam seine Umgebung beobachtet, die auffallenden schwarzen Augen und die beim Umdrehen der oberseits einheitlich dunkel olivbraunen Gestalt überraschend rostrote Unterseitenfärbung von der Augengegend bis zur Hinterbrust, die übrigens kein anderer Vogel Europas aufweist, wecken Sympathien. Im gartenverliebten England ist daher „robin" der beliebteste und bekannteste Vogel und der medienwirksame britische Urban Birder David Lindo wirbt mit einem überdimensionalen Rotkehlchen auf dem Einband für sein Buch[2]. Auch auf dem Titel des Atlasses Deutscher Brutvogelarten hat das Rotkehlchen spektakuläre Vogelgestalten ausgestochen[24]. In Deutschland wurde das Rotkehlchen 1992 von den Vogelschutzverbänden zum Vogel des Jahres gewählt. Die Gründe für die Wahl waren beliebtester

Vogel (Sympathieträger), einmal ein positives Beispiel für naturnahe Gärten und Parks und naturnahe Waldbewirtschaftung, aber auch für Gefahren auf dem Zug und vorbeugenden Naturschutz. Die Resonanz bei den Medien war hoch, weil es sich um einen Sympathieträger und eine attraktive Art handelte, über die sich mit Bild als Hingucker gut berichten ließ. Man verwunderte sich aber, dass eine nicht gefährdete Art zu der zweifelhaften Ehre „Vogel des Jahres" kam[3,4]. Zum ersten Mal sollten für 2021 nicht Fachverbände, sondern Bürgerinnen und Bürger den Vogel des Jahres wählen[5]. Am 19. März 2021 stand das Ergebnis fest und obwohl lange Zeit die Amsel als wohl bekanntester Gartenvogel als Favorit galt, hat das Rotkehlchen letztendlich den Sieg eingefahren und seinen Ruf als Sympathieträger gefestigt.

Im Jugendkleid ist die Kehle übrigens nicht rot, sondern gelblich, mit feinen braunen Flecken bedeckt. Das hat vielleicht eine praktische Bedeutung, denn es schützt die frisch ausgeflogenen Jungen auf jeden Fall vor Aggression durch erwachsene Artgenossen. Rote Kehle und Brust sind der Auslöser für aggressives Verhalten[8] und Rotkehlchen sind eine „classic territorial species", wie der berühmte britische Ornithologe David Lack betont, der auch die Wirkung des roten Brustlatzes mit Präsentation kleiner Büschel roter Federn getestet hat[9,10]. Rote Brust präsentieren heißt Drohen und kann Angriffe einleiten. So gut wie in allen Jahreszeiten sind Rotkehlchen Einzelgänger. Dort, wo Männchen Standvögel sind, verteidigen sie das ganze Jahr über ein Revier, viele Weibchen besetzen für sich eigene Herbst- und Winterreviere und selbst auf dem Zug gibt es vorübergehend territoriales Verhalten. Daher ist Gesang fast ganzjährig zu hören; auch Weibchen singen, um Revierbesitz anzukündigen[11]. Rotkehlchen als streitbare Einzelgänger haben die Forschung nach Kosten, Nutzen und Folgen der Revierverteidigung über Jahrzehnte angeregt.

Die Verhältnisse sind bei näherem Hinsehen durchaus komplex. Konkurrenz scheint im Brutgebiet wie im Winterquartier eine große Rolle zu spielen. In England und Nordspanien behalten Männchen feste Reviere den Winter über und verteidigen sie gegen Jährlinge, die in weniger günstige Habitate abgedrängt werden. Auch ältere Weibchen sind gegenüber jungen Vögeln darin erfolgreich, sodass man eine Habitattrennung zwischen Jung und Alt beobachtete. Auch zwischen den Geschlechtern besteht offenbar starke Konkurrenz[12]. In Portugal konnte man bei eingehender Untersuchung an Futterstellen in natürlicher Umgebung unter den zuerst sich bedienenden Rotkehlchen 35% Männchen ermitteln, bei den zuletzt gefangenen waren es nur noch 6%. Obwohl die Männchen offensichtlich deutlich in der Minderzahl waren, konnten sie sich vordrängen. Diese Winterpopulation setzte sich aus ansässigen Vögeln und zugezogenen Überwinterern aus dem nördlichen Europa zusammen; geographi-

Am Rotkehlchen wurde die Magnetfeldorientierung der Zugvögel entdeckt.

sche Unterschiede schienen gegenüber dem Geschlecht keine Rolle zu spielen, wer als erster vorn dran war. Das Problem, auch in der Hand gehaltene Rotkehlchen nicht nach Augenschein sicher dem Geschlecht nach zuordnen zu können, löste man modern und exakt. Jedem Vogel entnahm man eine kleine Blutprobe und bestimmte das Geschlecht molekular[13].

In Gebieten, in denen im Herbst Überwinterer zuwandern und auf ansässige Artgenossen treffen, haben die Standvögel bereits die besten Habitate besetzt und die Zuwanderer müssen sich mit dem begnügen, was noch übrig ist. In Südspanien leben im September die ansässigen Rotkehlchen in Wäldern und halten dort ihre Reviere. Die ankommenden Wintergäste müssen sich mit dem vorher von Rotkehlchen nicht besiedelten offenen Buschland begnügen und haben offensichtlich nur geringe Chancen, in die optimalen Lebensräume einzudringen. In einem multivariaten Verfahren (Diskriminanzanalyse) morphologischer Merkmale konnte man bei Fänglingen Standvögel von Zuwanderern unterscheiden. Standvögel dominierten den ganzen Winter über in den Wäldern, Wintergäste in den offenen Buschgebieten. Aber rund 35% der Standvögel wanderten während des Winters in die Buschgebiete ab und wurden in den optimalen Wäldern durch Wintergäste ersetzt. Es gab im Buschland mehr Nahrung, doch hatten die Rotkehlchen in den Wäldern bessere Körperkondition, wahrscheinlich wegen höherer Vielfalt des Nahrungsangebots und besserer Deckung. Standvögel, die in die Büsche abgedrängt wurden, waren hauptsächlich Jährlinge. Die Existenz einer der Zahl nach kleinen Standvogelpopulation war aber in dieser Rollenverteilung zwischen Wald und Busch durch die große Menge von Zugvögeln, die das Land gewissermaßen überschwemmten, nicht gefährdet[14]. Wie auch Isotopenvergleiche zeigen, lassen sich die ansässigen Revierbesitzer durch die Überflutung von Wintergästen nicht von ihrer Sesshaftigkeit abbringen[15]. In Belgien war die Überlebensrate sesshafter Männchen deutlich höher als die von ziehenden, aber in kalten Wintern hatten die Nichtzieher um 50% schlechtere Chancen[16].

Die Vorteile, viel in die Reviermarkierung durch Gesang und Drohen zu investieren, scheinen auf der Hand zu liegen. Man reduziert tätliche Auseinandersetzungen, spart damit Energie und verringert auch das Risiko, bei Kämpfen verletzt zu werden. Könnten aber innerartliche Auseinandersetzungen auf Kosten der Wachsamkeit gegenüber Beutefeinden gehen? In Winter- und Sommerrevieren provozierte man die Besitzer akustisch und mit Stopfpräparaten. Diejenigen, die sich zum Kampf hinreißen ließen, reagierten auf einen ausgestopften Sperber signifikant langsamer als Artgenossen, die sich mit Drohverhalten begnügten. So kann man annehmen, dass Drohen statt Kämpfen Risiken gegenüber Beutefeinden verringert, weil mehr Zeit für Wachsamkeit bleibt. Drohende Revierinhaber reagierten im Sommer langsamer als im Winter, insgesamt war auch die Zahl der kämpferischen Auseinandersetzungen im Winter geringer. Das könnte eine Antwort auf geringere Deckung gegenüber gefiederten Beutegreifern sein, aber auch mit geringerer Vielfalt des Nahrungsangebotes zusammenhängen[17].

Die rote Brust ist das ganze Jahr über Signal für Auseinandersetzungen um Ressourcen, die durch Revierbesitz gesichert werden. Wenn aber in diesen Bemühungen zwischen Geschlechtern, Alt und Jung oder auch Stand- und Zugvogel keineswegs zufällige Unterschiede im Erfolg zu erkennen sind, müssten auch die Signale der jeweils beteiligten Gegenüber verschiedene Wirkung haben, also eine differenzierte Kommunikation erlauben. Auch dies hat man untersucht. In einer mediterranen Rotkehlchenpopulation war die Brust bei einjährigen Männchen und Weibchen kleiner als bei zweijährigen Vögeln. Bei den ältesten Vögeln war der Unterschied zwischen Männchen und Weibchen am deutlichsten. Ganz offensichtlich spielt aber auch der schmale graue Saum um die Brust eine Rolle, da sein Kontrast zum Rot des Brustlatzes in unterschiedlich starkem Lichteinfall immer höher ist als zum grauen Rücken. So kann die Signalwirkung beim Drohverhalten in offenem Land wie in der dichten Deckung funktionieren. Ausdehnung der roten Brust und ihres grauen Saums könnten also einem gegnerischen Artgenossen Auskunft über Alter und Geschlecht vermitteln und damit Informationen für Revierverteidigung und Partnerfindung liefern[18].

Der Rotkehlchengesang wird in der Fachliteratur als perlend, feierlich, wehmütig oder melancholisch beschrieben[11]. Er ist auf alle Fälle sehr stimmungsvoll und hat „emotionale Wirkung auf den Menschen", wie selbst das streng wissenschaftliche Handbuch der Vögel Mitteleuropas einräumt[8]. Er wirkt auch deshalb „wehmütig", weil er oft noch in der Stille tiefer Dämmerung zu hören ist, im Stadtpark auch nachts. Singen Rotkehlchen mit einer Häufung kurzer Strophen, sind sie vor allem bestrebt, ihr Revier zu behaupten. Langer Sologesang während der Fortpflanzungszeit dient dazu, die Paarbindung aufrechtzuerhalten[8]. Gesang hat also nicht immer mit Absonderung von Artgenossen zu tun.

Ein Nest im sicheren Revier auf oder nahe am Boden, meist gut versteckt, bietet guten Schutz. Unter 1063 ausgewerteten Nestkarten von der Schwäbischen Alb spielten Nestverluste durch Witterung in manchen Jahren überhaupt keine Rolle, in sehr ungünstigen erreichten sie 20%. Aber einzelne Fehljahre sind gewissermaßen eingeplant und werden von kurzlebigen Singvögeln meist rasch wieder ausgeglichen. Vom Menschen verursachte Verluste nahmen in über 25 Jahren ab, wahrscheinlich eine Folge des Rückgangs von Arbeitsstunden für Mähen von Böschungen und Ausfräsen von Gräben oder von Arbeiten im Wald. Aber Bodennester bedeuten auch Risiko. Säugetiere waren in dieser Untersuchung für einen hohen Anteil der Nestverluste verantwortlich, ihr Anteil als Verursacher verdoppelte sich innerhalb der Untersuchungsperiode. Nach Jagdstrecken zu urteilen war vor allem die Zunahme von Rotfuchs und Wildschwein dafür verantwortlich, die den bodennahen Nestern den Garaus machten[19]. Eine britische Studie belegt, dass die Vegetation an der Basis von dichten Hecken die Ansiedlung von Rotkehlchen steuert. Wächst sie zu hoch, verringert sich die Dichte der Brutpaare, weil ab einer kritischen Höhe von Gräsern und Kräutern die Nahrungssuche zu stark behindert wird[20].

Auch Rotkehlchen haben Forschungsgeschichte geschrieben. Sie sind Teilzieher und haben wie Mönchsgrasmücken das Interesse der Vogelzugforschung geweckt. 1965 referierten die in Frankfurt arbeitenden Forscher Wolfgang Wiltschko und Friedrich Merkel über „Orientierung zugunruhiger Rotkehlchen im statischen Magnetfeld“ – der Magnetkompass der Zugvögel war entdeckt. Der Abdruck des Referats vermerkt am Ende lakonisch „Diskussion: keine“[21]. Der Durchbruch in der Orientierungsforschung war zunächst keiner, weil niemandem ein Magnetsinnesorgan bekannt war und das Ergebnis der Frankfurter Experimente von Wissenschaftlern daher sehr reserviert angenommen wurde. Heute wissen wir, dass (1) Richtungsorientierung von Zugvögeln Sonnen-, Sternen- und Magnetkompass nutzen kann[22], (2) der am Rotkehlchen entdeckte Magnetkompass sich am Verlauf der magnetischen Feldlinien orientiert, also anders arbeitet als die zum magnetischen Nordpol ausgerichtete Kompassnadel, und (3) Vögel wahrscheinlich über zwei magnetosensorische Systeme verfügen. Eines der Systeme hat seinen Empfänger in lichtempfindlichen Farbstoffen im Vogelauge, die wohl Informationen über den Neigungswinkel der Feldlinien in chemische Signale übersetzen. Sehen Vögel also die Feldlinien? Zum anderen hat man eisenhaltige Mineralien im Oberschnabel gefunden und eine Verbindung dieses Sensors über einen Ast des Trigeminusnervs zum Gehirn. Es gibt zwar Hinweise, dass über diesen Weg Magnetfeldinformationen übermittelt werden, doch scheint für das auf das visuelle System ausgerichtete Rotkehlchen der Informationskanal über den Trigeminusnerv weder notwendig noch für die Wahrnehmung der Kompassrichtung ausreichend zu sein[23]. Die Forschung hat das Stadium der Registrierung zugunruhiger Vögel im Orientierungskäfig längst verlassen und sieht große Herausforderungen auf sich zukommen, denn entscheidende Fragen sind noch offen.

Star

Lieber Freund des Menschen, aber ungeliebte Schwärme

Es gibt vielleicht keinen Vogel, welcher munterer, heiterer fröhlicher wäre als der Staar. Wenn er bei uns ankommt, ist das Wetter noch recht trübe: Schneeflocken wirbeln vom Himmel herunter, die Nahrung ist knapp, und die Heimat nimmt ihn höchst unfreundlich auf. Demungeachtet singt er schon vom ersten Tage an heiter und vergnügt sein Lied in die Welt hinein und setzt sich dazu, wie gewohnt, auf die höchsten Punkte, wo das Wetter ihm von allen Seiten beikommen kann. Er betrachtet die Verhältnisse mit der Ruhe und Heiterkeit eines Weltweisen und läßt sich nun nimmermehr um seine ewige gute Laune bringen. Wer ihn kennt, muß ihn lieb gewinnen, und wer ihn noch nicht kennt, sollte alles thun, ihn an sich zu fesseln. Er wird dem Menschen zu einem lieben Freunde, welcher jede ihm gewidmete Sorgfalt tausendfach vergilt.

Sofort nach der Ankunft im Frühjahre erscheinen die Männchen auf den höchsten Punkten des Dorfes oder der Stadt, auf dem Kirchthurme oder auf alten Bäumen, und singen hier unter lebhafter Bewegung der Flügel und des Schwanzes. Der Gesang ist nicht viel werth, mehr ein Geschwätz als ein Lied, enthält auch einzelne unangenehme, schnarrende Thöne, wird aber mit so viel Lust und Fröhlichkeit vorgetragen, daß man ihn doch recht gern hört. Bedeutendes Nachahmungsvermögen trägt wesentlich dazu bei, die Ergötzlichkeit des Gesanges zu vermehren. Alle Laute, welche in einer Gegend hörbar werden: der verschlungene Pfiff des Pirols wie das Kreischen des Hehers, der laute Schrei des Bussards wie das Gackern der Hühner, das Klappern der Mühle oder das Knarren einer Thüre oder Windfahne, der Schlag der Wachtel, das Lullen der Heidelerche, ganze Strophen aus dem Gesang der Schilfsänger, Drosseln, des Blaukehlchens, das Zwitschern der Schwalben und dergleichen: sie alle werden mit geübtem Ohre aufgefaßt, eifrigst gelernt und in der lustigsten Weise wiedergegeben.

In Laubwaldungen benutzt der Staar Baumhöhlungen aller Art; in Ermangelung dieser natürlichen Brutstellen siedelt er sich in Gebäuden an; am häufigsten aber bezieht er die von den Menschen ihm angefertigten Brutkästchen: ausgehöhlte Stücke Baumschaft von fünfzig bis sechzig Centimeter Höhe und zwanzig Centimeter Durchmesser, welche oben und unten mit einem Brettchen verschlossen und unfern der Decke mit einer Öffnung von fünf Centimeter

Immer schon eine Pressemitteilung wert: „Der erste Star“
(Xylographie aus Gartenlaube, *1896)*

Durchmesser versehen wurden, oder aus Brettern zusammengenagelten Kasten ähnlicher Gestalt, welche auf Bäume aufgehängt, auf Stangen oder an Hausgiebeln befestigt werden.

Sobald die Jungen dem Eie entschlüpft sind, haben beide Eltern so viel mit Futtertragen zu thun, daß dem Vater wenig Zeit zum Singen übrig bleibt; ein Ständchen aber weiß er sich dennoch abzustehlen. Deshalb sieht man auch zu dieser Zeit die ehrbaren Familienväter zusammenkommen und singend sich unterhalten. Drei bis vier Tage unter Geleit der Eltern genügen den Jungen, sich selbständig zu machen. Sie vereinigen sich dann mit anderen Nestlingen und bilden nunmehr schon ziemlich starke Flüge, welche ziellos im Lande umherschweifen. Die Eltern schreiten währenddem zur zweiten Brut und suchen, wenn auch diese glücklich ausgekommen, die ersten Jungen in Gesellschaft der zweiten auf. Von nun an schlafen sie nicht mehr an den Brutstellen, sondern entweder in Wäldern oder später im Röhrichte der Gewässer.

Der Staar richtet zwar in Weinbergen erheblichen, in Kirschpflanzungen und Gemüsegärten dann und wann nicht unmerklichen Schaden an, nützt aber im übrigen so außerordentlich, daß man ihn als den besten Freund des Landwirts bezeichnen darf – „Bei keinem Vogel“, sagt Lenz, „läßt sich so bequem beobachten, wie viel Nutzen er thut als bei dem Staare. Ist die erste Brut ausgekrochen, so bringen die Alten in der Regel vormittags alle drei Minuten Futter zum Neste, nachmittags alle fünf Minuten: macht jeden Vormittag in sieben Stunden einhundertundvierzig fette Schnecken (oder statt deren das Gleichwerthige an Heuschrecken, Raupen und dergleichen), nachmittags vierundachtzig. Auf die zwei Alten rechen ich die Stunde wenigstens zusammen zehn Schnecken; macht in vierzehn Stunden hundertvierzig; in summa werden also von der Familie täglich dreihundertvierundsechzig fette Schnecken verzehrt. Ist dann die Brut ausgeflogen, so verbraucht sie noch mehr; es kommt nun auch die zweite Brut hinzu, und ist auch diese ausgeflogen, so besteht jede Familie aus zwölf Stück, und frißt dann jedes Mitglied in der Stunde fünf Schnecken: so vertilgt die Staarenfamilie täglich achthundertvierzig Schnecken. Ich habe in meinen Giebeln, unter den Simsen, an den nahe bei meinen Gebäuden stehenden Bäumen zusammen zweiundvierzig Nistkästen für Staare. Sind diese alle voll, und ich rechne auf jeden eine Familie von zwölf Stück, so stelle ich allein von meiner Wohnung aus jährlich ein Heer von fünfhundert Staaren ins Feld, welche täglich ein Heer von fünfundreißigtausendzweihundertachtzig großen, dicken, fetten Schnecken niedermetzelt und verschluckt“.

Ich will diese Berechnungen weder bestätigen noch bestreiten, aber ausdrücklich erklären, daß ich mit Lenz vollkommen einverstanden bin. Der Weinbergbesitzer ist gewiß berechtigt, die zwischen seine Rebstöcke einfallenden Staare rücksichts- und erbarmungslos zu vertreiben, der Gärtner, welcher seltene Zier- oder gewinnbringende Nutzpflanzen durch sie gefährdet sieht, nicht minder, sie zu verscheuchen: der Landwirt aber thut sicherlich sehr wohl, wenn er den Staar hegt und pflegt und ihm der obigen Angabe genau entsprechende Wohnungen schafft; denn keinen anderen nutzbringenden Vogel kann er so leicht ansiedeln und in beliebiger Menge vermehren wie ihn, welcher glücklicherweise mehr und mehr erkannt und geliebt wird.

Amsel, Drossel, Fink und Star – im Kinderlied ist der Star einer der Zugvögel, deren Rückkehr den Frühling einleitet. Das meinen auch Tageszeitungen, denen immer noch jährlich die „ersten" Stare eine mitunter recht ausführliche Meldung wert sind, heute vor allem vor dem Hintergrund des Klimawandels. Aber so einfach ist es nicht mit den ersten Staren, denn viele von ihnen harren den Winter über in Schwärmen bei uns aus und ihre Bewegungen sind oft nicht vom Heimzug der im Herbst nach Süd- und Westeuropa abgezogenen Artgenossen zu trennen, der ab Mitte Februar beginnt und Mitte April zu Ende geht. Größere Starenschwärme abseits der Brutplätze tauchen dann schon wieder mitten im Sommer auf, meist als sogenannter Zwischenzug von Mitte Juni bis Juli, an dem vor allem Jungvögel beteiligt sind und der keineswegs schon einen Abzug ins Winterquartier bedeutet. Der eigentliche Herbstzug beginnt bereits im August, erreicht seinen Höhepunkt im Oktober und ist erst im November weitgehend abgeschlossen. Aber auch die in Mitteleuropa ausharrenden Stare unternehmen im Winterhalbjahr oft in größeren Trupps Ortsbewegungen, die dann auch zu den „ersten" Pressestaren des Frühjahrs werden können.

Stare leben so gut wie das ganze Jahr über in Gesellschaft. Sie brüten in der Regel in Kolonien, suchen fast immer im Trupp oder im größeren Schwarm nach Nahrung oder sammeln sich an Ruhe- oder Schlafplätzen. Spektakulär sind vor allem Schlafplatzkonzentrationen oder große Schwärme, die zur Nahrungssuche auf Grünflächen am Boden, oft zwischen Weidetieren, oder in Weinberge und Obstplantagen einfallen. Massenschlafplätze liegen im Schilfröhricht bei niedrigem Wasserstand oder in Parkanlagen, in dichtem Gehölz und größeren Baumgruppen und auch an Gebäuden mitten in Städten. An Schlafplätzen können sich Tausende, in Ausnahmefällen bis zu 150000

Ungeliebt und heftig verfolgt: Starenschwärme

Individuen versammeln[1,2,3], der Höhepunkt fällt meistens in den Oktober. Kleinere Trupps suchen auch während der Brutzeit traditionelle Schlafplätze auf.

Bemerkenswert ist die Geschichte der Starenschlafplätze mitten in Großstädten oft an besonders verkehrsreichen und daher lauten Stellen. Das bis Mitternacht anhaltende „Geschwätz" der offenbar nicht oder erst sehr spät in der Nacht zur Ruhe kommenden Scharen übertönte sogar nicht selten die vom Menschen verursachte Geräuschkulisse. Die frühesten Meldungen zur Übernachtung von Staren in Städten stammen aus Nordwesteuropa. In Dublin übernachteten bereits in den 1840er-Jahren Stare auf Bäumen im Stadtzentrum[4]. Von Stadtbäumen, die im Herbst ihr Laub verlieren und dann kaum mehr Schutz oder Deckung bieten, ist es dann zu Gebäuden nicht mehr weit. In Kontinentaleuropa scheinen übernachtende Stare zunächst in städti-

schen Parkanlagen und dann auch an Gebäuden offenbar ab etwa 1900 aufgefallen zu sein. Noch 1993 vermeldet das Handbuch der Vögel Mitteleuropas für Großstadtschlafplätze: „Sie sind heute in vielen Städten eine gewöhnliche Erscheinung“[5]. Mittlerweile hat sich einiges geändert. In London gab es historische Schlafplätze am Trafalgar Square, am Britischen Museum oder an der St. Paul`s Cathedral mit Maxima in den 1920er- und 1930er-Jahren, als man insgesamt zwischen 15 000 und 20 000 übernachtende Stare in London nördlich der Themse schätzte. Etwa um 1980 verwaisten die Massenübernachtungen im Inneren der Stadt, übrig blieben Übernachtungsplätze in äußeren Bezirken mit insgesamt einigen hundert Vögeln. Außerhalb der Stadt gelegene Schlafplätze umfassten zu dieser Zeit immer noch bis 8000 Stare[1]. Am Leipziger Hauptbahnhof übernachteten bis zu 16 000 Stare, nach jährlicher Benutzung von 1967-1983 wurde der Schlafplatz verlassen[3]. Für München lassen sich städtische Schlafplätze bereits um 1900 nachweisen, am Stachus, dem verkehrsreichsten

Platz der Stadt, gehen die Beobachtungen bis in die 1930er-Jahre zurück. Stare übernachteten an Gebäuden, aber auch auf Bäumen mitten in der Stadt und zwar auch während der Brutzeit. Ihre Zahl erreichte am Stachus bis über 13 000. Die Beobachtungen deuten darauf hin, dass es sich dabei um Brutvögel und ihre Jungen aus der weiteren Umgebung, also aus dem Stadtgebiet mit engem Umkreis, gehandelt hat. Bereits nach 1970 aber war der berühmte Stachus-Schlafplatz Geschichte, wahrscheinlich als Folge des Zusammenbruchs der regionalen Bestände, für den Stadtentwicklung sowie Änderungen der Bewirtschaftung in den umgebenden agrarisch genutzten Landschaften als Gründe infrage kommen[6,7]. Auch in Nordamerika und Australien haben sich unter den von Menschen eingeschleppten Staren städtische Schlafplätze entwickelt[4].

Warum Stare offenbar ganz unabhängig in verschiedenen Gegenden Europas auf Übernachtungsplätze mitten in der Stadt gekommen sind, ist immer noch nicht befriedigend zu beantworten, weil experimentelle Ansätze kaum möglich oder zumindest schwierig sind. So versuchen verschiedene Hypothesen die Entwicklung von Schlafplätzen in der Stadt zu erklären. Da ist einmal die Zunahme der Stare in der sich ab Ende des 19. Jahrhunderts entwickelnden Kulturlandschaft und zum anderen die Umwandlung von ländlichen Habitaten in Stadtlandschaften, in denen auch viele Stare brüten. Stadt und Stare sind also zwangsläufig miteinander in engere Berührung gekommen. Städtische Schlafplätze bieten ferner Schutz vor Beutefeinden, die in Großstadtzentren fehlen, und vor schlechtem Wetter, wenn etwa Gebäudefassaden Wind abhalten. Im Winterhalbjahr könnten die in Stadtzentren etwas höheren Temperaturen eine Rolle spielen, der Starenkörper verliert in langen kalten Nächten weniger Wärme.

Stare fliegen im Maximum bis über 30 km von ihren Tagesaufenthalten zum Schlafplatz. Warum übernachten sie nicht näher an den Plätzen, an denen sie tagsüber Nahrung suchen? Ein beachtlicher Energieaufwand könnte eingespart werden. Die auffälligen Schlafplatzversammlungen, an denen sich Stare aus verschiedenen Richtungen vor Einbruch der Dunkelheit treffen, sollten also Vorteile mit sich bringen, die den täglichen Einsatz zumindest aufwiegen. Dazu gibt es unterschiedliche Überlegungen und einige Berechnungen oder experimentelle Ansätze. (1) Der Energiegewinn durch einen geschützten Platz oder die nachbarliche Enge während der Nacht reicht nicht aus, um den Aufwand durch die Schlafplatzflüge auszugleichen, scheint aber sicher in der Überbrückung kalter Nächte eine Rolle zu spielen. (2) Die Lage vieler Übernachtungsplätze, etwa im Schilfrohr, auf hohen Bäumen oder an Gebäuden, bietet Schutz vor Beutefeinden. Aber während der Schlafplatzflüge werden Schutz versprechende Waldstücke oft überflogen. (3) Ein Wechsel von Übernachtungsplätzen könnte das Risiko von Beutefeinden ohne Zweifel verringern. (4) Große gemeinsame Ruheplätze führen Individuen unterschiedlicher Qualität und Informationslage zusammen. Naive Vögel können von erfahrenen lernen, wo ausreichende, von einem Tagesschwarm nutzbare Nahrungsressourcen zu finden sind. Sie brauchen ihnen am Morgen beim Aufbruch nur zu folgen. Nach Untersuchungen an in Gefangenschaft gehaltenen Blutschnabelwebern (*Quelea quelea*) folgten am Morgen unerfahrene Vögel tatsächlich Artgenossen, die Futterplätze kannten, aber manchmal starteten naive Vögel auch zuerst vom nächtlichen Ruheplatz[8]. Beim Star spricht das organisiert wirkende Starten von Trupps und Schwärmen statt willkürlichem, ungeordnetem Auseinanderfliegen am Morgen für die Informationshypothese. Größe von Schlafplatzgesellschaften und Lage der Schlafplätze können sich zwischen Sommer mit tierischem und Herbst mit pflanzlichem Nahrungsangebot ändern, sie können sich also über die Jahreszeiten der Informationslage anpassen und streuen daher zwischen unterschiedlichen Habitaten weniger stark als über die Jahreszeiten[9,10]. Das führt auch in Richtung Information als Erfolgsfaktor der Schwarmbildung. Schwärme und Brutkolonien scheinen als Informationszentren bei vielen sozial lebenden Vogelarten Bedeutung zu haben und Kosten zu rechtfertigen. Für das Leben von Staren wird synchrones Verhalten in Schwärmen und Brutkolonien als ein Erfolgskonzept gewertet, das auch Nachkommen von eingeführten Populationen in Australien und Nordamerika übernommen haben[4,5]. Soziale Stimulation sorgt für synchrones Brutgeschäft, fördert den Nahrungserwerb und regelt die Tagesaktivitäten. Eltern müssen sich z. B. um ihre Jungen nur wenige Tage nach dem Ausfliegen kümmern.

Europäische Landvögel schließen sich ohne besonderen Anlass kaum in ähnlich dicht gepackte fliegende Schwärme zusammen wie das für Stare zum Alltag gehört. In Ortswechselflügen wirken Starenschwärme bei individuellen Abständen bis zu 2 m locker. In Formationsflügen über Ruhe- und Sammelplätze oder beim Angriff von Greifvögeln verringert sich der Individualabstand so stark, dass der Schwarm wie ein überdimensionaler Organismus wirkt. Es kommt zu einer abrupten und völlig einheitlichen Reaktion aller Schwarmmitglieder in Sekundenschnelle, ohne dass Zeichen kurzer Konfusion, Fehlorientierung oder gar Zusammenstöße einzelner Individuen zu bemerken sind. Mit plötzlichen Änderungen in Form, Richtung und Tempo verblüffen fliegende Starenwolken, die sich zu bewegten Kugeln, Streifen, Wellen, tanzenden Wolken und amöbenartigen Figuren formieren. Diese erstaunliche Koordination kommt durch Sichtkontakte zustande. Abweichende oder besonders betonte Flugbewegungen von Individuen an einer Stelle im Schwarm, die offenbar einen Angreifer entdeckt haben, wird von schnell reagierenden Nachbarn registriert und übernommen; das Verhalten breitet sich dann in Wellen über die entfernter fliegenden Schwarmmitglieder aus. Allerdings schwächt sich das Kopierverhalten über die Entfernung etwas ab, sodass die Imitation des Flugverhaltens mit zunehmender Entfernung zum auslösenden Individuum schwächer wird, der Welleneffekt also abnimmt[11]. Einzelnen abdriftenden Individuen folgen Schwarmgenossen aber nicht, sodass die staunenswerten Formationsflüge wie durch intensives Training einstudiert wirken. Für angreifende Greifvögel können dicht gepackte Starenschwärme, die im reißenden Flug plötzlich ihre Form verändern, Konfusion auslösen, sicher aber gefährliche Kollisionen bedeuten und vielleicht auch bedrohlich wirken. Manchmal werden jagende Sperber auch von den Staren regelrecht eingehüllt und es scheint so, als ob Greifvögel auch von einer Starenwolke angegriffen werden[12]. Der Vorteil von Geselligkeit ohne große Individualabstände verringert bei vielen Vögeln schon statistisch das individuelle Risiko, vom Beutefeind erwischt zu werden[4,5]. Das gilt auch bei der Nahrungssuche: Stare am Rande eines auf der Wiese pickenden Schwarms müssen öfter sichern und können pro Zeiteinheit weniger Nahrung aufnehmen als solche weiter innen[13]. Im Experiment setzten auffliegende schwerere Stare mehr auf Geschwindigkeit in der Horizontalen und nicht auf zwangsläufig gebremsten Höhengewinn im unmittelbaren Vergleich zu leichteren Artgenossen[14,28]. Feine Unterschiede bestimmen also das Risiko des Individuums, Beute eines Angreifers zu werden.

Als Brehm seine Liebeserklärungen dem Star zukommen ließ, war das in einer Zeit, in der dieser Vogel als Begleiter des Menschen noch beliebt war. Allerdings ging die Liebe zunächst auch durch den Magen, denn der Beginn der Starennistkästen waren etwa ab dem 16. Jahrhundert nachweisbar „Starentöpfe“ aus Ton, die man meist an hohen Bauwerken befestigte, um dann die fetten Jungstare für den Kochtopf zu entnehmen. Erst im späten 18. Jahrhundert wurde dann empfohlen, Starenkästen auch zum Schutz der Insekten aufzuhängen[15]. Starenkästen erfreuen sich im Vogelschutz bis heute einer traditionellen Beliebtheit. Von der ersten Hälfte des 19. Jahrhunderts bis Mitte des 20. Jahrhunderts vermehrten sich Stare in Europa und dehnten auch ihr Brutareal nach Norden aus, erreichten z. B. ab 1935 Island. Schon ab 1880 führte man Stare in die östliche USA ein, von wo aus sie im Lauf der Zeit Kanada, Alaska, Mexiko und die Westindischen Inseln erreichten. 1898/99 entließ man Stare in Südafrika; schon etwa drei Jahrzehnte vorher brachte man die aus Europa vertrauten Vögel nach Australien, Tasmanien und Neuseeland, wo sie sich fest angesiedelt und auch über weite Gebiete verteilt haben[16]. In Europa sprach man noch bis etwa in die Mitte des 20. Jahrhunderts von einer Massenvermehrung. Als Ursachen dafür ergaben sich (1) erste Anfänge des Klimawandels mit milderen Wintern, die Stare zunehmend zu Standvögeln werden ließen und wohl auch kürzere Zugwege attraktiv machten, (2) wachsende Überwinterung und Brutkolonien in Städten, (3) Zunahme von Wiesen und Weideflächen als Nahrungsgründe, (4) wachsende Verstädterung und auch (5) viele Nistkästen oder Brutmöglichkeiten an Gebäuden[17].

Mit dieser positiven Entwicklung der Starenmengen änderte sich die Zuneigung zu einem liebenswerten Vogel, denn in vielen Gebieten wurden die Starenmassen zu einem wirtschaftlichen Problem, die noch von Brehm betonte Rolle des Stars als Vertilger landwirtschaftlicher Schädlinge spielte keine Rolle mehr. Auf das Konto von Starenschwärmen gingen Ernteverluste in Weinbergen, Oliven- und Obstplantagen oder Getreidefeldern. Auch riesige Kotmengen an Massenschlafplätzen zwangen zu Abhilfemaßnahmen. Der Starenkasten geriet in Verruf. Ob die Verringerung des Angebots eine Wirkung hatte, bleibt fraglich. Verschiedene Vergiftungs- und Vernichtungsaktionen wurden eingesetzt, denen Millionen Stare zum Opfer fielen. Zahlen von zwei Millionen an zwei winterlichen Schlafplätzen in Nordfrankreich, neun Millionen in drei Wintern in Kalifornien sowie Millionenschwärme, die durch Kontaktgifte in gewaltigen Schlafplätzen in Nordafrika getötet wurden, sind überliefert[5,18]. In belgischen Kirschenanbaugebieten wurden jährlich etwa 500 000 Stare mit Dynamit in die Luft gesprengt[19,20]. In manchen Ländern, so auch in Deutschland, setzte man dagegen auf Vertreibung von Starenschwärmen mit ausgeklügelten phonoakustischen Methoden durch Aussenden arttypischer Warnrufe[21] oder behalf sich mit Böllerschüssen. Im Burgenland besorgten die Vertreibung kleine Flugzeuge („Starfighter"), die niedrig über die Weinfelder flogen[22]. Drohnen gab es damals noch nicht.

Die Vernichtungsaktionen haben insgesamt wohl eine Abnahme der Starenmengen eingeleitet, aber zunächst keinen nachhaltigen „Erfolg" für die betroffenen Populationen und menschlichen Nutzflächen mit sich gebracht, weil sie wahrscheinlich in keinem Verhältnis zu natürlich Verlusten standen. Trotzdem trat ein starker Rückgang in Europa ein, der nach Populationsindizes in Deutschland sich erst zu Beginn des 21. Jahrhunderts beschleunigte und binnen weniger Jahre rund 60% ausmachte[23]. In Großbritannien wurde schon zwischen 1965 und 2000 die Abnahme auf über 50% geschätzt[24], in Dänemark zwischen 1976 und 2015 auf 60%[25]. Für die Ursachen dieser Entwicklung dürfte vor allem die Intensivierung der industrialisierten Landwirtschaft mit all ihren Folgen in Frage kommen. Die Abnahme von Viehweiden korrelierte in Dänemark mit einem Rückgang der Stare, wobei wahrscheinlich nicht nur der Rückgang der Grünflächen und ihre Verteilung über die Fläche, sondern auch die Intensität der Beweidung maßgebend waren. Mit GPS-Loggern versehene Stare suchten Nahrungsflächen in mindestens 500 m Abstand vom Brutplatz über 100-mal weniger häufig auf als solche, die innerhalb von 100 m zu erreichen waren. Beweidete Flächen wurden eindeutig häufiger von Staren genutzt als intensiv bewirtschaftetes mehrmahdiges Grünland. Angebot und Erreichbarkeit von wirbellosen Bodentieren, die Ernährungsgrundlage für die Jungen, waren also für die Dichte von lokalen Starenpopulationen ausschlaggebend[12,25]. Auch in Großbritannien wird die Abnahme des Weidebetriebs als eine der Ursachen angesehen, allerdings liegen keine Zahlen vor[24]. Die Zusammenhänge scheinen komplex. Modellrechnungen aus Monitoring- und Ringfunddaten in Großbritannien und den Niederlanden ergeben, dass abnehmender Bruterfolg kaum als Hauptursache der Abnahme infrage kommt, da keine signifikanten Einbrüche zu erkennen sind. Der wichtigste demographische Faktor für den Rückgang liegt vielmehr in der höheren Sterberate der Jungvögel in ihrem ersten Lebensjahr[26,27].

Noch sind Stare häufige und verbreitete Brutvögel in Deutschland. Manche Schwärme und Schlafplatzkonzentrationen suggerieren, dass es scheinbar doch nicht so schlecht bestellt ist. Aber in manchen Gegenden ist das Starenmännchen, das vor der Bruthöhle mit abgestellten Flügeln seinen schwätzenden Gesang vorträgt, oft mit perfekten Nachahmungen wohlklingender Vogelstimmen oder Geräuschen aus der Umgebung angereichert, schon ein besonderes Naturschauspiel geworden.

Stieglitz

Bunte Farben an trockenen Disteln

Der Stieglitz ist anmuthig, in alle Leibesübungen wohl bewandert, unruhig, gewandt, klug und listig, hält sich zierlich und schlank und macht den Eindruck, als ob er seiner Schönheit sich bewußt wäre […]. Mit anderen Vögeln

Stieglitze (Xylographie aus Gartenlaube *um 1880)*

lebt er in Frieden, läßt jedoch einen gewissen Muthwillen an ihnen aus. Seine Lockstimme wird am besten durch seinen Namen wiedergegeben; denn dieser ist nichts anderes, als ein Klangbild der Silben „Stiglit", „Pickelnit" [...] welche er im Sitzen wie im Fliegen vernehmen läßt.

Die Nahrung besteht in Gesäme mancherlei Art, vorzüglich aber in solchen der Birken, Erlen und nicht minder der Disteln im weitesten Sinne, und man darf deshalb da, wo Disteln oder Kletten stehen, sicher darauf rechnen, ihn zu bemerken. „Nichts kann reizender sein", sagt Bolle, „als einen Trupp Stieglitze auf den schon abdorrenden Distelstengeln sich wiegen und aus der weißen Seite ihrer Blütenköpfe die Samen herauspicken zu sehen. Es ist dann, als ob die Pflanzen sich zum zweiten Male und mit noch farbenprächtigeren Blumen, als die ersten es waren, geschmückt hätten". Der Vogel erscheint auf den Distelbüschen, hängt sich geschickt an einen Kopf und arbeitet nun eifrig mit dem langen, spitzen Schnabel, um sich der versteckten Samenkörner zu bemächtigen. Im Sommer verzehrt er nebenbei Kerbthiere, und mit ihnen füttert er auch seine Jungen groß. Er nützt also zu jeder Jahreszeit, durch Verminderung des schädlichen Unkrauts nicht minder als durch Wegfangen der Kerbthiere. Strengere Beurtheiler seiner Thaten beschuldigen ihn freilich, durch leichtfertiges Arbeiten an den Samenköpfen der Disteln, diese verbreiten zu helfen, vergessen dabei aber, daß der Wind auch ohne Stieglitz der eigentliche Urheber solcher Unkrautverbreitung ist, und thun dem zierlichen Vogel somit entschieden Unrecht.

Das Nest, ein fester, dicht zusammengefilzter Kunstbau, steht in lichten Laubwäldern oder Obstpflanzungen, oft in Gärten und unmittelbar bei den Häusern, gewöhnlich in einer Höhe von sechs bis acht Meter über dem Boden, wird am häufigsten in einer Astgabel des Wipfels angelegt und so gut verborgen, daß es von unten her erst dann gesehen wird, wenn das Laub von den Bäumen fällt. Grüne Baumflechten und Erdmoos, feine Würzelchen, dürre Hälmchen, Fasern und Federn, welche Stoffe mit Kerbthiergespinsten verbunden werden, bilden die äußere Wandung, Wolllagen aus Distelflocken, welche durch eine dünne Lage von Pferdehaaren und Schweinsborsten in ihrer Lage erhalten werden, die innere Auskleidung. Das Weibchen ist der eigentliche Baumeister, das Männchen ergötzt es dabei durch fleißigen Gesang, bequemt sich aber nur selten, bei dem Bau selbständig mitzuwirken.

Als unverkennbar bezeichnet das Vogelbestimmungsbuch den buntesten heimischen Finkenvogel und zeigt ein Bild, das in der mitteleuropäischen Vogelwelt einmalig ist[1]. Ein breites gelbes, schwarz abgesetztes Flügelband, das man auch am sitzenden Vogel gut erkennen kann, ein leuchtend rotes Gesicht mit schwarz-weißem Kopf, helle Unterseite und ein weißer Bürzel – eine derart lebhafte Farbmusterung lässt wirklich keine Zweifel in der Bestimmung. Die bunten Stieglitze waren einst auch sehr begehrte Käfigvögel, die es mit farbenprächtigen Exoten an Beliebtheit durchaus aufnehmen konnten. Ausgeflogene Jungvögel tragen zunächst einen graubraunen Kopf, bis ihnen dann nach der Jugendmauser im Herbst auch der bunte Kopf zusteht.

Immer wieder sind Menschen überrascht und erfreut, wenn sie einen Stieglitz zu Gesicht bekommen, meinen aber, einen seltenen Vogel entdeckt zu haben, weil sie ihn noch nie gesehen hatten. Der lebhafte, zierliche Vogel ist aber in der offenen und halboffenen Kulturlandschaft noch weit verbreitet, wenn auch in den letzten Jahrzehnten Bestandsverluste eingetreten sind. Stieglitze trifft man immer noch regelmäßig als Brutvögel an Wald- und Gehölzrändern, in Alleen, Obstanlagen oder Kleingärten. Sie zwitschern über den Gästen eines Biergartens in den Rosskastanien auch mitten in der Stadt. Ihre sorgfältig gebauten Nester stehen meist gut versteckt in Bäumen in Kronennähe.

Die unruhigen Vögel sind während des ganzen Jahres recht sozial eingestellt, man kann ihnen daher zu jeder Jahreszeit in kleinen Trupps begegnen. Sie fallen aber in der Regel nicht auf und werden leicht übersehen. Das hängt wohl einmal damit zusammen, dass Stieglitze keine größeren Brutreviere verteidigen und daher keinen lauten markanten Reviergesang entwickelt haben, den man sich leicht merken kann. Sie melden sich am häufigsten mit feinstimmigen Rufen, unter denen das etwa dreisilbige „stigelit“ zum Namen Stieglitz führte. Auch aus den hellen, dünnstimmigen Gesangsstrophen ist der Artname immer wieder herauszuhören. Stieglitze sind sehr ruffreudig, doch wer nicht auf Vogelstimmen zu achten gewöhnt ist, überhört die lebhaften Vögel oft.

Der neben dem gebräuchlichen Stieglitz verwendete Name Distelfink deutet auf eine weitere Besonderheit, die den Vogel zwar bekannt, aber für viele Menschen schwer entdeckbar macht. Stieglitze sind die Farbtupfer auf Flächen, die gewöhnlich als Schandflecken einer kultivierten Dorf- oder Stadtlandschaft gelten und im Allgemeinen nicht das Ziel von Spaziergängen sind. Denn wie brachliegende steinige Flächen oder Ödflächen mit dürftigem Pflanzenwuchs hat Natur als Augenweide bei uns nach oft zu hörender Ansicht nicht auszusehen. Im Frühjahr holen Stieglitze aus vorjährigen Fruchtständen von Disteln den Samen heraus. Ab Mai ist dann milchreifer Samen von Löwenzahn an der Reihe, für viele Finken eine begehrte Nahrungsquelle, die aber ebenso wie unansehnliche vorjährige Pflanzenstängel häufig dem kommunalen und privaten Ordnungssinn zum Opfer fällt. Im fortschreitenden Sommer werden dann immer mehr Distelarten besucht.

Stieglitze sind Kurzstreckenzieher. Nicht alle verlassen Mitteleuropa im Winter in Richtung Süd- und Westeuropa. In der kalten Jahreszeit weichen unsere Überwinterer auf Erlensamen aus und im Frühjahr auf Birkenkätzchen. Birken haben heute in vielen Kommunen einen schlechten Ruf als „Dreckschleudern" („Fachbezeichnung" eines beruflichen Baumpflegers) wegen der vielen kleinen Fruchtschuppen, die sie verteilen und daher ständig Säuberungen von Balkon und Terrasse nötig machen, sowie als Pollenquelle für Allergiker. Birken sind daher aus vielen kommunalen Baumschutzverordnungen herausgenommen. Ein vielseitiger Samenfresser, der sich mit spitzem Schnabel auch aus schwer zugänglichen Blüten Nahrung holen kann, hat es also nicht leicht, übers Jahr zu kommen. In der ordentlich aufgeräumten Kulturlandschaft nimmt man ihm die Nahrungsgrundlage, in der heutigen Agrarlandschaft ist sie meist schon längst verschwunden.

Es lohnt sich also, das Samenjahr des Stieglitzes auf einer Fläche zu verfolgen und dabei auch in einer Erzählung etwas Statistik zu strapazieren. Unsere Dauerbeobachtungen auf einer nur etwa zwei Hektar großen Fläche mit einem kleinen Hausgarten und einer „verwilderten" offenen Staudenfläche am Waldrand ergeben über die Jahre ein vielschichtiges Bild, das Konstanz und Dynamik über die Jahreszeiten und über die Jahre in Angebot und Nachfrage verrät und damit zeigt, wie sich ein kleiner Vogel durchs Leben schlägt. Die Zahlen hinter den Pflanzennamen markieren vor dem Strich die Summe der registrierten Stieglitzjahre und dahinter die der Tage, an denen Stieglitze bei der Nahrungsaufnahme beobachtet wurden; für die Monate in Klammern sind nur Summen der Stieglitztage genannt. In 37 Jahren boten auf der kleinen Fläche Samen und Früchte von 18 Pflanzenarten Nahrung, davon einige gewissermaßen als Grundangebot, andere als zielgerichtet aufgesuchte Zusatznahrung. Häufig und bei entsprechendem Angebot jährlich besucht wurden Kohl- und Sumpfkratzdistel 32/343 (Juni 40, Juli 100, August 97, September 81, Oktober 11, November 2), Mädesüß 16/129 (Juli 3, August 4, September 76, Oktober 45, November 2), Goldrute 15/33 (Oktober 28), Sonnenblume 4/50 (September 23, Oktober 25), Löwenzahn 5/12 (April 4, Mai 8) und Schmuckkörbchen (*Cosmea*) 5/15. Unregelmäßig und vorwiegend im Winterhalbjahr holten sich Stieglitze Samen von Fichte 6/11, Birke 4/23, Erle 2/12, Kiefer 2/4, Esche 1 und Bruchweide 1; Wiesenpflanzen, wie Skabiose, Flockenblume, Sauerampfer, Vogelmiere und vorjährige Grasbüschel halfen mitunter für einige Tage in den Sommermonaten[2]. Eine Vielfalt der Beziehungen ergibt sich also zwischen einem Vogel und einem vogelfreundlichen Grundstück, die mit unseren Beobachtungen sicher nicht vollständig erfasst ist, denn

Disteln ziehen Stieglitze an, die mit ihrem spitzen Schnabel an die Samen kommen.

insgesamt sind mindestens 152 Pflanzensamen als Stieglitznahrung nachgewiesen[3]. Übrigens: Bei der Suche nach Sämereien werden auch Insekten und deren Larven von Stieglitzen nicht verschmäht und vor allem in den ersten Lebenstagen zusammen mit geschälten Sämereien an die Nestlinge verfüttert als wichtige Eiweißquelle. Blattläuse und andere Kleininsekten helfen auch den Altvögeln, Zeiten zu überbrücken, in denen noch wenig frische Samen zur Verfügung stehen[4].

Stockente

Höchst gesellig, im Allgemeinen auch verträglich

Die Stockente gehört zu den gefräßigsten Vögeln, welche wir kennen. Verzehrt die zarten Blätter oder Spitzen der Grasarten und der verschiedensten Sumpfgewächse, deren Knospen, Keime und reife Sämereien, Getreidekörner, Knollenfrüchte, jagt aber auch eifrig auf alle Thiere vom Wurme bis zum Fische und Lurche, scheint an einem unersättlichen Heißhunger zu leiden und frißt, um ihn zu stillen, so lange sie wach ist und etwas findet.

Wesen, Sitten und Gewohnheiten ähneln dem Gebahren ihrer Nachkommen, der Hausente. Sie geht, schwimmt, taucht und fliegt in ähnlicher Weise, obschon besser als die Hausente, hat genau dieselbe Stimme, das weit schallende „Quak" des Weibchens und das dumpfe „Quäk" des Männchens [...]. Ihre Sinne sind scharf, ihre geistigen Fähigkeiten wohl entwickelt. Sie beurtheilt die Verhältnisse richtig und benimmt sich dementsprechend verschieden, bekundet aber stets Vorsicht und Schlauheit, wird auch, wenn sie Verfolgung erfährt, bald ungemein scheu. Höchst gesellig, im allgemeinen auch verträglich, mischt sie sich gern unter Verwandte, hält überhaupt mit allen Vögeln Gemeinschaft, welche ihrerseits solche leiden mögen. Auch die Gemeinschaft des Menschen meidet sie nicht immer, siedelt sich vielmehr oft auf Teichen an, welche unter dem

Stockente. Weibchen links, Männchen rechts (Chromolitho um 1900)

Schutz der Bevölkerung stehen, beispielsweise auf solchen in Anlagen oder größeren Gärten, zeigt sich hier bald höchst zutraulich, läßt es sich ebenso gern gefallen, wenn ihrer Gefräßigkeit abseits des Menschen Vorschub geleistet und sie regelmäßig gefüttert wird, brütet und erzieht ihre Jungen hier und benimmt sich schließlich fast wie ein Hausvogel. Trotzdem bewahrt sie sich eine gewisse Selbständigkeit und wird nicht zur Hausente, sondern übererbt auch ihren Jungen immer den Hang zur Freiheit und Ungebundenheit. Wirklich zähmen läßt sie sich nur dann, wenn man sie von Jugend auf mit Hausenten zusammenhält und ganz wie diese behandelt. Sie paart sich leicht mit letzteren, und die aus solchen Ehen hervorgehenden Nachkommen werden ebenso zahm wie die eigentlichen Hausenten selbst.

Bald nach ihrer Ankunft trennen sich die Gesellschaften in Paare und diese hängen mit vieler Liebe aneinander, obwohl heftige Brunst sie leicht zu Überschreitungen der Grenzen einer geschlossenen Ehe verleitet. Nach erfolgter Begattung, welche fast immer auf dem Wasser vollzogen, durch Entfaltung eigenthümlicher Schwimmkünste eingeleitet und mit viel Geschrei begleitet wird, wählt sich die Ente einen passenden Platz zur Anlage des Nestes. Zu diesem Zwecke sucht sie eine ruhige trockene Stelle unter Gebüsch und anderen Pflanzen auf, nimmt jedoch ebenso Besitz von bereits vorhandenen, auf Bäumen stehenden Raubvogelhorsten oder Krähennestern. Trockene Stengel, Blätter und andere Pflanzenstoffe, welche locker übereinander gehäuft, in der Mulde ausgerundet, später aber mit Dunen ausgekleidet werden, bilden den einfachen Bau […]. Das Weibchen brütet mit Hingebung, bedeckt beim Weggehen die Eier stets vorsichtig mit Dunen, welche es sich ausrupft, schleicht möglichst gedeckt im Grase davon und nähert sich, zurückkehrend, erst, nachdem es sich von der Gefahrlosigkeit vollkommen überzeugt hat. Die Jungen werden nach dem Ausschlüpfen noch einen Tag lang im Nest erwärmt und sodann dem Wasser zugeführt. Wurden sie in einem hoch angelegten Neste groß, so springen sie, bevor sie ihren ersten Ausgang antreten, einfach von oben herab auf den Boden, ohne durch den Sturz zu leiden. Ihre erste Jugendzeit verleben sie möglichst versteckt zwischen dichtstehendem Riedgrase, Schilfe und anderen Wasserpflanzen, und erst wenn sie anfangen, ihre Flugwerkzeuge zu proben, zeigen sie sich ab und zu auf dem freien Wasser. Ihre Mutter wendet die größte Sorgfalt an, um sie den Blicken der Menschen oder anderer Feinde zu entziehen, sucht nöthigenfalls durch Verstellungskünste die Gefahr auf sich selbst zu lenken, tritt auch, wenn sie die Schar von schwächeren Feinden angegriffen sieht, denselben muthig entgegen und schlägt sie häufig in die Flucht. Die Jungen hängen mit warmer Liebe an ihr, beachten jede Warnung, jeden Lockton, verkriechen sich, sobald die Alte ihnen dies befiehlt, zwischen deckenden Pflanzen oder Bodenerhöhungen und verweilen, bis jene wieder zu ihnen zurückkehrt, in der einmal angenommenen Lage, ohne sich zu regen, sind aber im Nu wieder auf den Beinen und beisammen, wenn die Mutter erscheint. Ihr Wachsthum fördert ungemein rasch; nach sechs Wochen fliegen sie bereits.

Alle Sorge und Angst der Mutter läßt den Vater unbekümmert. Sobald die Ente zu brüten beginnt, verläßt er sie, sucht unter Umständen noch ein anderes Liebesverhältnis mit anderen Entenweibchen und vereinigt sich, wenn ihm dies nicht mehr gelingen will, mit seinesgleichen zu Gesellschaften, welche sich nun mehr ungezwungen auf verschiedenen Gewässern umhertreiben. Noch ehe die Jungen dem Eie entschlüpft sind, beginnt bereits die Mauser, welche sein Prachtkleid ins unscheinbare Sommerkleid verwandelt. Letzteres wird kaum vier Monate getragen und geht dann durch Mauser und Verfärbung ins Hochzeitskleid über. Um diese Zeit tritt auch die Mauser bei den Jungen ein, und nunmehr vereinigen sich beide Geschlechter und alt und jung wieder, um fortan geselligst den Herbst zu verbringen und später der Winterherberge zuzuwandern […].

Das Wildpret der Stockente ist so vorzüglich, daß man ihre Jagd allerorten betreibt. Alle üblichen oder erdenklichen Jagd- und Fangarten werden angewendet, um sich ihrer zu bemächtigen, sie auch zu vielen tausend erbeutet […].

Die Stockente scheint das Erfolgsmodell unter den Schwimmvögeln zu verkörpern. Sie ist weltweit die häufigste und am weitesten verbreitete Ente[1]. Stockenten sind nicht nur auf dem Wasser zu sehen, sondern suchen ihre Nahrung auch auf dem Land, oft fernab vom Wasser. Mittlerweile überqueren sie auch Straßen mit ihren Jungen, zählen zur Vogelwelt aller Stadtparks mit kleinem Teich oder einem Bach und kommen in Gärten. Besenderte Individuen haben gezeigt, dass zumindest im Winter die individuellen Unterschiede des Verhaltens und der Raumnutzung auf engem Raum diese Vielfalt eines Opportunisten ausmachen[2]. Harte Winter können Stockenten offenbar gut wegstecken[3]. Großräumig sind sie genetisch einander auffallend ähnlich. Das deutet auf lebhaften Individuenaustausch zwischen Populationen, also hohe Dynamik[4,5]. Die Wanderneigungen über das Verbreitungsgebiet sind sehr unterschiedlich. In Europa sind Stockenten Standvögel, Teilzieher, Kurz- und auch Langstreckenzieher. Aber je nach Winterhärte finden auch nur kleinere Ausweichbewegungen statt, deren Ausmaß zwischen 1982 und 2004 abgenommen hat, möglicherweise eine Folge des Klimawandels[6].

In Europa haben Stockenten bis jetzt gut überlebt, Schwankungen können aber beträchtlich sein. Nach der Jahrtausendwende schätzte man 190 000 bis 345 000 Brutpaare in Deutschland[7]. Solche hohen Differenzen in den Grenzwerten von Schätzgrößen deuten an, dass erhebliche regionale Unterschiede in Bestandsentwicklungen bestehen, die wiederum dem Zusammenspiel unterschiedlicher Einflussfaktoren zuzuschreiben sind. Anlage neuer künstlicher Gewässer aller Art, Schutzgebiete, wachsender Nährstoffreichtum in vielen Gewässern (Eutrophierung) und Abnahme von Kältewintern[8] haben Stockenten gutgetan. Demgegenüber stehen Flächenfraß durch Bebauung und Entwässerung, enorme Abschusszahlen, Störungen an Brutplätzen, Verluste durch Pestizidbelastung und Bleivergiftung sowie gelegentliche Ausbrüche von Botulismus, einer bakteriellen Infektion, die regionale Populationen einbrechen lassen.

Mehr als absolute Bestandszahlen und die numerische Entwicklung von Brut- oder Rastbeständen steht jedoch die Frage im Raum: Aus welchen Stockenten bestehen regionale Populationen und wie sieht die Zukunft der Art als Glied der natürlichen Vogelwelt aus? Die Verbindungen der wildlebenden Mutterart mit aus ihr gezüchteten Hausentenrassen sind in manchen Gebieten nämlich sehr eng geblieben. So kreuzen sich Hausenten und Wildenten, wie man an vielen Parkteichen und Wasservogelfütterungen sehen kann, wenn weiße Federn oder andere von wildfarbenen Vögeln abweichende Gefiedermuster Hausentenbeteiligung in Elterngenerationen erkennen lassen. Droht eine Verhaustierung der Wildente? Die Internetplattform ornitho.de, in der Vogelkundige ständig ihre Beobachtungen eintragen, fragt in der für Deutschland vorgegebenen Liste der zu registrierenden Vogelformen als Alternative zu „Stockente" bereits „Stockente, Bastarde, fehlfarben" ab. Eine sorgfältige Studie im Ballungsraum Rhein-Ruhr unterscheidet je sieben häufige Fehlfarbentypen für Männchen und Weibchen[9]. An den Futterstellen zumindest wird es also bunt. Bisherige Daten stützen allerdings die Befürchtung nicht, farbveränderte Stockenten würden rasant zunehmen und sich in Wildpopulationen ausbreiten. Mit der Entfernung von urbanen Futterstellen nimmt der Anteil fehlfarbiger Individuen in der Regel ab, über die Jahre an den Parkteichen nicht zu – vorausgesetzt, es werden nicht ständig neue Zuchtenten nachgeschoben. Zunahme relativer Werte von Fehlfarben in Stuttgart gingen wahrscheinlich auf Abnahme von wildlebenden Zuwanderern zurück[10]. Parkenten leben unter anderen Auslesebedingungen als Wildenten, nämlich dauerndes Nahrungsangebot am Ort, andere Nahrungsbestandteile, mildere Winter, geringerer Feinddruck, Zutraulichkeit zu Menschen (keine Jagd!) oder anderer Tagesrhythmus. So sind Anpassungen entstanden, etwa Wegfall von Wanderbewegungen zu verschiedenen Jahreszeiten oder von Zwängen des täglichen Nahrungserwerbs. Daher haben Parkenten wohl nur geringe Chancen, sich in Wildpopulationen einzubringen. Bei Zählungen von abweichend gefärbten Parkenten darf aber nicht übersehen werden, dass sie nur den Anteil von Phänotypen erfassen, denen man Hausentenherkunft ansehen kann. Wildfarbene Hausentenbastarde werden nicht erfasst.

Wohl von weit größerer Bedeutung ist in diesem Zusammenhang, dass aus jagdlichen Gründen allein in der EU jährlich 30 Millionen gezüchteter Stockenten, sogenannte Hochbrutflugenten, ausgesetzt werden. Auch wenn viele der anschließen-

Stockentenpaar, Männchen im Prachtkleid

den „jagdlichen Ernte" zum Opfer fallen, werden Individuen in die Wildpopulationen integriert. In einem Gebiet Frankreichs war die Überlebensrate ausgesetzter Stockenten nur halb so hoch wie die von erstjährigen wildlebenden Artgenossen. Damit wäre eine genetische Vermischung im großen Stil wohl abgewendet. Aber erstaunlicherweise stammten zu Beginn der Brutzeit immerhin mindestens 34% der Stockenten von gezüchteten Individuen ab[11]. Das signalisiert durchaus Möglichkeiten für das Einwandern von Zuchtentengenen in Wildpopulationen. Ähnliches ist einer dänischen Untersuchung zu entnehmen. Mehr als 50% der markierten Zuchtenten wurden innerhalb eines Kilometers vom Markierungsort gefunden bzw. geschossen, 81% in einer Entfernung von höchstens fünf Kilometern. Die ausgesetzten Zuchtenten sind also nicht weit gekommen. Immerhin aber wurde eine der eingesetzten Enten über zehn Jahre alt[12].

Wenn Wildpopulationen und ausgesetzte Züchterbestände genetische Unterschiede aufweisen, müssten sich Allelhäufigkeiten in wildlebenden Populationen im Lauf der Zeit geändert haben. In einem Stichprobenvergleich von 171 historischen, 209 gegenwärtig lebenden und 211 gezüchteten Individuen ergaben sich klare genetische Unterschiede zwischen Wild- und Zuchtvögeln. Unter den Vögeln der Gegenwart fand sich Beimischung von Zuchtentengenen. Trotz geringer Überlebensaussicht der freigelassenen Zuchtenten wandern also deren Gene in Wildpopulationen ein. Dieses schleichende Eindringen von Zuchtentengenen könnte langfristige Folgen für den Schutz der Stockentenpopulationen nach sich ziehen[2]. Genetische Unterschiede zwischen urbanen und außerhalb lebenden Stockenten sind inzwischen bekannt, auch wenn sich das Verhalten beider Vergleichsgruppen nicht signifikant unterschied.[13] Auch aus Artenschutzgründen motivierte Aussetzung wird von Fachbehörden energisch abgelehnt[14].

Der Frage, ob äußerlich messbare Änderungen als Folge der Einkreuzung von Zuchtenten eingetreten sind, ist man in der Untersuchung des Schnabelapparats nachgegangen. Schwimmende Stockenten nehmen kleine Nahrungspartikel von der Wasseroberfläche oft durch Seihen auf: Die Spitze des schnatternden Schnabels steckt im Wasser, die Zunge zieht als Saugstempel Wasser ein und presst es dann als Druckstempel weiter hinten wieder aus. Dabei muss das Wasser durch ein Sieb, das von vielen Schnabel- und Zungenlamellen gebildet wird und an dem mit dem Wasser aufgesogene Kleintiere und -pflanzen hängen bleiben. In einer langfristigen Stichprobe aus Frankreich hat die Lamellendichte im hintersten Zentimeter des Schnabels der Stockente um 10% abgenommen. Diese Änderung der Schnabelmorphologie ist wahrscheinlich der genetischen Einwirkung massenhaft ausgesetzter Zuchtenten zuzuschreiben, die hauptsächlich größere Nahrungsbestandteile aufpicken und weniger häufig von kleinen Partikeln der Wasseroberfläche leben, sodass der Auslesedruck auf den hoch effektiven Filterapparat nachlässt. Zum Vergleich wiesen Krickenten, die auch bejagt, aber nicht ausgesetzt wurden, einen konstant dichten Lamellenapparat auf[15].

Die Bejagung von Stockenten hat mehrere Konsequenzen für die Zukunft von Populationen. (1) Die hohen Abschusszahlen können nicht ohne Folgen bleiben. Etwa 90% der Wiederfunde von beringten Stockenten gehen auf Abschuss zurück, Männchen werden offenbar mehr erwischt als Weibchen[16]. Das könnte nicht nur damit zusammenhängen, dass die auffallenden Männchen beliebtere Ziele darstellen. Der Anteil der Männchen ist in den meisten Teilpopulationen tatsächlich höher als jener der Weibchen. Bei der Auswertung von Ringwiederfunden muss man die ungleich höhere Fundwahrscheinlichkeit von erlegten Vögeln in Rechnung ziehen. Eine kleine Stichprobe aus Norddeutschland ergab einen Anteil von 90% Stockenten an der Entenstrecke[17]. In Deutschland wurden im Jagdjahr 2014/15 exakt 394 842 und im Jahr darauf 344 998 „Wildenten" geschossen, Arten werden amtlich nicht unterschieden. Dem Jagdrecht unterliegen in Deutschland im „Drehkreuz eines Kontinente übergreifenden Wasservogelzuges"[18] nicht weniger als 25 Entenarten, davon dürfen 16 nicht geschossen werden, 13 sind EU-weit geschützt und sollten daher nicht jagdbar sein, 10 stehen auf der nationalen Roten Liste[19]. (2) In die hohen Abschusszahlen fallen auch gefährdete Arten als entschuldbarer Irrtum, denn von vorbeifliegenden Enten in Sekundenschnelle die Art sicher zu erkennen, ist auch für ausgefuchste Vogelbeobachter nicht immer einfach. Jäger und Jagdbehörden kennen in der Regel nicht einmal die Namen aller betroffenen „Wildenten". Eine wirksame Kontrolle fehlt also, wäre mit gewissem Aufwand möglich und dringend nötig[14]. (3) Gravierende Kollateralschäden jedes Jagdbetriebs bedeuten die Störungen von Gewässern als Rastgebiete, Zunahme der Fluchtdistanz und energieverzehrende Ortsbewegungen der rastenden Entenscharen. Manche Gebiete verlieren allein durch einige Jagdtage im Herbst an Bedeutung als Rastplätze im europäischen Wasservogelzug[19,20,21]. (4) Bleivergiftung durch Aufnahme von Schrotkörnern, die offenbar mit Samenkörnern verwechselt und aufgenommen werden, aus dem Boden und Schlamm in häufig bejagten Gebieten forderte hohe Verluste. Ob diese Gefahr durch Einsatz bleifreier Munition mittlerweile gebannt ist? Auf jeden Fall würden dann andere Schwermetalle in Wasservogelbiotopen verstreut. (5) Das massenhafte Aussetzen gezüchteter Enten für den anschließenden Abschuss kann Aderlass an wildlebenden Populationen abfangen. Modellrechnungen ergaben, dass höhere Abschussquote von ausgesetzten Enten mit geringem Reproduktionserfolg deren Populationswachstum kaum verändert. Würde man aber die „Ernte" unter den wildlebenden um etwa 15% erhöhen, würde eine rasche Abnahme der Population eintreten[22]. Doch ziehen ausgesetzte Zuchtenten erhöhte Störungen durch Jagd nach sich und wachsende Konkurrenz an den Nahrungsgründen für die einheimische Wasservogelfauna, abgesehen von möglichen langfristigen Folgen für das Genom wildlebender Stockenten.

Viele Gründe sprechen also gegen die Bejagung von Wasservögeln. Bei uns dient sie der Ernährung der Bevölkerung sicher nicht, für Feinschmecker kommen Gans und Ente wohl kaum frisch erlegt auf den Tisch, sondern aus „naturnaher" Haltung. Überholte Tradition, Sport oder gesellschaftlicher Status dürften wohl keine ausreichenden Gründe sein, Schrot in der Landschaft zu verteilen. Warum also noch Jagd auf Enten?

Einen Grund für das von ihm getadelte wenig familienfreundliche Verhalten der Männchen hat Brehm schon genannt, die Mauser. Das Stockentenjahr ist sehr abwechslungsreich. Ab September tragen die Männchen das frisch vermauserte Prachtkleid und beginnen zu balzen. Man sieht dann das „Gesellschaftsspiel", eine Sozialbalz, in der sich mehrere Männchen mit allerlei Bewegungsritualen um ein oder wenige Weibchen scharen. Im Oktober waren in Süddeutschland schon rund 80% der Weibchen verpaart, in Island über 60% im November[23,24]. In Island zeigte sich mittlerweile auch, dass in allen Wintermonaten der Anteil verpaarter Weibchen mit der Zunahme der Temperaturen steigt[24]. Die frühe Paarbildung im Herbst kann im Brutgebiet, an einem Rastplatz auf dem Zug oder nach einer Ortsveränderung über geringe Entfernung sowie im Winterquartier stattfinden, je nachdem, wo sich Stockenten aufhalten, die noch ohne Partner sind. Partner verschiedener Herkunft treffen bei diesem System zusammen, was die Durchmischung der Stockentenpopulationen fördert. Standvögel oder Enten mit wenig Wanderneigung können von überwinternden Zugvögeln mit in deren Brutgebiet gezogen werden (Abmigration). Das betrifft wohl auch ausgesetzte Zuchtenten mit wenig Wanderneigung, wenn sie eine Partnerschaft mit einem wildlebenden Zugvogel eingehen[5].

Schon ab März können Eier im Nest liegen, die vom Weibchen allein bebrütet werden, das sich auch nach dem Schlüpfen um die nestflüchtenden Jungen kümmert und sie in der Regel bis zum Flüggewerden führt. Die Männchen verlassen ihre Weibchen schon während der Bebrütung des Geleges, denn bei ihnen beginnt die Sommermauser (Postnuptialmauser) der Körperfedern schon ab Ende Mai. Jetzt wird das Prachtkleid abgelegt und durch ein dem Weibchen ähnliches Schlichtkleid ersetzt. Danach fallen Schwung- und Steuerfedern gleichzeitig aus und die Vögel werden vier bis fünf Wochen flugunfähig. Bevor es soweit ist, konzentrieren sich die Männchen auf geeigneten Rastplätzen, an denen sie bei ausreichender Nahrung und Ruhe die kritische Phase der Flugunfähigkeit überstehen können. Angehörige weit ziehender Populationen unternehmen auch einen frühsommerlichen Mauserzug. Das Verschwinden der Männchen von den Brutplätzen hat den Vorteil, dass sich für Weibchen und ihre heranwachsenden Bruten die Konkurrenz um Nahrung verringert. Das ist für viele kleine Brutgewässer sicher entscheidend, denn flugunfähige Männchen und Weibchen mit Jungen können sich wegen eingeschränkter Mobilität kaum aus dem Weg schwimmen. Weibchen beginnen mit der Mauser ihrer Schwung- und Steuerfedern erst, wenn die Jungen selbständig werden und sind je nach Bruttermin von Ende Juni bis Ende September flugunfähig. Mittlerweile haben die Männchen wieder ihr Prachtkleid angelegt und die Partnersuche kann beginnen. Die Saisonehe ist also das normale Partnermodell für Stockenten. Bei Parkenten, die in allen Lebenslagen innerhalb eines Jahres am Platz bleiben, sind dagegen Dauerehen und Wiederverpaarungen wahrscheinlich die Regel.

Turmfalke

Man wird ihn lieb gewinnen müssen

Der Thurmfalke ist ein sehr schmucker Vogel. Beim ausgefärbten Männchen sind Kopf, Nacken und Schwanz, mit Ausnahme der blauschwarzen, weiß gesäumten Endbinden, aschgrau, die Obertheile schön rostrot, alle Federn

Turmfalke mit Beute „nach der Natur gezeichnet" (Buch der Welt *1848, Federlitho, handkol.)*

mit dreieckigem Spitzenflecke, die Untertheile an der Kehle weißlichgelb, auf Brust und Bauch schön rothgrau oder blaßgelb, die einzelnen Federn mit schwarzem Längsflecke gezeichnet, die Schwungfedern schwarz und mit sechs bis zwölf weißlichen oder rostrothen dreieckigen Flecken an der Innenfahne geschmückt, an der Spitze lichter gesäumt. Der Augenstern ist dunkelbraun, der Schnabel hornbraun, die Wachshaut und die nackte Stelle ums Auge sind grünlichgelb, der Fuß ist citrongelb. Ein Bartstreifen ist vorhanden. Das alte Weibchen ist auf dem ganzen Oberkörper röthlroth, bis zum Oberrücken mit schwärzlichen Längsflecken [...] sein Schwanz auf grauröthlichem Grund an der Spitze breit und außerdem schmal gebändert, nur der Bürzel rein aschgrau. Die Unterseite ähnelt der Färbung der des Männchens [...].

So gern er im Gebirge wohnt, so darf man ihn doch nicht zu den Hochgebirgsvögeln zählen. Er liebt mehr die Vorberge und das Mittelgebirge als die höchsten Kuppen und ist wohl überall in der Ebene noch häufiger als in den Bergen. Dort bildet das eigentliche Wohngebiet ein Feldgehölz oder auch ein größerer Wald, wo auf einem der höchsten Bäume der Horst steht, ebenso häufig aber eine Felswand und, zumal in südlichen Gegenden, ein altes Gebäude. Verfallenen Ritterburgen fehlt der Thurmfalk selten; auch die meisten Städte geben ihm regelmäßig Herberge. Ich habe ihn in allen größeren und kleineren Städten, deren Thürme, Kirchen und andere hohe Gebäude ihm Unterkunft gewährten, wenn auch nicht überall als Brutvogel beobachtet. Als solcher bewohnt er den Stephansthurm in Wien, den Kölner Dom und viele der alterthümlichen, aus Ziegeln erbauten der Mark [...].

Der Thurmfalke zählt unbestritten zu den liebenswürdigsten Falken unseres Vaterlandes. Seine Allverbreitung und sein hier und da häufiges Vorkommen geben jedermann Gelegenheit, ihn zu beachten; wer dies aber thut, wird ihn lieb gewinnen müssen. Vom frühen Morgen bis zum späten Abend, oft noch in tiefer Dämmerung, sieht man ihn in Thätigkeit. Von seinem Horste aus welcher immer den Mittelpunkt des von ihm bewohnten Gebietes bildet, fliegt er einzeln oder paarweise.... auf das freie Feld hinaus. Stellt sich rüttelnd über einem bestimmten Punkte fest, überschaut von diesem sehr sorgfältig das Gebiet unter sich und stürzt, sobald sein unübertrefflich scharfes Auge ein Mäuschen, eine Heuschrecke, Grille oder sonst ein größeres Kerbthier erspäht, mit hart an den Leib gezogenen Flügeln fast wie ein fallender Stein zum Boden herab, breitet dicht über dem selben angelangt, die Fittiche wiederum ein wenig, faßt die Beute noch einmal ins Auge, greift sie mit den Fängen, erhebt sich und verzehrt sie nun entweder fliegend, wie oben geschildert, oder trägt sie, wenn sie größer ist, zu einer bequemeren Stelle, um sie dort zu verspeisen [...].

Zum Horste dient meist ein Krähennest, in Felsen und Gebäuden irgend welche passende Höhlung. Bei uns zu Lande horstet er in alten Raben- oder Saatkrähennestern, in Norddeutschland ebenso in Elsternnestern, in alten Beständen auch in Baumhöhlungen [...]. Fühlt er sich vor seinem Erbfeinde, dem unverständigen Menschen, einigermaßen gesichert, so kümmert ihn dessen Thun und Treiben wenig; denn ebenso wie über dem Volksgetriebe belebter Städte errichtet er hie und da seinen Horst auf den Bäumen, welche Hochstraßen besäumen [...]. Um den Brutplatz muß er mit den Erbauern des von ihm benutzten Horstes oft heftige Kämpfe bestehen; denn weder ein Krähe- noch ein Elsternpaar läßt sich gutwillig von ihm vertreiben [...].

Beide Eltern lieben ihre Brut mit der warmen Zärtlichkeit aller Raubvögel und beweisen dem Menschen gegenüber außerordentlichen Muth. Als mein Vater als zehnjähriger Knabe einen Thurmfalkenhorst bestieg, um die Eier auszunehmen, flogen ihm die beiden Alten so nahe um den Kopf herum, daß er sich ihrer kaum erwehren konnte; als ein anderer zwölfjähriger Knabe dasselbe versuchte, erschien das alte Weibchen, nahm ihm die Mütze vom Kopfe und trug sie so weit fort, daß sie nicht wieder aufzufinden war.

Die bevorzugte Beute des Thurmfalken bilden Mäuse, nächstdem verzehrt er Kerbthiere. Erwiesenermaßen frißt er auch kleinere Vögel, falls er sie bekommen kann, und es mag sein, daß er die Brut manchen Lerchen- oder Pieperpaares seinen Jungen zuträgt; ich halte es ebenso nicht für undenkbar, daß er dann und wann ein junges, eben gesetztes Häschen auffindet und abwürgt, und erinnere mich endlich der bemerkenswerthen Beobachtung meines Vaters, daß ein Thurmfalk einem laufenden, ausgewachsenen Hasen nachflog, aus einer Höhe von wenigstens zwanzig Meter auf ihn herabstieß, sich zweimal wieder emporschwang und zweimal aus gleicher Höhe mit solcher Kraft auf Lampe herabstürzte, daß die Haare stiebten; ihn deshalb aber zu den schädlichen Vögeln zu zählen und zu verfolgen, anstatt ihm den vollsten Schutz angedeihen zu lassen, ist ebenso unrecht wie thöricht.

Wie beim Turmfalken beginnen die meisten Vogelgeschichten Brehms mit einer etwas umständlichen Beschreibung der Gefiedermerkmale. Das war dem zeitgenössischen Leser zuzumuten, denn es gab keine Bestimmungsbücher für Vögel. Der Leser der drei Vogelbände von 1882 und 1886 der „kolorirten" Ausgabe musste sich mit wenigen Chromolithos begnügen, die nur einen kleinen Teil der behandelten Arten darstellen konnten. Von 17 behandelte Falkenarten sind 9 in einem schwarz-weißen Holzstich in vielen kennzeichnenden Details abgebildet, die aber nur wenig Rückschlüsse auf Farbmerkmale zulassen. Nur eine Art, der „edle[...]" Jagdfalke (heute Gerfalke), ist in einem Chromolitho zu sehen. Es dauerte noch Jahrzehnte, bis Vogelbücher mit brauchbaren Farbdarstellungen zur Bestimmung der Arten im Freien auf den Markt kamen.

Selbstverständlich hat Brehm den Turmfalken als Mitglied der Familie Falken (Falconidae) den Raubvögeln (Ordnung Accipitres) zugeordnet. Das blieb mit einigen geringfügigen Namensänderungen über mehr als ein Jahrhundert so. Die „Raubvögel" wurden in der zweiten Hälfte des 20. Jahrhunderts zu „Greifvögeln", um ihr Image zu verbessern, die Falken blieben aber als Familie Falconidae in der Greifvogelordnung, der sie dann sogar den Namen Falconiformes verliehen. Ab dem späten 20. Jahrhundert hat die Molekulargenetik in der Vogelsystematik viele neue Einsichten vermittelt und der weitere Schritt zur Genomsequenzierung eindeutig ergeben, dass die Falken nicht zu den Greifvögeln (Accipitriformes) gehören, sondern als eine eigene Ordnung Falconiformes mit Papageien (Psittaciformes) und Sperlingsvögeln (Passeriformes) eine gemeinsame Basis haben und daher mit diesen beiden Ordnungen nächstverwandt sind[1]. Man hat also aus Krummschnabel und ähnlichem Nahrungserwerb falsche Schlüsse gezogen. Die „Nachtraubvögel" Eulen (Strigiformes), früher weiter weg in die Nähe der Ziegenmelker und Segler gestellt, sind tatsächlich näher mit den Greifvögeln (Accipitriformes) als mit den Falken (Falconiformes) verwandt. Wie so oft in der modernen Systematik hat sich auch bei den Falken erwiesen, dass bloßer Augenschein und durchaus gründliche Beschreibungen wahrnehmbarer Unterschiede, Identitäten und Ähnlichkeiten nicht ausreichen, um Stammbäume zu rekonstruieren.

Falken bauen keine Nester und brauchen daher eine sichere Unterlage für ihr Gelege. Turmfalken nutzen in Bäumen alte Krähen- und Elsternnester, um die sie sich manchmal mit den Vorbesitzern streiten müssen. Aber auch Nester größerer Greifvögel oder von Reihern werden bezogen. An Felswänden bieten Bänder und Simse oder Nischen und Höhlungen Nistplätze. In menschlichen Siedlungen bis zum Zentrum der Großstädte sind es vor allem hohe Bauten, die Turmfalken anziehen. Das waren in früheren Jahrhunderten vor allem Kirchtürme, die dem Falken den Namen gaben.

Mittlerweile werden Hochbauten aller Art bezogen, aber auch Industrieanlagen und technische Konstruktionen (z. B. Autobahnbrücken) und Hochspannungsmasten. Ansiedlungen mit geeigneten großen Nistkästen hatten vielerorts großen Erfolg. So brüteten nach 2000 in Berlin 200-250 Turmfalkenpaare hauptsächlich in Nistkästen[2] und 81% der gebäudebrütenden Paare auf einer über 120 km² großen Probefläche im südwestdeutschen Kraichgau[3]. Der Bruterfolg in Nistkästen ist hoch, wenn die Dimensionen des Brutraums optimal gewählt sind und Nestfeinde wie Marder meist keinen Zugang haben. Nistkästen schaffen Ansiedlungsmöglichkeiten in Gebieten, in denen Turmfalken noch genügend Nahrung finden, und haben auch zu regionalen Bestandszunahmen geführt[4].

Die Vielfalt der Brutplätze vom Krähennest bis zum Kabelkran, die Turmfalken nicht selten in einem Gebiet nebeneinander nutzen, zeigt, dass ein Vogel, der kein Nest baut, möglichst flexibel sein muss. Zur Brutplatzstrategie zählt aber auch, dass einmal bewährte Unterlagen für das Gelege und die Nestlinge immer wieder benutzt werden. In der Schweiz fand in einem Nistkasten an einem hohen Werksgebäude in 50 aufeinanderfolgenden Jahren eine erfolgreiche Brut statt[5]. Die Zahl der ausfliegenden Jungen ging allerdings kontinuierlich zurück, ohne Zweifel ein Hinweis auf abnehmende Qualität der Jagdgebiete, die den immer noch häufigen Falken heute in vielen Teilen Mitteleuropas Probleme macht. Intensive landwirtschaftliche Bewirtschaftung von Flächen führt zur Abnahme der Wühlmausdichte. Aber ökologische Ausgleichsflächen, die nicht jedes Jahr gemäht werden, lösen für sich genommen das Problem nicht. Sie sind zwar ein Rückzugsraum für viele Kleinsäuger, die aber in der höher wachsenden Vegetation für Turmfalken nicht oder nur schwer erreichbar sind. Trotz geringer Mäusedichte jagten nach einer Untersuchung in der Schweiz Turmfalken häufiger auf frisch gemähten Extensivwiesen oder künstlich angelegten Grünflächen. Allerdings waren solche mäusearmen Flächen, wenn sie an Buntbrache oder Kräutersäume unmittelbar angrenzten, besonders beliebt[6]. Wahrscheinlich erwischten die nach Beute spähenden Falken die Wühlmäuse auf frisch gemähten Flächen leichter, wenn sie die höherstehende Vegetation verließen. Eignung als Jagdgebiet war für die Falken also attraktiver als die Dichte der Kleinsäuger. Das bedeutet für die ökologische Praxis, sich um ein Mosaik aus verschiedenen Biotopen zu kümmern. In einer norditalienischen Brutpopulation verzögerte sich in intensiv genutzten Agrarflächen die Eiablage und die Jungen waren in schlechterer Kondition im Vergleich zu Bruten in immer wieder gemähtem Dauergrünland oder in periodisch mit Äckern wechselnden Grasflächen[7].

Turmfalken leben hauptsächlich von kleinen Bodentieren. Wühlmäuse werden in Grünflächen selektiv bejagt und bilden die Hauptnahrung, die auch den Bruterfolg be-

Turmfalkenpaar, links Männchen

einflussen kann[8]. Da sie jedoch in periodisch wechselnder Dichte vorkommen, spielen andere Bodenbewohner als Ausgleich eine Rolle, wie echte Mäuse, Spitzmäuse oder Eidechsen und große Insekten, die auch in der Luft gegriffen werden können. In der Stadt lebende Turmfalken haben sich weitgehend auf Vögel umgestellt. Innerstädtische Brutpaare leben in einem Kompromiss zwischen gutem Angebot an Nistplätzen und großer Entfernung zu offenen Grünflächen als Jagdgebiete. Sie verzichten meist auf lange Anflugwege zu optimalen Jagdgebieten und jagen in der Nestumgebung. Die bietet bei Stadtbrutplätzen Kleinvögel, vor allem Spatzen, aber kaum Wühlmäuse. Die Nachwuchsrate ist bei Großstadtfalken niedriger als bei Artgenossen draußen, da die Jagd auf Vögel offenbar weniger effizient ist als die Erbeutung von Wühlmäusen[9]. In kleineren Großstadtarealen kann sich der Flug nach draußen aber lohnen. Die 60 Brutpaare des Jahres 1993 in Erfurt ernährten sich und ihre Jungen zu 95% von Kleinsäugern, die sie am Stadtrand erbeuteten[10].

Unterschiedliche Beutetiere fordern verschiedene Jagdstrategien. Turmfalken können mit raschen Flügelschlägen gewissermaßen in der Luft stehen und nach Beute Ausschau halten. Dieses Fliegen am Ort wird Rütteln genannt und ist ein Spähflug. Der Kopf dreht sich ständig und die Augen können dadurch einen großen Gesichtskreis durchmustern. Die Körperlängsachse des Falken ist aufgerichtet, die Flügel schlagen dann rasch fast in einer Ebene nach vorne und hinten, der Vogel erfährt keinen Vortrieb und nutzt, wenn möglich, Gegenwind. Der bauchwärts eingeschlagene, breit gefächerte Schwanz wirkt als stabilisierende Bremse, ebenso wie die relativ großen Daumenfittiche, die als „Landeklappen" am Flügelbug ausgefahren sind. Ist eine Beute entdeckt, stürzt der Falke im Stoßflug nach unten, aber keineswegs im hohen Tempo, sodass er kurz vor dem Boden den Zugriff im kurzen Abbremsen noch einmal justieren kann. Rütteln ist sehr energieaufwendig und daher meist nur bei günstigen Windverhältnissen in längeren zusammenhängenden Phasen zu sehen. Normalerweise wird es immer wieder durch kurze Streckenflüge unterbrochen. Manche Vögel, wie einige Greifvögel, Möwen, Seeschwalben und vor allem insektenfressende kleine Singvögel, rütteln ebenfalls, aber in der Regel nur kurz und/oder bei besonderen Anlässen. Nur Kolibris können dank ihrer geringen Körpermasse und vor allem besonderer Flügelführung bei hoher Stoffwechselrate regelmäßig und ausdauernd bei Blütenbesuchen rütteln.

Unter besonders günstigen Windverhältnissen, z. B. über Deichen am Meer, hängen Turmfalken mit fast horizontaler Körperachse sogar ohne Flügelschlag in der Luft. Das spart zwei Drittel der Energie, die zum Rütteln aufgewendet werden müsste, kostet aber mehr als das eineinhalbfache der Zeit, bis eine Wühlmaus gefangen ist[11]. In einer niederländischen Studie fingen Turmfalken mit der Flugjagd 2,2 Kleinsäuger pro Stunde im Winter und 4,7 im Sommer. Die Erfolge der Ansitzjagd beliefen sich auf 0,3 im Winter und auf 0,1 im Sommer, ergaben also keine Unterschiede. Die Turmfalken minimierten ihren Energieaufwand zur kalten Jahreszeit nicht über den Zeitaufwand, sondern dadurch, dass sie auf eine Strategie mit geringem Energieaufwand, allerdings auch mit geringerer Ausbeute setzten[12]. Sie reicht im Normalfall aus, denn im Winter müssen keine Jungen gefüttert werden. Im Winter rütteln Turmfalken also weniger. Die energiesparende Ansitzjagd ist jetzt am häufigsten. Bevorzugt werden Ansitzhöhen von mehr als 10 m über Grund, von denen die Falken auf ihre Beute herunterstoßen[13]. Künstliche Ansitzpunkte im offenen Land spielen dabei eine große Rolle. In Jahren mit niedrigem Angebot an Feldmäusen oder lange geschlossener Schneedecke müssen Turmfalken ihre Jagd mit Ansitzstrategie auch über die Zeit anpassen, also mehr Zeit für die Jagd aufbringen, und versuchen, das möglichst energiesparend hinter sich zu bringen[14]. Vogeljagd in der Stadt ist ein ganz anderes Kapitel. Der Erfolg wird oft mit vielen Fehlstößen erkauft. Aber enge Straßenzüge und hohe Gebäudekomplexe erlauben überraschende Überfälle aus dem Hinterhalt. Spezialisierung auf bestimmte Taktiken ist immer wieder zu beobachten. Selbst Fledermäuse und Mauersegler können zur regelmäßig erjagten Beute werden[15]. Perioden schlechten Wetters erhöhen den Jagderfolg auf Schwalben und Segler.

Subtilere Zusammenhänge im Nahrungserwerb sind zumindest wahrscheinlich. Für Vögel aus verschiedenen Ordnungen ist nachgewiesen, dass sie auch Wellenlängen im ultravioletten Bereich wahrnehmen können. Harnstoff, der stickstoffhaltige Bestandteil des Urins der Säugetiere, reflektiert ultraviolette Strahlen. Wühlmäuse und andere Kleinsäuger markieren ihre oberirdischen Gänge, auf denen sie schnell auch bei dichter Bodenvegetation ihren Bau erreichen können, mit Urin und Kot. So können Artgenossen durch Geruch erfahren, dass der Laufweg noch benützt wird. In Freilandbeobachtungen ließ sich feststellen, dass Turmfalken über Flächen, in denen verlassene Mäusepfade mit Urin und Kot versehen wurden, häufiger nach Beute suchten als über gleich aussehenden unbehandelten. Im Labor rüttelten Turmfalken mehr über urinbehandelten Mäusepfaden, die mit ultraviolettem Licht angestrahlt waren als über solchen unter weißem Licht. Aus den übereinstimmenden Befunden schließt man, dass Turmfalken mithilfe reflektierter Strahlen im ultravioletten Bereich die mögliche Produktivität eines Jagdgebiets an der Farbe abschätzen können[16,17,18]. Dem energieaufwendigen Rütteln käme damit noch eine weitere Erfolgsaussicht auf der Suche nach geeigneter Beute zu.

Auch die schon von Brehm entdeckten Turmfalken am Stephansdom in Wien machten im Zusammenhang mit UV-Sehen von sich reden. Im Sommer 1991 beobachtete Leopold Sachslehner ein Turmfalkenmännchen, das um den bis Mitternacht beleuchteten Dom in der Ansitzjagd im Lichtkegel große Nachtfalter (Eulen, Noctuidae) jagte, und zwar mit hohem Erfolg. Das zur Beleuchtung verwendete Licht wies einen UV-Anteil auf. Nachdem aber neue Abdeckgläser mit verminderter UV-Durchlässigkeit installiert wurden, hörte die Nachtaktivität des Turmfalken auf[19]. Im Labor hat man in standardisierten Versuchsanordnungen ermittelt, dass Weibchen sich für Männchen hinter einem UV-durchlässigen Filter mehr interessierten als hinter einem UV-blockierenden. Ultraviolett reflektierendes Gefieder liefert offenbar den Weibchen den Eindruck von Farben innerhalb des für Menschen unsichtbaren Bereichs und wohl auch unabhängig von morphologischen Merkmalen Informationen über die Kondition eines potenziellen Partners[20].

Uhu

König der Nacht mit wechselndem Schicksal

Als die vollendetste Ohreule darf der vielbekannte, durch mancherlei Sagen verherrlichte „König der Nacht“ […] angesehen werden. Sein Jagdleben beginnt erst, wenn die Nacht völlig hereingebrochen ist. Bei Tag sitzt er regungslos in einer Felsenhöhle oder in einem Baumwipfel, gewöhnlich mit glatt angelegtem Gefieder und etwas zurückgelegten Federohren, die Augen mehr oder minder, selten aber vollständig geschlossen, einem Halbschlummer hingegeben. Das geringste Geräusch ist hinreichend, ihn zu ermuntern. Er richtet dann seine Federbüsche auf, dreht den Kopf nach dieser oder jener Seite, bückt sich wohl auch auf und nieder und blinzelt nach der verdächtigen Gegend hin. Fürchtet er Gefahr, so fliegt er augenblicklich ab und versucht einen ungestörten Versteckplatz zu gewinnen. Ging der Tag ohne jegliche Störung vorüber, so ermuntert er sich gegen Sonnenuntergang, streicht mit leisem Fluge ab, gewöhnlich zunächst einer Felskuppe oder einem hohen Baume zu, und läßt hier im Frühjahre regelmäßig sein dumpfes, aber auf weithin hörbares „Buhu“ ertönen. In mondhellen Nächten schreit er öfter als in dunkleren, vor der Paarungszeit fast ununterbrochen durch die ganze Nacht. Sein Geschrei hallt im Walde schauerlich wider, so daß, wie Lenz sich ausdrückt: „abergläubischen Leuten die Haare zu Berge stehen“. Es unterliegt kaum einem Zweifel, daß er die Sage vom wilden Jäger ins Leben gerufen hat, daß er es war und ist, dessen Stimme der ängstlichen Menschheit als das Rüdengebell des bösen Feindes oder wenigstens eines ihm verfallenen Ritters erscheinen konnte. Dieses Geschrei läßt den Schluß zu, daß er während der ganzen Nacht in Thätigkeit und Bewegung ist. Man hört es bald hier, bald dort im Walde bis gegen den Morgen hin. Es ist der Lockruf und Liebesgesang, wogegen ein wütendes Gekicher, ein lauttönendes Kreischen, welches mit lebhaftem Fauchen und Zusammenklappen des Schnabels begleitet wird, Ingrimm oder Aerger ausdrückt. Zur Paarungszeit kann es vorkommen, daß zwei Uhumännchen sich heftig um die Liebe eines Weibchens streiten, und man dann alle die beschriebenen Laute nach und zwischen einander vernimmt.

Die Jagd des Uhus gilt verschiedensten Wirbelthieren, groß und klein. Er ist nachts ebenso gewandt als kräftig und muthig und scheut sich deshalb keineswegs, auch an größeren Geschöpfen seine Stärke zu erproben. Ebenso leise

Hüttenuhu als Mobbingopfer für den Abschuss von Krähen (Federlitho 1855)

schwebend wie seine Artverwandten, streicht er gewöhnlich niedrig über dem Boden dahin, erhebt sich aber auch mit Leichtigkeit in bedeutende Höhen und bewegt sich so schnell, daß er einen aus dem Schlafe aufgescheuchten Vogel regelmäßig zu fangen weiß. Daß er Hasen, Kaninchen, Auer-, Birk-, Hasel- und Rebhühner, Enten und Gänse angreift, deshalb also schädlich wird, daß er weder schwache Tagraubvögel, Raben und Krähen noch schwächere Arten seiner Familie verschont und ebensowenig vom Stachelkleide des Igels sich abschrecken läßt, ist sicher, daß er die schlafenden Vögel durch Klatschen mit den Flügeln oder Knacken mit dem Schnabel erst zur Flucht aufschreckt und dann leicht im Fluge fängt, höchst wahrscheinlich. Doch fragt es sich sehr, ob er wirklich mehr schädlich als nützlich ist. Mäuse und Ratten dürften dasjenige Wild sein, welches auch er am eifrigsten verfolgt.

In den ersten Monaten des Jahres, gewöhnlich im März, schreitet unser Uhu zur Fortpflanzung. Er ist ein ebenso treuer als zärtlicher Gatte. Der Horst steht entweder in Felsennischen, in Erdhöhlungen, in alten Gebäuden, auf Bäumen oder selbst auf dem flachen Boden und bezüglich im Röhricht; ein Uhupaar, dessen Horst der Kronprinz Rudolf von Oesterreich im Frühjahre 1878 besuchte, hatte sich sogar die oben noch bedeckte Höhlung eines dicken ausgefaulten Eichenastes zum Nistplatz ausersehen. Wenn irgend möglich, bezieht er einen schon vorgefundenen Bau, und nimmt sich dann kaum die Mühe, denselben etwas aufzubessern; wenn er nicht so glücklich war, trägt er sich einige Aeste und Reiser zusammen, polstert sie einigermaßen, liederlich genug, mit trockenem Laube und Geniste aus oder plagt sich nicht einmal mit derartigen Arbeiten, sondern legt seine zwei bis drei rundlichen, weißen, rauhschaligen Eier ohne weiteres auf den Boden ab.

Das Weibchen brütet sehr eifrig und wird, so lange es auf den Eiern sitzt, vom Männchen ernährt. Den Jungen schleppen beide Eltern so viel Nahrung zu, daß sie nicht nur nie Mangel leiden, sondern im Gegentheile stets mehr als überreich versorgt sind. Wodzicki besuchte einen Uhuhorst, welcher im Röhricht, inmitten eines Sumpfes angelegt und einer Bauernfamilie die ergiebigste Fleischquelle gewesen war. Um den Horst herum lagen die Ueberbleibsel von Hasen, Enten, Rohr- und Bläßhühnern, Ratten, Mäusen und dergleichen in Masse, und der Bauer versicherte, daß er schon wochenlang tagtäglich hierher gekommen, alles genießbare zusammengesucht und sich sehr gut dabei gestanden habe. Bei Gefahr vertheidigen die Uhueltern ihre Jungen auf das muthvollste und greifen alle Raubthiere und auch die Menschen, welche sich ihnen nahen, heftig an. Außerdem hat man beobachtet, daß die alten Uhus ihre Jungen anderen Horsten zutrugen, nachdem sie gemerkt hatten, daß der erste nicht hinlängliche Sicherheit bot.

Keine einzige unserer deutschen Eulen wird so allgemein gehaßt wie der Uhu. Fast sämtliche Tagvögel und sogar einige Eulen necken und foppen ihn, sobald sie seiner ansichtig werden. Die Raubvögel lassen sich zur größten Unvorsichtigkeit hinreißen, wenn sie einen Uhu erblicken, und die Raben schließen sich ihnen treulich an. Doch dürften, vom Menschen abgesehen, alle diese Gegner kaum gefährlich werden.

Der Mensch ist dem Uhu tatsächlich gefährlich geworden, sodass noch vor wenigen Jahrzehnten die größte Eule der Welt in Europa als sehr seltener Brutvogel galt und gebietsweise ausgestorben war. Wieder einmal war das Feindbild eines Schädlings der Anlass für intensive Verfolgung. Uhus galten als Feind des Niederwilds und wurden durch Jäger verfolgt[1]. Andere Vögel als heftige Gegner wurden entgegen der beruhigenden Bemerkung Brehms dem Uhu indirekt gefährlich. Man nützte ihre Neigung zu Attacken auf einen sitzenden Uhu, um mithilfe des „Aufs", einem gefangen gehaltenen Uhu auf einem Pflock vor einer Hütte, kräftig Dampf auf Raben- und Taggreifvögel zu machen. Für diese weit verbreitete Form der Bejagung von "Schadvögeln", die sogenannte Hüttenjagd, wurden an bekannten traditionellen Brutplätzen junge Uhus aus dem Nest genommen. Hüttenjagd war beliebt. 1901 erschien unter dem Pseudonym Hüttenvogel die „zweite, verbesserte und wesentlich erweiterte Auflage" eines Lehrbuches über die Hüttenjagd mit dem Uhu[2]. Erst in den 1920er-Jahren trat in wichtigen deutschen Brutgebieten gesetzlicher Schutz in Kraft, der dem jahrzehntelangen Jagddruck auf den Uhu ein Ende machte. Damit war allerdings ein überlebensfähiger Uhubestand noch keineswegs gesichert. Erst mit Beginn der zweiten Hälfte des 20. Jahrhunderts begannen durch die Bemühungen verschiedener Arbeitsgemeinschaften in Nichtregierungsorganisationen die Wiederkehr des Uhus in den meisten mitteleuropäischen Gebieten und auch manche Neubesiedlungen.

Die wechselvolle Geschichte der mitteleuropäischen Uhus in den letzten 150 Jahren scheint auf den ersten Blick ein großes Erfolgserlebnis des modernen Artenschutzes unter Einsatz enormer ehrenamtlicher Arbeit zu dokumentieren. Aber im Modell Uhu verbergen sich auch viele Probleme, die den Artenschutz immer noch begleiten. Zunächst waren ohne Zweifel direkte Eingriffe des Menschen für einen Bestandseinbruch verantwortlich. Ihr Ende durch gesetzliche Vorschriften und aktive Hilfsmaßnahmen, zu denen beim Uhu auch Wiedereinbürgerungs- und Ausbürgerungsprogramme zählten, konnten die Entwicklung umdrehen. Ein kritischer Rückblick auf Schicksale von Vogelpopulationen zeigt, dass bestimmte Merkmale Artbeständen gemeinsam sind, denen individuelle Verfolgung großen Schaden zufügte und anschließender gesetzlicher Schutz zum Überleben verhalf, vorausgesetzt man konnte wenigstens einigen Brutpaaren Nistplatz und Lebensraum sichern. Es handelt sich meist um Großvögel, die (1) in geringer Siedlungsdichte leben, weil sie viel Platz brauchen, (2) oft keine ausgesprochenen Lebensraumspezialisten sind, (3) ihren Fortbestand in einem Gebiet im Wesentlichen durch lange individuelle Lebensdauer bei relativ geringen jährlichen Fortpflanzungszahlen sichern und (4) bei denen man einzelne wichtige Bedrohungsfaktoren gezielt ermitteln und entschärfen konnte. Leuchttürme des Vogelschutzes, wie Wanderfalke, Weißstorch, Graureiher, Kranich, Steinadler, Seeadler oder Wiesenweihe, gehören dazu. Jede erfolgreiche Brut zählt ebenso wie die oft gezielte Erhaltung weniger Brutgebiete und bestimmter Rastplätze auf den Wanderungen. Aber die kritische Bilanz zeigt auch die aktuelle Gefahr und relativiert Erfolge im Vogelschutz.

Gegen allgemeine Bedrohung von häufigen Arten durch flächendeckende Lebensraumzerstörung in allen Teilen der Kulturlandschaft ist noch kein Kraut gewachsen. Die Bestandsbedrohung einstmals weit verbreiteter und in manchen Gebieten häufiger Arten konnte bisher nicht abgewendet werden. Feldlerche, Goldammer, Grauammer, Ortolan, Wiesenpieper, Baumpieper, Rauchschwalbe oder Mehlschwalbe sind Arten, denen vielleicht die berüchtigte „Entnahme“ einzelner Individuen nicht viel ausmachen könnte, die aber keine Möglichkeit mehr finden, den dringend erforderlichen Nachwuchs groß zu bringen, um die bei ihnen notwendige schnelle Folge von individuenreichen neuen Generationen aufrechtzuerhalten. Erfolge und damit Entwarnung bei einigen seltenen Arten, aber große Sorge um den Fortbestand großer Populationen, um die man sich bis vor kurzem nicht kümmern musste, markieren die aktuelle Situation im Vogelschutz.

Uhugeschichten können dramatische Entwicklungen wiedergeben. Für die ersten 50 Jahre nach der Heimkehr des Uhus in seine Heimat Baden-Württemberg blickt Dieter Rockenbauch auf ein ständiges Wechselspiel zwischen Uhu und Mensch, das vielleicht zum guten Ende führt, wenn Menschen aus der Geschichte lernen[3]. Um 1800 schätzte man den Uhubestand des heutigen Bundeslandes auf etwa 200 Paare. Nach systematischer Verfolgung waren um 1900 nur noch 40-45 Paare übriggeblieben. 1935 registrierte man noch 3-5 Paare, 1937 wurde an der oberen Donau die letzte erfolgreiche Brut festgestellt. Schutzmaßnahmen kamen wie so oft zu spät. Erst 1925 trat in Württemberg und 1926 in Baden gesetzlicher Schutz in Kraft. Gleichzeitig setzte man auf der Schwäbischen Alb 14 Uhus frei. Dieser Wiedereinbürgerungsversuch scheiterte. Auch 1967-1971 brachten über 48 ausgesetzte Uhus so gut wie keinen Erfolg. Immerhin sorgte dieses Projekt für einen Stimmungswandel in Jägerschaft und Bevölkerung. Die wichtigsten Lebensräume blieben trotz starker Zunahme der Bevölkerung erhalten; der Bauboom in der Nachkriegszeit sorgte für Steinbrüche in den Mittelgebirgen, die mit ihren senkrecht abfallenden Felswänden gute Brutplätze boten. Uhus stören sich nicht an Werksarbeiten im Bruch, wenn der Brutplatz in Ruhe gelassen wird. 1963 kam es an der oberen Donau dann nach 26 Jahren wieder zu einer Brut, der weitere Ansiedlungen folgten, sodass um 1975 bereits 10 Paare bekannt waren. Der Bestand stieg zunächst langsam, dann schneller und erreichte 2012 wieder 174 sichere Paare in fast 200 beflogenen Revieren, 2017 zählte man sogar 224 Revierpaare[4]. Die Wiederansiedlung begann offenbar durch zugeflogene Uhus, die von Artgenossen angelockt und gebunden wurden, die aus Gehegen riefen oder freigelassen worden waren.

Im Uhuschutz in Mitteleuropa haben in unterschiedlichen Gebieten Ansiedlungs- oder Wiederansiedlungsprojekte eine nicht unbedeutende Rolle gespielt. Aber es gab auch viele Misserfolge, weil methodische Fehler nicht ausblieben, einmal ganz abgesehen davon, dass bei der Freilassung gezüchteter Uhus genetische Einwirkungen auf angepasste Restpopulationen bedacht werden müssen. Erfolg verspricht sorgfältige Auswilderung von Junguhus, die nicht an Menschen gewöhnt sind und vor allem auch in der Lage sind, Beute zu schlagen. Die Umgewöhnung an die Freiheit kann durch eine „Population unter Draht" erreicht werden, Uhus die fernab von Menschen in Gehegen erbrütet werden und dann nach dem Flüggewerden das Gehege verlassen, aber auch wieder zurückkehren können. Besonders erfolgreich war die Adoptionsmethode, wenn man Eier oder Junge aus Freilandbruten oder Gehegehaltung einem frei brütenden Wilduhupaar unterschob. Die Jungen wachsen ohne Verhaltensstörungen unter natürlichen Bedingungen auf. Nachzucht aus menschlicher Obhut muss also in die Umwelt wildlebender Artgenossen integriert werden. Andernfalls ist die Sterberate zu hoch[5]. Das hat man in den ersten Ansätzen zu wenig beachtet, zumal auch Greifvogelschauen und sogenannte Falkenhöfe sich eifrig und werbewirksam an Auswilderungen beteiligten. Die vielseitigen Erfahrungen mit Uhus, Misserfolge, voreilige Erfolgsmeldungen und begeisternde Erfolge vor allem bei den Flachlanduhus im Norden Mitteleuropas fordern kritische Bewertungen von Wiederansiedlungs- und Wiedereinbürgerungsprojekten, die ohne hinreichenden Grund heutzutage verboten sind und als Beitrag zum Artenschutz mittlerweile längst nationalen und internationalen Rechtsvorgaben unterliegen. „Eine Wiedereinbürgerung um jeden Preis [...] ist beim Uhu nicht mehr vertretbar" resümiert der Thüringer Uhuforscher Martin Görner[6].

Die entscheidenden Faktoren für die Erhaltung der Bestände in Mittelgebirgen und in den Alpen sowie in den teilweise neu besiedelten waldreichen Flachländern Norddeutschlands, der Niederlande und Dänemark sind nicht mehr Bemühungen, die Zahl der Brutpaare zu vergrößern, sondern vielmehr den Revierpaaren ausreichenden Nachwuchs zu garantieren. In einer Hinsicht ist hier eine auffallende Veränderung eingetreten: Uhus brüten nicht nur an abgelegenen stillen Plätzen erfolgreich, sondern auch in lärmender Umgebung, in Steinbrüchen mit Sprengungen oder an Felswänden, die starkem Verkehrslärm durch Straße und Eisenbahn ausgesetzt sind. Längst sind Uhus auch Brutvögel in einigen Städten geworden. Manche Kirchen, Burgruinen oder Industriebauten beherbergen ihr Uhupaar. Gefahren für Nestlinge und ausfliegende Junguhus sind hier beson-

Brütendes Uhuweibchen in einem Steinbruch Baden-Württembergs

ders groß, aber offenbar ist Menschengetümmel unter dem Nestplatz für den Nachtjäger kein Hinderungsgrund, eine geeignete Nestunterlage zu besetzen. Man kann auch helfen: Der König der Nacht residiert bereits in Nistkästen[7]. Uhus in der Stadt sind wie die Verstädterung von Wanderfalke, Habicht oder Graureiher wohl auch eine Folge gesetzlichen Schutzes. Nach Jahrzehnten der Schonung hat bei vorher heftig verfolgten Vögeln offenbar die Fluchtdistanz zu Menschen abgenommen, die jetzt nur noch lästig, aber nicht mehr gefährlich sind. In der Stadt ist gezielte Verfolgung nicht möglich. Gefahren lauern in heutigen Uhurevieren dennoch in großer Zahl, allen voran Leitungsdrähte, Windräder, Beunruhigung abgelegener Brutplätze in ehemals ungestörter Umgebung durch Fotografieren, Tourismus und Freizeitsport mit allen Folgen, wie der Störung vom wilden Parken in der Landschaft oder Picknick unter dem

Uhunest, über Drohnen, Kletterrouten in Mittelgebirgen, Geocaching bis zu vielfältigen Gefahren des Verkehrs auf Schiene und Straße. Auch neue Feinde machen sich bemerkbar, in Thüringen etwa Waschbär und an Bodenbruten Wildschweine[8]. Forstarbeiten in Nestnähe und Umgestaltung der Agrarlandschaft sind Eingriffe, die Strukturen des Jagdgebiets ändern und daher als Langzeitwirkung drohen.

Mächtige Vögel brauchen viel Nahrung und als Jäger daher viel Platz. Zur Brutzeit verteidigen Uhus meist nur eine Fläche von 50 ha um das Nest gegen Artgenossen, Streifgebiete einzelner Vögel sind bis über 100 km^2 nachgewiesen[1], überschreiten aber in der täglichen Routine wohl nur ausnahmsweise 10 km^2. Die Strategie des Uhus ist Vielseitigkeit, nicht nur der Ernährung, sondern auch des Nahrungserwerbs. Allein in Thüringen hat Martin Görner als Beutetiere 31 Arten von Säugetieren, 72 Vogelarten und 9 Arten Reptilien, Amphibien und Fische nachgewiesen[8]. Das fordert auch eine Vielfalt der Jagdtechniken. Uhus sitzen auf Warten, wenn sie Mäuse jagen; überraschen im niedrigen Pirschflug Hasen, Rebhühner, Fasane, Tauben oder Enten; holen im raschen Lauf Eidechsen, Hamster oder Frösche ein und picken auch Kleintiere vom Boden auf. Als gewandte Flugjäger können sie Fledermäuse oder Tauben in der Luft greifen, erbeuten aber wohl die meisten Vögel an ihrem Schlafplatz[1]. Auch mögliche Konkurrenten stehen auf der langen Speisekarte, Bussard und Falke sind keineswegs vor dem Uhu sicher. Das hat in Baden-Württemberg, dem Land des erfolgreichen Schutzes von Uhu und Wanderfalke, bereits ein Problem heraufbeschworen. Uhu und Wanderfalke konkurrieren nicht nur um Nistplätze in Felswänden. Unter 7381 Beutetieren der heimischen Uhus waren auch 80 Wanderfalken nachzuweisen[3]. Rascher Bestandsanstieg des Uhus könnte also dem nach wie vor schutzbedürftigen Wanderfalken gefährlich werden.

Veränderungen im Nahrungsangebot rücken in neuester Zeit mehr und mehr als Grund für nachlassenden Bruterfolg in die Debatte. In Thüringen nahmen innerhalb von 30 Jahren viele Tierarten der Agrargebiete deutlich ab. Dies betrifft Feldhase, Feldhamster, Kaninchen, Rebhuhn oder Igel und einige andere Hauptbeutetiere. Als nicht optimale Sommerbeute haben Feldmäuse in der Uhunahrung zugenommen. Wie sich das Ernährungsproblem der Großeule entwickeln wird, ist noch unklar[8]. In Bayern sorgt man sich um die abnehmende Vermehrungsrate, die wohl auf Probleme ausreichender Nahrungsversorgung zurückzuführen ist. Mais- und Rapsanbau und Aufforstung von Grenzertragsböden bedeuten Verlust von Nahrungsflächen[9]. Vielleicht haben Stadtuhus trotz großer Probleme die bessere Zukunft vor sich, wenn man sie in Ruhe lässt. Stadttauben und vom Land in die Stadt umgesiedelte Krähen und Elstern, Hauptbeutetiere des nächtlichen Jägers, versprechen bessere Ernährung und höheren Nachwuchs.

Waldkauz

Gruseliges Nachtgespenst und Mobbingopfer

In Deutschland bewohnt er vorzugsweise Waldungen, aber auch Gebäude. Während des Sommers sitzt er, dicht an den Stamm gedrückt, in laubigen Baumwipfeln; im Winter verbirgt er sich lieber in Baumhöhlungen, meidet daher Waldungen mit jungen und höhlenlosen Bäumen. An einem hohen Baume, welcher sich für ihn passend erweist, hält er mit solcher Zähigkeit fest, daß man ihn, laut Altum, bei jedem Spaziergange durch Anklopfen hervorscheuchen kann […]. Solche Eulenbäume stehen sowohl im Walde, selbst am Rande desselben, auch auf Örtlichkeiten an viel befahrenen Landwegen. Bestimmend für seinen Aufenthalt ist außerdem größerer oder geringerer Reichthum an entsprechender Beute. Wo es Mäuse gibt, siedelt sich der Waldkauz sicherlich an, falls die Umstände einigermaßen solches gestatten; wo Mäuse spärlich auftreten, wohnt er entweder gar nicht, oder wandert er aus. Vor dem Menschen scheut er sich nicht, nimmt daher selbst in bewohnten Gebäuden Herberge, und wenn ein Paar einmal solchen Wohnsitz erkoren, findet das Beispiel sicherlich Nachahmung. Dann sieht man ihn des Nachts auf Dachfirsten, Schornsteinen, Gartenmauern und anderen Warten sitzen und von ihnen sein Jagdgebiet überschauen.

Waldkauz (Brehms Thierleben. *2. Aufl.*)

Der Waldkauz, dem Anscheine nach einer der lichtscheuesten Vögel, welche wir kennen, weiß sich jedoch auch am hellen Mittage so vortrefflich zu benehmen, daß man die vorgefaßte Meinung ändert, sobald man ihn genauer kennengelernt hat [...]. Die Stimme, ein starkes, weit im Walde widerhallendes "Huhuhu", welches zuweilen so oft wiederholt wird, daß es einem heulenden Gelächter ähnelt, außerdem ein kreischende „Rai" oder wohltönendes „Kuwitt". Daß er seinen Antheil an der „wilden Jagd" hat unterliegt wohl keinem Zweifel, und demjenigen, welchem es ergeht wie einstmals Schacht, wird schwören können, daß ihn der wilde Jäger selbst angegriffen habe. „Einst", so erzählt der eben genannte, „jagte mir ein Waldkauz durch sein Erscheinen nicht geringsten Schrecken ein. Es war im Januar abends, als ich mich, ruhig mit der Flinte im Schnee auf dem Anstande stehend, urplötzlich von den weichen Flügeln wie von Geistererscheinung umfächelt fühlte. In demselben Augenblicke geschah es aber auch, daß ein großer Vogel auf meinen, etwas tief über das Gesicht gezogenen Hut flog und daselbst Platz nahm. Es war der große Waldkauz, welcher sich das Haupt eines Menschenkindes zur Sitzstelle gewählt, um sich von hier aus einmal nach Beute umschauen zu können. Ich stand wie eine Bildsäule und fühlte es deutlich, wie der nächtliche Unhold mehrere Male seine Stellung veränderte und erst abzog, als ich versuchte, ihn für diese absonderliche Zuneigung an den Fängen zu greifen."

Keine Eule hat von dem Kleingeflügel mehr zu leiden als der Waldkauz. Was Flügel hat, umflattert den aufgefundenen Unhold, was singen oder schreien kann, läßt seine Stimme vernehmen. Singdrossel und Amsel, Grasmücke, Laubvögel, Finke, Braunelle, Goldhähnchen und wer sonst noch im Walde lebt und fliegt, umschwirrt den Lichtfeind, bald jammernd klagend, bald höhnend singend; bis dieser endlich sich aufmacht und weiter fliegt.

Obwohl der Waldkauz über ganz Deutschland verbreitet und unsere häufigste Eule ist, haben wenige Menschen einen Waldkauz je gesehen, allerdings sehr viel mehr schon gehört. Immer wenn es Nacht wird im Fernsehkrimi, singt oder ruft irgendwo ein Waldkauz. Man kann sich darauf verlassen, dass die Regie nicht versäumt, damit einer Szene die erwünschte Stimmung zu unterlegen.

Für nachtaktive Vögel hat akustische Kommunikation natürlich besondere Bedeutung. Aber der unheimlich wirkende heulende Gesang des Männchens, der mit einem gedehnten „huuuu“ beginnt, ist in der Regel nur im Herbst und im frühen Frühjahr zu hören. Kurzfassungen als Einzelrufe auf „u“ kann man zu allen Jahreszeiten vernehmen. Mit lautem und schrillem „kuwitt“ unterbrechen vor allem die Weibchen die stille, dunkle Nacht. Hört man hohe „szih“ in monotoner Folge fast die ganze Nacht hindurch, sitzen irgendwo Junge in den Bäumen und halten miteinander Stimmfühlung. Etwa in der vierten Lebenswoche klettern die Nestlinge aus der Bruthöhle und werden dann als nicht flügge „Ästlinge“ noch etwa zwei Monate von den Eltern gefüttert.

Verbreitung und Bestand von Waldkäuzen in einem Gebiet zu ermitteln, ist nicht ganz einfach. Es reicht nicht, nur nachts unterwegs zu sein. Die akustischen Signale, vor allem die Reviergesänge der Männchen, hat man sich zunutze gemacht, um Waldkauzbestände unter vertretbarem Zeitaufwand zu erfassen. Die Untersuchungen ergaben einige Fehlermöglichkeiten der Methode, aber auch interessante Ergebnisse gewissermaßen als Beifang. Kartiert man singende Waldkäuze zur optimalen Jahreszeit bei gutem Wetter, erfasst man nur einen Bruchteil der Reviermännchen, wenn man die Ohren spitzt und auf ihre Gesangsaktivität setzt[1]. In einer britischen Untersuchung wurden durch reines Zuhören nur 4% der Reviermännchen entdeckt, zehn Minuten Vorspiel des Gesangs ergaben dagegen einen Erfolg von 85%. Aber man muss an unterschiedlichen Orten gleichzeitig Reviergesang abspielen, um zu vermeiden, dass mobile Individuen das Ergebnis verfälschen[2]. Außerdem hat sich herausgestellt, dass Waldkäuze im offenen Agrarland rascher auf akustische Provokation antworten als im geschlossenen Wald, vielleicht weil sie dort weniger akustische Kontakte zu anderen Eulen haben[3]. Man kann Waldkäuze auch individuell an ihren Gesängen unterscheiden, wenn man Sonagramme auswertet, und dadurch die Ergebnisse stark verbessern[4,5]. Aber unabhängig von tatsächlichen Kartierungsarbeiten versucht man mittlerweile durch Artverbreitungsmodelle den Bestand einer Vogelart großräumig zu ermitteln. Beim Waldkauz hat man in Dänemark Daten bestimmter Umweltfaktoren, z. B. Laubwaldbedeckung, mit tatsächlich ermittelten Vorkommen verschnitten, um die Verbreitung, aber auch die Populationsgröße abschätzen zu können[6]. Modellmethoden auf der Grundlage von Beobachtung und Einzelerhebungen sind vielleicht die Zukunft, die Verbreitung und Dichteverteilung von Brutvögeln vor allem großflächig zu ermitteln[7].

Im Idealfall besetzt ein Männchen ein Leben lang ein relativ kleines Revier. Das schafft Vertrautheit mit der Umgebung. Auch wenn das Jagdgebiet oft größer als das Brutterritorium ist, jagen Waldkäuze als ausgesprochene Standvögel meist auf engem Raum. Das garantiert nur bei vielseitigem Beutespektrum ein längeres Überleben, denn Mäuse als Hauptnahrung schwanken in ihren Beständen von Jahr zu Jahr oft erheblich.

Waldkäuze fliegen dank besonderer Federkonstruktion lautlos.

Zur Waldkauznahrung zählen Säugetiere bis etwa zur Größe eines Eichhörnchens oder kleinen Kaninchens und Vögel bis Taubengröße, die vor allem für Waldkäuze in menschlichen Siedlungsgebieten eine wichtige Rolle spielen, da hier das Angebot an bodenbewohnenden Kleinsäugern in der Regel spärlicher ist. Auch Amphibien und große Insekten sind vor den vorzugsweise in der Dämmerung und nachts jagenden Käuzen nicht sicher. Die Vielseitigkeit der Ernährung erlaubt es Waldkäuzen, Laub- und Mischwälder mit ausreichend Lichtungen, aber auch Parkanlagen, Alleen oder Gärten zu besiedeln. Offene Landschaften bieten meist zu wenig vielseitige Nahrung. Als Höhlenbrüter sind Waldkäuze auf alte und überalterte Bäume mit großen Höhlungen angewiesen, legen aber ihre Eier auch auf geeignete Unterlagen in Dachböden, Kirchtürmen oder Scheunen. Ganzjährig ausreichendes Nahrungsangebot, Tagesverstecke, in denen sich Altvögel und Ästlinge zurückziehen können, und geeignete Brutmöglichkeiten sind die Voraussetzung für eine dauerhafte Ansiedlung. Solche Ansprüche auf engem Raum halten viele Waldkäuze über Jahre an derselben Stelle. Das Vorkommen der Waldkäuze gibt Aufschluss über die Waldstruktur mit alten Bäumen und kleinen Lichtungen. Einheitlich dichte Forste werden höchstens dünn besiedelt[8]. Nistkästen können in höhlenarmen Baumbeständen die Siedlungsdichte steigern, hohe Dichte führt allerdings oft zu geringerem Bruterfolg, wenn das Nahrungsangebot Grenzen setzt.

Waldkäuze jagen in der Dämmerung und nachts mit einem Minimum an Aktivität etwa um Mitternacht. Wenn Junge zu füttern sind, beginnt die Jagd schon bei Tageslicht, das mitternächtliche Aktivitätsminimum kann dann ausfallen. Tagsüber sitzen die Käuze meist ruhig im Tageseinstand und lassen den Beobachter oft nahe heran, ohne eine Reaktion zu zeigen. Zur Brutzeit sind sie aber an der Bruthöhle oft sehr aggressiv, überraschen den Störenfried im lautlosen Flug von hinten und können mit ihren Krallen Kopfverletzungen verursachen. Der berühmte britische Tierfotograf Eric Hosking verlor durch den Angriff eines Waldkauzes ein Auge und machte diesen Vorfall zum Titel seiner viel gelesenen Biographie[9]. An individuell markierten Käuzen hat man herausgefunden, dass die Intensität und Heftigkeit der Angriffe mit dem Alter und der Zahl der Jungen zunimmt, sich also nach der Höhe des möglichen Verlustes durch einen Angreifer richtet. Spät im Jahr brütende Vögel greifen dagegen weniger heftig an, da die Wahrscheinlichkeit eines Brutverlustes in fortgeschrittener Brutzeit abnimmt. Dazu passt auch, dass einzelne Weibchen ihr Abwehrverhalten über die Jahre je nach ihrem Brutbeginn variieren. Die Aggressivität als elterliche Fürsorge ist also je nach Risiko variabel[10]. Andererseits halten Waldkäuze tagsüber ebenfalls je nach Risiko auf ihrem Ruheplatz aus oder ziehen sich in eine Deckung zurück, wenn sie von Greifvögeln oder Krähen, aber auch von kleineren Singvögeln entdeckt und dann in der Regel heftig „gemobbt" werden. Dieses Schicksal teilen sie mit anderen Eulen.

Die Jagd findet meist von einer Warte aus statt oder aus niedrigem Suchflug über dem Revier. Vögel können im Flug gegriffen werden, aber fallen dem nächtlichen Jäger auch vom Schlafplatz abgepflückt oder aufgeschreckt zum Opfer. Kleintiere nehmen Waldkäuze vom Boden auf; sie können sogar im Flug oder im Seichtwasser zu Fuß fischen. Nestplünderung findet vor allem bei Höhlenbrütern statt. So ist der Waldkauz auch für kleinere höhlenbrütende Eulen, wie Sperlings- oder Raufußkauz gefährlich, was bei Förderung des Waldkauzbestandes durch Nistkästen zu bedenken ist. Vielseitigkeit des Nahrungserwerbs ist die Voraussetzung für ein breites Ernährungsspektrum, was wiederum die hohe Ortstreue vieler Waldkäuze erlaubt.

Aktivität und vor allem zielgerichtete Jagd in tiefer Dämmerung oder vollkommener Dunkelheit fordert besondere Anpassungen. Das Waldkauzauge sieht auch bei vollkommener Dunkelheit nichts. Das große Auge, insbesondere die weite Pupille, wirkt aber als Restlichtverstärker. Das Auge reicht als „Teleskop" im Schädel weit nach hinten, die Achsenlänge des Waldkauzauges übertrifft absolut gesehen sogar die des Menschenauges. Die Netzhaut enthält als Sensoren zu 90% für hell und dunkel empfindliche Stäbchen und ist auf eine relativ kleine Fläche konzentriert, sodass schwaches Nachtlicht nicht gestreut wird. Das Waldkauzauge ist etwa 2,5-mal lichtempfindlicher als das Menschenauge. Bei Tag sorgen punktförmig verengte Pupillen und Augenlider für Reduktion des Lichteinfalls. Waldkäuze sind bei Tag keineswegs blind. Die beiden großen Augen sind in einem breiten Kopf etwa parallel gestellt und liefern daher ein relativ breites binokulares Sehfeld, also eine gute Abschätzung von Entfernungen.

In Dunkelheit wird die Beute aber vor allem akustisch lokalisiert. Auch hier wirken verschiedene Anpassungen in die gleiche Richtung. Die schleierförmig angeordneten Federn im Gesicht sorgen für Schallbündelung und -lenkung zum Gehörgang. Die beste Hörleistung liegt etwa im Frequenzbereich des Raschelns und Piepsens von Kleinsäugern. Die Hörleistung bleibt lebenslang gleich, da die abgenutzten Haarzellen in der Schnecke (Cochlea) anders als beim Menschen dauernd regeneriert werden. Eine hohe Leistung der Gehörnerven kommt dazu. Die Richtung eines Schalls kann sehr exakt bestimmt werden, denn durch den breiten Kopf stehen die Ohrspalten weit auseinander, sodass Zeit- und Intensitätsunterschiede gemessen werden können, wenn Schallwellen links und rechts in kurzen Zeitabständen auftreffen. Dies bedingt wieder eine sehr fein arbeitende Zeitverrechnung im Gehirn. Die Hörleistung ist am besten bei Geräuschen mit breitem Frequenzband, Eulen hören also das Rascheln der Mäuse sehr gut, nicht jedoch ihr Quieken.

Aber die Leistungen der hier nur grob skizzierten „Empfänger" von Licht- und Schallwellen werden durch zusätzliche Anpassungen noch verbessert. Die enorme Drehfähigkeit des Halses, die durch Zusammenwirken einer flexiblen Halswirbelsäule und seitlichen Muskeln bis zu 360° betragen kann, bringt Auge und Ohr in Stellung, ohne dass sich die Eule mit ihrem ganzen Körper bewegen muss[11]. Kammartige Zähnelung an den äußersten Handschwingen sorgt für feine Verteilung des Luftstroms und vermindert dadurch Fluggeräusche. Der Effekt des „lautlosen" Eulenflugs wird verstärkt durch eine luftdurchlässige, vergitterte Flügelfläche und locker ausgefranste Federränder, die den Luftstrom über den Flügel gleiten lassen. Feinste Luftverwirbelungen um den schlagenden Flügel sorgen damit für Geräuschdämpfung, die eine akustische Ortung erfolgreich macht und Beutetiere überrascht[12]. Als Erfolgsrezept kommt noch dazu, dass die auffällige Ortstreue den Waldkäuzen die Möglichkeit bietet, ihre Umgebung auswendig zu lernen und sich in ihrem Revier auch bei (fast) völliger Dunkelheit zurechtzufinden.

Wasseramsel

Der Singvogel, der sich ins Wasser stürzt

Der Wasserschwätzer oder Wasserstaar, die Wasser-, Bach-, Strom- und Seedrossel oder Wasser-, Bach, Strom- und Seeamsel [...] gehört nicht allein zu den auffallendsten, sondern auch zu den anziehendsten aller Vögel. Seine Begabungen sind eigenthümlicher Art. Er läuft mit der Gewandtheit und Behendigkeit einer Bachstelze über die Steine des Flußbettes dahin, nach Art der Stel-

Wasseramsel. Altvogel (oben), teilweise noch Jugendkleid (rechts)
(Buch der Welt 1848, Federlitho. handkol.)

zen oder Uferläufer Schwanz und Hinterleib auf und nieder bewegend, wadet von den Steinen herab bis ins Wasser hinein, tiefer und tiefer bis zur halben Oberbrust, bis zu den Augen, noch tiefer, bis das Wasser über ihm zusammenschlägt, und lustwandelt, sodann, funfzehn bis zwanzig Sekunden lang, auf dem Grund weiter, unter den Wellen oder im Winter unter der Eisdecke dahin, gegen die Strömung oder mit ihr, als ginge er auf einem ebenen Boden. Er stürzt sich in den ärgsten Strudel, in den tollsten Wassersturz. Wadet, schwimmt, benutzt seine kurzen Flügel als Ruder und fliegt, sozusagen, unter dem Wasser dahin, wie er eine senkrecht hinabstürzende Wassermasse in Wirklichkeit fliegend durchschneidet. Kein anderer Vogel beherrscht in derselben Weise wie er das Wasser. Nicht immer wadet er von seinem Sitzpunkt allmählich in das Wasser, sondern sehr häufig auch stürzt er sich auch von seiner Warte herab jählings in die Tiefe, eher nach Art des Frosches als nach Art eines Eisvogels. Sein Flug erinnert an den des Eisvogels, ähnelt aber noch viel mehr dem unseres Zaunkönigs. Aufgescheucht fliegt er mit schnell aufeinander folgenden Flügelschlägen in gleicher Höhe über dem Wasser dahin, jeder Krümmung des Baches folgend. Der Flug endet plötzlich, sowie er bei einem neu gesicherten Ruhepunkte angekommen ist; es geschieht aber auch gar nicht selten, daß er von einer erspähten Beute angezogen jählings aus der Luft herab in das Wasser stürzt.

Obgleich wir mit Bestimmtheit nur behaupten können, daß die höheren Sinne und namentlich Gesicht und Gehör des Wasserschwätzers auf sehr hoher Stufe stehen, müssen wir doch annehmen, daß auch die übrigen nicht verkümmert sind. Die geistigen Fähigkeiten dürfen unzweifelhaft als sehr entwickelt bezeichnet werden. Der Wasserschwätzer ist klug, vorsichtig, verschlagen und allerorten, wenn auch nicht scheu, so doch höchst aufmerksam auf alles, was rings um ihn vorgeht. Er kennt seine Freunde genau und nicht minder gut seine Feinde. Den Menschen, welcher seinen stillen Wohnort einmal betritt, flieht er von weitem; vor Raubthieren aller Art nimmt er sich nicht weniger in Acht. Aber derselbe Vogel, welcher in der Sierra Nevada oder unter den Gletschern der Schweizer Alpen ebenso scheu ist wie an Lapplands Gebirgswässern, gewöhnt sich an das Treiben des Menschen und wird sogar ungemein zutraulich, sobald er die feste Überzeugung, daß ihm keine Gefahr droht, gewonnen hat. In der Nähe der Mühlen ist er ein regelmäßiger Gast, welcher in dem Müller und seinen Knappen nur gute Freunde sieht; er kann sich aber auch inmitten der Dorfschaften sehr sicher fühlen.

Nach der Art so vieler anderer Fischer liebt der Wasserschwätzer die Gesellschaft seinesgleichen nicht. Bloß während der Brutzeit sieht man die Paare im innigen Verbande, und nur, solange die Jungen der elterlichen Führung bedürftig sind, die Familien zusammen; in allen übrigen Abschnitten des Jahres lebt jeder Wasserschwätzer mehr oder weniger für sich, obgleich die Gatten eines Paares wiederholt sich besuchen.

Die Stimme, welche man gewöhnlich und regelmäßig dann, wenn er aufgejagt wird, von ihm vernimmt ist wie ein „Zerr“ oder „Zerb“ klingender Laut, der Gesang des Männchens ein leises, aber höchst anmuthendes Geschwätz, welches aus sanft vorgetragenen, schnurrenden und lauter vernehmlichen schnalzenden Lauten besteht.

Die Nahrung besteht vorzugsweise aus Kerbthieren und deren Larven. Mein Vater fand in dem Magen der von ihm untersuchten Wasserschwätzer Mücken, Wassermotten, Hafte und verschiedene Käferchen, nebenbei auch Pflanzentheilchen, welche wahrscheinlich bloß zufällig mit verschluckt werden, und Kieskörner, wie solche so viele Vögel fressen, um ihre Verdauung zu befördern. Gloger ist der erste, welcher angibt, daß der Wasserschwätzer im Winter auch kleine Muscheln und junge Fischchen verzehrt und davon einen thranigen Geruch erhält; später erfuhr ich, daß die liebe Schuljugend einer meinem Dorfe benachbarten Ortschaft junge Wasserschwätzer im Neste zu ihrem besonderen Vergnügen mit kleinen, mühselig gefangenen Fischen fütterte, und hatte die Freude, zu erfahren, daß die Jungen bei dieser Nahrung sehr wohl gediehen.

Anders gestalten sich die Verhältnisse, wenn längere Zeit hindurch Regen fällt und die sonst so klaren Fluten seiner Bäche sich trüben. Dann wird es ihm schwer, die ihm nothwendige Menge von Nahrung zu erwerben und er muß daher zu besonderen Künsten seine Zuflucht nehmen. Nunmehr verläßt er seine Lieblingsplätze in mitten des brausenden Flusses und begibt sich an jene Uferstellen, wo von oben herab Gras ins Wasser hängt, oder zu einzelnen Wasserpflanzen, welche die Strömung auf der Oberfläche schwimmend erhält [...]. Hält der Regen längere Zeit an, so kommt er zuweilen in harte Noth, und wird infolge der Entbehrung trübe gestimmt [...]. Im äußersten Nothfalle besucht er auch die stillen Buchten am Ufer, welche er sonst meidet, und betreibt hier seine Jagd. Aber sobald sich das Wasser wieder klärt und die Sonne wieder unverhüllt vom Himmel hernieder schaut, ebensobald hat er auch seine gute Laune wieder gewonnen und ist ebenso heiter und fröhlich geworden, als es jemals war.

Brehm spricht vom Wasserschwätzer und führt noch eine stattliche Reihe anderer deutscher Namen an. Heute hat man sich auf Wasseramsel geeinigt, obwohl der braune Singvogel keine Amsel ist. Man tat sich deshalb etwas schwer, einen passenden Namen zu finden, weil die Wasseramsel in der heimischen Vogelwelt systematisch isoliert steht und zu einer eigenen kleinen Familie zählt, mit nur fünf Arten weltweit auf die großen Kontinente verteilt, je eine in Europa, in Asien, Nord- und Mittelamerika und zwei in Südamerika. Da man lange Zeit nicht sicher war, in die Nähe welcher heimischen Vogelgruppe man den in seiner Lebensweise so aus der Reihe fallenden Singvogel stellen sollte, hat man sich mit äußeren Eindrücken beholfen. Es geht also nicht um Amseln oder Stare und wegen der gedrungenen Figur auch nicht um einen Zaunkönigverwandten, wie man zeitweise vermutete, sondern um Wasseramseln als

Im Wasser lebende Insektenlarven ernähren Wasseramseln.

eine eigene Singvogelfamilie. Die englische Vogelkunde tat sich in der Namenswahl leichter, denn für sie ist die Wasseramsel ganz unverwechselbar der Dipper.

Beim guten alten, heute kaum noch gebrauchten „Wasserschwätzer" muss man nach eingehenden Untersuchungen mit Klangattrappen genderkorrekt vorgehen, denn es gibt auch Wasserschwätzerinnen. Der nicht sehr laute schwätzende Gesang, den man trotz rauschenden Wassers oft erstaunlich gut hört, wird auch von Weibchen vorgetragen, um ihr Revier gegen Artgenossen beiderlei Geschlechts zu markieren[1]. Im kargen Umfeld der Wasseramseln ist Abstandhalten für beide Geschlechter überlebenswichtig.

Die Ordnung der Sperlingsvögel, zu der auch die Singvögel zählen, umfasst nach der neuesten Artenliste der Vögel der Welt nicht weniger als 137 Familien und 6229 Arten[2]. Das kann sich je nach Stand der Einsichten in verwandtschaftliche Beziehungen im Lauf der Zeit ein wenig ändern, aber das erstaunliche Ergebnis bleibt, dass nur fünf Arten einer Familie in dieser riesigen Vogelordnung die „Begabungen ... eigenthümlicher Art", also Anpassungen in der Evolution, erworben haben, die ihnen ein Leben wie das der Wasseramsel erlauben. Dieser bescheidene Evolutionserfolg im Promillebereich deutet an, dass die Entwicklung eines komplizierten Musters unterschiedlicher Merkmale nötig war, die von anderen Stammeslinien abweichen. Die damit erworbene Lebensweise hat der Evolution nicht viel Spielraum gelassen, aus einer angepassten Art neue Arten zu entwickeln. So ist auch keine zwischenartliche Konkurrenz um das offensichtlich für Vögel nur unter besonderen Umständen nutzbare Nahrungsangebot im Fließwasser entstanden.

Die kompakte Gestalt des Vogels ist hydro-dynamisch zu interpretieren, gut geeignet für Schwimmen und Tauchen in rasch fließendem Wasser. Die Brustfedern der tauchenden Wasseramseln, wozu auch die europäische zählt, sind durch ihre Feinkonstruktion stärker wasserabweisend als die anderer Singvögel und der beiden nicht tauchenden südamerikanischen Wasseramselarten[3]. Eine außerordentlich hohe Zahl von Konturfedern schützt den Körper vor Nässe und Kälte. Die Schweizerin Christine Breitenmoser-Würsten zählte bei einer Wasseramsel (58,5 g Körpergewicht) 4638 Konturfedern, bei einer Singdrossel (57,5 g) nur 3303[4]. Dazu kommt aber noch ein außerordentlich dichtes Unterkleid aus Pelzdunen. An der Schwanzbasis sitzt eine im Vergleich mit gleichgroßen Singvögeln 6- bis 10-fach vergrößerte Bürzeldrüse, mit deren Sekret beim Gefiederputzen das Federkleid imprägniert werden kann. Die schlitzförmigen Nasenöffnungen lassen sich mit einer Membran verschließen, das Auge hat durch flache Hornhaut, runde Linse und besondere Ringmuskulatur hohes Akkomodationsvermögen, Voraussetzung für gute Sicht sowohl in der Luft als auch unter Wasser. Auf relativ langen Beinen mit kräftigen Zehen und stark gekrümmten Krallen laufen Wasseramseln am Ufer sowie unter Wasser und können sich gut festhalten, ja sogar an senkrechten Strukturen klettern. Die gerundeten Flügel werden unter Wasser als kompakte Flossen eingesetzt[5].

Besondere Anpassungen müssen aber meist Kompromisse eingehen. Das gilt z. B. für die Mauser des Großgefieders, um deren Beschreibung sich manche Hypothesen ranken. Johann Hegelbach hat herausgefunden, dass die Mauser des Großgefieders nicht linear, sondern in Schüben stattfindet, einzigartig unter den Singvögeln[6]. Dadurch wird aber insgesamt die Mauserdauer der lebenswichtigen Federpartien nicht verkürzt, nur in kürzere Zeitabschnitte zwischen Ruhephasen zerlegt, denn zwischen den Mauserschüben treten Pausen ein. Während der Mauserschübe sind Wasseramseln behindert. Sie kompensieren das durch ihr Verhalten, indem sie dann hauptsächlich an Uferstreifen oder im Seichtwasser nach Nahrung suchen und mehr zu Fuß unterwegs sind.

Die Wasseramsel ist nicht flächig verbreitet, sondern siedelt linear entlang geeigneter Flussläufe mit einigermaßen sauberem Wasser. Es gibt nirgendwo auffallende Konzentrationen, da jedes Paar ein paar hundert Meter Flussstrecke benötigt. So treffen rein rechnerisch in der wasser- und bergreichen Schweiz auf ein Paar etwa 6 km^2 Landesfläche, in Deutschland dagegen 25, weil nördlich der Mittelgebirgsschwelle keine Paare mehr brüten[7,8]. In den Niederlanden brütete 2013 bis 2016 nur ein einziges Paar erfolgreich[9]. Auf die Fläche umgerechnete grobe Schätzungen nationaler Bestände lassen immerhin erkennen, dass die Wasseramsel keineswegs zu den häufigen Vögeln zählt. Gewässerausbau und -verschmutzung führten bis etwa in die 1960er-Jahre zu einer Abnahme. Zudem verfolgte man den Vogel als Fischereischädling, was bei einer derart geringen Siedlungsdichte natürlich zu Buche schlägt. Erfreulicherweise hat sich in vielen Gebieten Mitteleuropas der regionale Brutbestand erholt oder blieb wenigstens stabil. Man führt dies auf Verbesserung der Wasserqualität und rücksichtsvolleren Umgang mit wasserbaulichen Eingriffen zurück. Aber das ist mehr oder minder nur eine Vermutung. Immerhin hat die Auswertung von umfassenden Verbreitungsdaten aus der Schweiz ergeben, dass tatsächlich an Gewässern mit gutem oder sehr gutem biologischen Zustand die Siedlungsdichte von Wasseramseln am höchsten ist. Wasseramseln stellen höhere Ansprüche an die Wasserqualität als etwa Gebirgsstelzen, weil sie stärker auf Wirbellose angewiesen sind, die im Wasser leben, also etwa Larven von Eintags-, Stein- und Köcherfliegen. Auch großzügiges Angebot von Nisthilfen unter Brücken und an Ufermauern hat als Artenschutzmaßnahme gewirkt[10]. Allerdings muss man etwas Geduld haben, bis neu angebrachte Nistkästen besetzt werden[11]. Kanufahrten einschließlich sportlicher Meisterschaften, Grillpartys am oder auf kleinen Kiesinseln im Fluss, wildes Camping in

Schutzgebieten, Canyoning, ... – der wachsende Freizeitdruck richtet sich auch gegen den so außergewöhnlichen Flussbewohner. Man muss also wachsam sein.

Wie wird es der Wasseramsel in Zeiten des Klimawandels ergehen? Prognosen, die aus den jahrzehntelangen eingehenden Untersuchungen der Arbeitsgruppe um Johann Hegelbach in Zürich abzuleiten sind, klingen zuversichtlich. In Zürich und Umgebung bestimmten Luft- und Wassertemperatur im Februar den Beginn der Brutsaison. Die gemessenen Werte nahmen seit 1970 zu, Wasseramseln begannen früher zu brüten. Frühen Erstbruten folgten mehr Zweitbruten im Jahr als in Jahren mit späterem Brutbeginn[12]. Das bedeutet eine höhere jährliche Vermehrungsrate. Aber mit der Erwärmung ändert sich auch die Fauna der Fließgewässer und damit das Nahrungsangebot. Möglicherweise kommen unsichere Zeiten auf eine Bewohnerin der Forellenregion unserer Fließgewässer zu, deren Wassertemperatur selten über 10° steigt. Auch in der im Flusslauf anschließenden Äschenregion mit Wassertemperaturen kaum höher als 15° könnte sich manches ändern. Gemessene Temperaturen werden die Kleintier- und Fischfauna wohl nicht unmittelbar beeinflussen, aber mit der Erwärmung sinkt die Fähigkeit des Wassers, Sauerstoff aufzunehmen. Da könnten fein angepasste Atmungssysteme Schwierigkeiten bekommen.

Aber wieder einmal sollte man auch in andere Richtungen denken. Seit 13 Jahren gehe ich jeden Monat viermal knapp vier Kilometer Flussstrecke an Partnach und Loisach ab, in Bayern bekannte Gebirgsflüsse, seit jeher Brutplätze der Wasseramsel. Während aller Kontrolljahre seit 2008 ließen sich regelmäßig maximal bis zu 12 Wasseramseln pro Monatsstrecke dort beobachten, in fast allen Jahren auch eben flügge Jungvögel. Ab 2018 endet die Geschichte plötzlich, es gab nur noch sporadische Nachweise und dann ein volles Jahr ohne Wasseramseln. Verändert hat sich an den Flussabschnitten nichts, die leider üblichen wasserbaulichen Eingriffe hatten schon vorher stattgefunden. Die Ergebnisse chinesischer Kollegen aus Taiwan brachten mich auf die Fährte des Klimawandels. Sie konnten nachweisen, dass die Überlebensrate alter und junger Pallaswasseramseln (benannt nach dem Forschungsreisenden Peter Simon Pallas), der östlichen Verwandten unserer Wasseramsel, mit der Häufigkeit von Hochwässern abnimmt[13]. Hochwässer könnten also die Garmischer Wasseramseln vertrieben oder dezimiert haben. Aber der Vergleich der jährlichen Regenmengen oder der Zahl der Regentage ergab keinen Hinweis auf eine plötzliche Änderung. Hohen Wasserstand gab es in jedem Jahr. Nur die Niederschlagsmenge des jeweils regenreichsten Tages ist vielleicht der Ansatz zu einer Spur; sie war nämlich im letzten Jahr merklich höher als früher. Es könnte also nicht etwa „längere Zeit anhaltender Regen“ die Wasseramsel „infolge der Entbehrung trübe gestimmt haben", sondern kurzer Regen, in den letzten Jahren die zunehmende Frequenz der kurzfristig sehr heftigen Güsse, also hohe Niederschlagsmengen pro Zeiteinheit. In den Abflüssen mit hohem Gefälle treibt dann eine braune Brühe, die noch kein Hochwasser bedeutet, aber Steine und kleine Inseln im Bachbett überschwemmt und Bodenpartikel zu Tal. Wasseramseln haben keine Sicht mehr im Wasser, auch wenn der heftige kurzzeitige Abfluss sich wieder etwas beruhigt hat. Also müssen offizielle Hochwasser- und Wetterstatistiken durch Notizen über den jeweils aktuellen Zustand der kontrollierten Flussabschnitte ergänzt werden, um der Wasseramsel gerecht zu werden. Der kleine Ärger bleibt, noch nicht früher auf diese Idee gekommen zu sein. Aber mittlerweile haben Auswirkungen von Starkregenfällen die Fachbehörden aktiv werden lassen. Wenige Wochen nach der Auswertung unserer Wasseramseldaten sind sich Experten einig, dass die Region um Garmisch-Partenkirchen besonders von Starkregenereignissen betroffen ist. Ein Pilotprojekt soll die Folgen für Gewässer und Wildbäche analysieren. Ein kleiner Vogel hat uns also wieder einmal auf Umweltprobleme aufmerksam gemacht[14].

In der Sierra Nevada hat sich die Beinlänge (genauer der Laufabschnitt) der Wasseramseln über zwanzig Jahre verkürzt, Flügel und Schwanz haben sich jedoch vergrößert, die Vögel sind aber weder leichter geworden, noch haben sie an Körpergewicht zugelegt. Die spanischen Autoren vermuten, die Zunahme der Flügel- und Schwanzlänge könnte eine Antwort auf Veränderung des Nahrungsangebots andeuten. Das Wasservolumen der Flüsse des Untersuchungsgebiets hatte abgenommen, die Wasseramseln mussten sich also auf neue Bedingungen des Nahrungserwerbs einstellen und sind jetzt offenbar gezwungen, mehr zu fliegen - ihre trophische Nische hat sich verändert, wie man sich wissenschaftlich auszudrücken pflegt[15]. Das hat möglicherweise den Fortpflanzungserfolg von Individuen mit kürzerem Lauf und größeren Flügeln begünstigt.

Wasseramsel, Klimawandel und Schicksal der Flüsse – da sind noch spannende Fragen zu beantworten, denn viele Variablen ihres Lebensraums können eine Rolle spielen[16].

Zaunkönig

Kleiner Kerl mit großer Stimme

Sein Wesen ist höchst anziehend. Er hüpft in gebückter Stellung überaus schnell über den Boden dahin, so daß man eher eine Maus als einen Vogel laufen zu sehen glaubt. Kriecht mit staunenswerter Fertigkeit hurtig durch Rit-

Zaunkönige am Nest (Xylographie aus Gartenlaube*, 1893)*

zen und Löcher, welche jedem anderen unserer Vögel unzugänglich scheinen. Wendet sich rastlos von einer Ecke, von einem Busche, von einem Reisighaufen zum anderen, untersucht alles und zeigt sich nur auf Augenblicke frei, dann aber in einer Stellung, welche ihm ein keckes Aussehen verleiht: Die Brust gesenkt, das kurze Schwänzchen gerade empor gestelzt. Reizt etwas besonderes seine Aufmerksamkeit, so deutet er dies durch rasch nacheinander wiederholte Bücklinge an und wirft den Schwanz noch höher als gewöhnlich. Fühlt er sich sicher, so benutzt er jeden freien Augenblick zum Singen oder wenigstens zum Locken; nur während der Mauser ist er stiller als gewöhnlich. Sobald sein Lied vollendet ist, beginnt das Durchschlüpfen und Durchkriechen der Umgebung von neuem. Zu Fliegen entschließt er sich nur, wenn es unbedingt nöthig ist.

Die Stimme, welche man am häufigsten vernimmt, ist ein verschieden betontes „Zerr“ oder „Zerz“, der Warnruf, auf welchen auch andere Vögel achten, eine Verlängerung dieser Laute oder auch ein oft wiederholtes „Zeck zeck zeck“. Der vortreffliche und höchst angenehme Gesang besteht aus vielen anmuthig abwechselnden, hell pfeifenden Tönen. Welche sich in der Mitte der eben nicht kurzen Weise zu einem klangvollen, gegen das Ende im Tone singenden Triller gestalten; letzterer wird oft gegen das Ende des Gesanges wiederholt und bildet dadurch gewissermaßen den Schluß des ganzen. Die Töne sind so stark und voll, daß man erstaunt, wie ein so kleiner Vogel sie hervorbringen kann. In den Wintermonaten macht dieser Gesang einen außerordentlichen Eindruck auf das Gemüth des Menschen. Die ganze Natur still und todt, die Bäume entlaubt, die Erde unter Schnee und Eis begraben, alle anderen Vögel schweigsam und verdrießlich, nur er, der kleinste fast, heiter und wohlgemuth […]. Wem im Winter beim Lied des Zaunkönigs das Herz nicht aufgeht in der Brust, ist ein trauriger, freudloser Mensch!

Ebenso muß bemerkt werden, daß der Zaunkönig Nester baut, welche nur als Schlafstelle, nicht aber zum Brüten dienen. Sie sind aber stets kleiner als die Brutnester, meist nur aus Moos errichtet und innen nicht mit Federn ausgefüttert. Boenigk hat einen Zaunkönig vom April an bis zum August beobachtet und das erfahrene sehr ausführlich, in wenigen Worten zusammengedrängt, wie folgt beschrieben: Ein Männchen baut viermal ein fast vollkommenes Nest, bevor es ihm gelingt, eine Gefährtin zu finden. Nachdem es endlich sich gepaart hat, müssen beide Gatten, verfolgt im Mißgeschick, dreimal bauen, ehe sie zum Eierlegen gelangen können, und als nun das Weibchen erschreckt durch sein Unglück flieht, vielleicht um sich einen anderen Gatten zu suchen, müht sich das verlassene Männchen noch mehrere Wochen ab und baut in dieser Zeit zwei Wohnungen fertig, welche es nicht benutzt. Dieses Einzelarbeiten eines Zaunkönigs scheint mit einer anderen Eigenthümlichkeit des Vogels zusammenzuhängen. Durch Beobachtungen von Ogilby ist es nämlich festgestellt, daß die Zaunkönige sehr gern in ihren alten Nestern Nachtruhe halten und zwar nicht nur einer oder ein Pärchen, sondern die ganz Familie. Dasselbe hat [...] ein Bauer in Anhalt erfahren, welcher an einem Winterabende in den Viehstall geht, um in einem der dort hängenden Schwalbennester einen Sperling zu fangen, aber die ganze Hand voll von Vögeln bekommt und zu seiner Verwunderung fünf Zaunkönige erkennt, welche sich in Eintracht des Nests als Schlafstätte bedient hatten.

Namen markieren oft sehr aufschlussreich, unter welchen Blickwinkeln der Mensch einen Vogel sieht. Der deutsche „Zaunkönig" orientiert sich am „kecken Aussehen", wenn der ab und zu frei sitzende kleine König gewissermaßen auf sein Reich blickt. Aber Linné sah das 1758 anders, als er dem Zaunkönig den wissenschaftlichen Namen *Troglodytes* - Höhlenbewohner zuwies und damit weniger von königlicher Haltung, sondern vom versteckten Leben im dichten Gewirr von Gestrüpp, zwischen hohen krautigen Pflanzen oder unter aufgeschichtetem Holz beeindruckt war. Zaunkönige verschwinden blitzschnell in Löchern, die man vorher nicht wahrgenommen hat, und bauen geschlossene, gut versteckte Nester. Heute huscht ein „Höhlenbewohner" vor allem in der kalten Jahreszeit gelegentlich als fliegende Maus bei Störung auch einmal unter einem parkenden Auto hervor. Ein Zaunkönig, der sich in einen beleuchteten Hausgang verflogen hatte und schwer zu fangen war, schlüpfte flugs in das dunkle Loch einer hingehaltenen Küchenrolle und ließ sich darin bequem ins Freie transportieren[1]. Aber weder Zaunkönig noch Höhlenbewohner stehen für einen weiten Blick der Europäer. Der Höhlenbewohner wurde zum Namen der Familie Zaunkönige – Troglodytidae, in der nicht weniger als 87 Arten in Nord-, Mittel- und Südamerika leben, nur eine einzige in der Alten Welt[2]. Die vielen unterschiedlichen Zaunkönige der Neuen Welt waren sehr erfolgreich, sich einer breiten Habitatpalette anzupassen und ökologische Nischen zu erobern, die außerhalb Amerikas von Angehörigen mehrerer Vogelfamilien erfolgreich besetzt wurden[3]. Aber diese Vielfalt in der Verwandtschaft des einzigen altweltlichen Höhlenbewohners haben die Europäer mit ihrem einzigen Zaunkönig damals nicht gesehen. Und die Amerikaner stört es vielleicht auch gar nicht, dass ihre unterschiedlichen Zaunkönige unter Troglodyten eingereiht werden, weil sie mit dem Altgriechischen sicher nicht besonders vertraut sind.

Am Gesang macht sich der kleine, meist gut versteckte Zaunkönig auch auf größere Entfernung bemerkbar, denn unter guten Bedingungen kann man ihn über 500 m weit hören, vor allem wenn das Männchen eine freistehende Singwarte eingenommen hat. In dichter Vegetation wird der Schalldruck allerdings mehr oder minder gedämpft[4]. Vielleicht sind diese Dämpfungen auch ein Grund dafür, dass der normalerweise in dichter Vegetation lebende Vogel einen so lauten und komplexen Gesang entwickelt hat, der auch aus dem Versteck weit zu hören ist. Die vollständigen Strophen sind mit etwa 5-6 Sekunden relativ lang und nicht nur in ihrer etwas komplizierten Zusammensetzung schwer zu beschreiben. Jeder Sänger kann nämlich mehrere Strophentypen und in verschiedenen Gegenden singt man auch unterschiedliche Strophen. Es haben sich also regelrechte Dialekte entwickelt[4].

An stillen Wintertagen geht einem in der Tat „das Herz in der Brust auf“, wenn ein Zaunkönig seine Strophe schmettert: eine geschlossene Schneedecke überzieht das Land und Vögel haben dann meist wenig zu sagen. Allerdings ist der Wintergesang oft etwas verhaltener und kürzer, weil Strophen abgebrochen werden.

Zaunkönige schmettern ihre Strophe überraschend laut.

Auch Zaunkönige haben aber ausgesprochene Sangesperioden und stille Zeiten im Jahr. Ich teilte seit 1966 insgesamt 33 Jahre mit einigen Zaunkönigen Tag und Nacht das Revier, Mitarbeiter, Freunde und Besucher legten noch ein Jahrzehnt drauf. In den 43 Jahren verzeichnen die Tagesprotokolle 6935 Zaunkönigtage, also Tage, an denen eine Person Zaunkönige optisch oder akustisch registriert hatte. Obwohl etwa 820 m Seehöhe in den Alpen und zumindest in den ersten Jahrzehnten noch Winter mit beachtlicher Schneemenge für Zaunkönige zweifelsohne große Herausforderungen bedeuteten, hielten jeden Winter einige durch. Die Verteilung der Sangeslust über die Jahreszeiten ergab ein interessantes Bild. Von 27. Dezember bis 5. Januar, also nur zehn Tage lang, sang in 43 Jahren nie ein Zaunkönig, von Anfang Dezember bis Anfang Februar waren weniger als 10% der Zaunkönigtage auch Sangestage. Von Anfang März bis Anfang Juli gab es dann in 75 bis über 90% der Zaunkönigtage mindestens einen Sänger. Die Gesangsaktivität sank danach kontinuierlich über die Wochen von etwa 40% im Spätsommer bis Ende Dezember auf unter 10%. Immerhin sang über vier Monate fast täglich mindestens einer auf der kleinen Kontrollfläche von etwa vier Hektar, ehe dann die Vollmauser ab August die Sangesfreude dämpfte. Ganz ähnlich lagen die Ergebnisse der Zählungen singender Männchen in Rom durch italienische Kollegen: von März bis Juni war die Zahl der Sänger am höchsten und ging im Juli bereits stark zurück. Von August bis Oktober sangen keine mehr, im Winter stieg die Zahl der Sänger von Dezember bis Februar allmählich auf das Frühjahrsniveau[5]. Stadtzaunkönige in Südeuropa sangen also ähnlich übers Jahr verteilt wie ihre Artgenossen in ländlichen Gebieten jenseits der Alpen, zeigten aber in den milderen Wintern mehr Sangesfreude. In der Zeit der sommerlichen Vollmauser wird es überall schwer, noch ausreichend Energie für schmetternden Gesang aufzubringen.

Männchen werben nicht nur als aktive Sänger um die Weibchen, sondern bieten in der Regel auch mehr, nämlich Nester, zumindest als Rohbauten, einem Weibchen zur Wahl an. Solche Wahlnester, die man früher, da man ihre Bedeutung noch nicht kannte, auch als „Spielnester“ bezeichnete, befördern die Paarbildung. Männchen mit zwei oder drei fertigen Wahlnestern finden leichter ein Weibchen als solche, die weniger zu bieten haben[6]. Ein vollständiges Zaunkönignest ist ein ovales, geschlossenes Gebilde mit einem Flugloch auf der Vorderseite. Als Baumaterial kommen Moos, Halme und Ästchen, dürres Laub aus der nächsten Umgebung infrage. Männchen sind für den Außenbau zuständig, Weibchen besorgen die Innenauspolsterung des ausgewählten Rohbaus mit Moos, Federchen, von denen Hunderte verbaut sein können, Haaren oder Wolle.

Die lange Zeit intensiven Singens und das eifrige Nestangebot der Männchen hat Folgen. Weibchen sind nämlich nicht besonders revier- und partnertreu. So kommt es meistens nur zu einer Brutehe, die vor der zweiten Brut einer Saison schon wieder auseinandergeht. Länger haltende Ehen über eine ganze Brutsaison sind auch bekannt, aber deutlich seltener. Schon vor rund 80 Jahren hat ein Forscherteam in einem Garten bei Maastricht entdeckt, dass etwa die Hälfte der Männchen mehr als ein Weibchen an sich binden konnte, drei Männchen waren sogar mit je drei Weibchen gleichzeitig verpaart[6]. Seither weiß man, dass zumindest sukzessive Polygynie (ein Männchen verpaart sich nacheinander mit mehr als einem Weibchen) beim Zaunkönig nicht selten ist und auch simultane Polygynie (ein Männchen ist gleichzeitig mit mehr als einem Weibchen verpaart) immer wieder vorkommt.

Bis heute sind in der heimischen Vogelwelt Partnerschaftssysteme, die von der monogamen Saisonehe abweichen, bei einer Reihe von angeblich streng saisonmonogamen Arten nachgewiesen worden, bei manchen sogar ausgesprochen häufig. Belastbare Nachweise sind aber nicht so leicht zu erbringen, denn es ist oft nicht einfach, den Anteil von der Monogamie abweichender Partnerschaftsbindungen in einer Vogelpopulation zu bestimmen. Die beteiligten Vögel müssen individuell zu erkennen und kontrollierte Brutpopulationen vollständig erfasst sein. Aber auch dann sind die Verhältnisse noch nicht sauber analysiert, denn was man durch das Fernglas sieht, sind nur die sozialen Partnerschaften und daher nicht die ganzen Geschichten. Man erkennt, wer mit wem „herumhängt", weiß aber noch nicht, wer sich mit wem fortpflanzt. Hierüber können nur Gewebeproben Aufschluss geben, deren DNA mit molekulargenetischen Methoden verglichen wird[7]. Mit solchem modernen Ansatz hat man inzwischen auch herausgefunden, dass Seitensprünge ohne weitere Partnerbindung bei monogamen Singvögeln zu einem bestimmten Anteil regelmäßig vorkommen.

Es gibt mehrere Hypothesen, Abweichungen von der Monogamie zu erklären. Eine davon ist die Möglichkeit, dass durch Genstreuung die Chancen vergrößert werden, gute Gene für den Nachwuchs zu gewinnen. Für ein Weibchen besteht die Möglichkeit, nach der Begattung mit einem fremden Männchen seine Gene noch mit einem anderen Satz von Genen weitergeben zu können und möglicherweise noch ein anderes Weibchen als Mutter für die Aufzucht eines seiner Jungen einzuspannen. Ein Männchen, das ein großes Revier mit mehreren Weibchen verteidigen kann, hat die Chance, seine Gene über verschiedene Weibchen weiterzugeben. Ein „betrogenes" Männchen war vielleicht nicht in der Lage, sein Weibchen gegen einen Seitensprung oder Übergriff eines fremden Männchens ausreichend zu bewachen und mindert damit seine Chancen, mit eigenen Genen in der nächsten Generation vertreten zu sein, wenn er für den einen oder anderen Nestling in „seinem" Nest nicht der biologische Vater ist.

Regelrechte Polygynie (ein Männchen mit mehr als einem Weibchen) muss aber Chancen haben, Nachwuchs erfolgreich aufzuziehen. Beim Zaunkönig ist die relativ geringe aktive Beteiligung des Männchens an der Aufzucht der Jungen eine Voraussetzung, Zweitweibchen ohne festen Partner haben also keine allzu großen Nachteile. Auch ist der Anteil polygyner Männchen in verschiedenen Gebieten sehr unterschiedlich. In suboptimalen Lebensräumen leben weniger polygyne Männchen als in besonders günstigen und nahrungsreichen, selbst im Urwald des östlichen Mitteleuropas sind Polygynieanteile geringer als unter günstigen Garten- oder Parklandschaftsbedingungen im westlichen Europa[8]. Je kleiner die Brutreviere sein können, desto mehr Männchen ziehen mehr als ein Weibchen an. Auch bei anderen Singvögeln hat man herausgefunden, dass die Häufigkeit unterschiedlicher Partnerschaftssysteme maßgeblich von Struktur und Ressourcen des Habitats abhängt, also keine feste Größe ist, sondern Anpassung an die Umwelt verrät. Polygynie entwickelt sich dort, wo Zweit- und Drittweibchen eine Chance haben, ohne oder mit nur eingeschränkter Hilfe des mit mindestens noch einem anderen Weibchen verpaarten Männchens ihre Jungen erfolgreich groß zu bringen.

Das eifrige Nestbauen der Männchen, das schon Brehm und seinen Gewährsleuten auffiel, bringt neben einer erfolgreichen Werbung des Männchens um mindestens ein Weibchen noch andere Vorteile für den Zaunkönig, denn stabile Rohbauten und fertig ausgepolsterte Brutnester, aber auch mehr oder minder sorgfältig gebaute „Spielnester“, dienen vor allem während der kalten Jahreszeit als Schlafstätten. In unserem verwilderten Zaunköniggarten in Partenkirchen suchten z. B. über vier Winter hintereinander Zaunkönige abends zwei alte Brutnester auf, um darin zu übernachten. Meistens schlüpften nur einzelne Vögel bis maximal vier ein, einmal vermerkt das Protokoll auch 10-12 Schlafgäste. Die Nester standen jeweils an Hauswänden, die wohl noch etwas Tageswärme abstrahlten. In einigen Jahren begnügten sich Übernachtungsgäste auch mit dichten Kletterpflanzen an der Mauer. Teilnehmerzahlen an Schlafplatzgesellschaften in geeigneten Räumen, wie Nistkästen, Dachvorsprüngen oder Ställen, können ausnahmsweise über 50 steigen, auch alte Nester anderer Vögel bieten willkommenen Unterschlupf[1]. Dietrich Bentzien beobachtete in Hamburg bis zu 12 Schlafplatzgäste in einem Mauerloch. Der Schlafplatz war aber in milden Nächten nicht besetzt[9]. Stefan Bosch zählte in Südwestdeutschland bis zu 8 übernachtende Zaunkönige in einem Nistkasten aus Holzbeton[10]. Er installierte eine Videoüberwachung, die insgesamt erstaunlich viel Unruhe protokollierte. In kalten Frostnächten suchten die Zaunkönige häufiger den Sitzplatz zu wechseln, wahrscheinlich um in die thermoregulatorisch günstige Nestmitte zu gelangen. Ein einzelner übernachtender Vogel hatte dagegen viel mehr Ruhe. Unruhe in der Gruppe aber scheint dennoch Vorteile zu bieten: Ruhe wird gegen Wärme eingetauscht.

Kurz geratene und fehlende Vogelgeschichten

Alle interessanten Vögel vollständig mit einer Geschichte vorzustellen, konnte auch im groß angelegten „Brehms Thierleben“ nicht gelingen und war wohl auch gar nicht beabsichtigt. Eine sorgfältige Auswahl über möglichst viele Vogelarten, über die man etwas erzählen konnte, kam dem Leser entgegen und forderte den Autor, sie so zu treffen, dass faszinierende Vielfalt als spannende und lehrreiche Lektüre angeboten werden konnte. Fragen nachzugehen, warum über manche Vogelarten keine ausführliche Geschichte erzählt wurde, führen zu Antworten, die einen Wandel der historischen und aktuellen Kenntnisse und damit auch des Interesses der Naturbeobachtung erklären, aber vor allem auch mit einschneidenden Veränderungen in Häufigkeit und Verbreitung der Vögel um uns zusammenhängen. In einer Zeit, in der biologische Forschung hohe Dynamik des Lebens enthüllt, gewinnt kritische Rückschau große Bedeutung. Sie muss allerdings versuchen, menschliches Verhalten auf der Grundlage zeitgenössischen Wissensstands von der Faktenlage zu trennen. Eine besondere Herausforderung ist dabei, zu unterscheiden, ob negative Ergebnisse aus der Vergangenheit wirklich Nullwerte bedeuten können oder nur als Fehlwerte zu betrachten sind, weil das niemanden interessierte oder nicht untersucht wurde. Zu dieser Klärung können auch Geschichten beitragen.

Zu den bekannten Vögeln ohne besondere Brehm-Geschichte zählt der Zilpzalp, den zwar nur wenige Menschen sehen, dessen eingehenden Gesang aber sicher schon jeder gehört hat. Vom Ansehen gibt der kleine Vogel nicht viel her und hat zudem noch mit drei weiteren in Mitteleuropa regelmäßig brütenden Laubsängern optische Doppelgänger, jedenfalls auf den ersten Blick und für den, der ins Vogelbeobachten erst einsteigt oder nur gelegentlich Vögel beobachtet. In Zeiten ohne handliche und leistungsfähige Ferngläser war der Weidenlaubsänger, wie der Zilpzalp bis in die Mitte des 20. Jahrhunderts hieß, nur schwer zu beobachten und, abgesehen vom Gesang, auch kaum von Gattungsverwandten zu unterscheiden. „Innerhalb der Grenzen unseres Vaterlandes wohnen vier Arten, deren Lebensweise in allen Hauptzügen so übereinstimmt, daß ich sie gemeinschaftlich abhandeln darf“. Man wusste zu wenig Erzählenswertes über Laubsänger, außer dass ihre „Bewegungen und Handlungen [...] immerwährenden Frohsinn verrathen“ und „[...] auch im Käfige sieht man Laubsänger selten". Man hatte also wenig Gelegenheit, viel über sie zu erfahren.

Der heute in der Allgemeinheit durch eigene Anschauung wohl bekannteste Vogel, die Amsel, erhält bei Brehm keine eigene Geschichte, sondern wird unter den Drosseln abgehandelt. „Sie bevorzugt feuchte Waldungen oder größere Baumgehege überhaupt, welche viel Unterholz haben und verweilt, wo sie irgendwo auszuhalten vermag, jahraus, jahrein an derselben Stelle. Nur einzelne der im hohen Norden groß gewordenen Amseln treten eine Wanderung an [...]". Amseln waren in Deutschland als Standvögel, Teilzieher und Durchzügler also bekannt, aber offenbar noch nicht annähernd so auffällig wie heute als Garten- und Parkvögel. Die Arealausweitung und vor allem die Verstädterung begann zwar schon im frühen 19. Jahrhundert, war aber für Brehm offensichtlich noch kein Thema. Er gliedert die Amsel ohne besondere Schilderung in die Gruppe der Drosseln ein, die damals auch Bedeutung für die Ernährung hatten, vor allem durchziehende Trupps im Herbst, wie Wacholderdrosseln als Krametsvögel. Offenbar spielten Amseln in den herbstlichen Dohnenstiegen, wie die mit Fangschlingen bestückten Fanganlagen genannt wurden, keine bedeutende Rolle und als für jedermann erlebbare Gartenvögel waren sie noch nicht allgemein bekannt. Immerhin: „Alle Drosseln sind hochbegabt, bewegungsfähig, gewandt, feinsinnig, klug, gesangeskundig, munter und unruhig, gesellig, aber keineswegs friedfertig". Heute jedenfalls gäbe es deutlich mehr über Amseln zu erzählen.

Selbstverständlich fehlt die Türkentaube in Brehms Vogelgeschichten, obwohl sie bereits 1838 der Wissenschaft als eigene Art bekannt wurde. Sie war aber im 19. Jahrhundert in Europa noch kein Thema und so beschränkt sich die Geschichte im Brehm auf die nahe verwandte und sehr ähnliche Lachtaube, die im subsaharischen Afrika und im Südwesten der Arabischen Halbinsel brütet. Mit der Erwähnung einer Kichertaube aus „Indien, Syrien und der Türkei" hat Brehm aber wohl schon die Türkentaube gestreift. Die Vergangenheit der Türkentaube mag bewegt gewesen sein, aber sichere Daten fehlen. Man nimmt an, dass sie erst mit dem Osmanischen Reich auf die Balkanhalbinsel gelangt ist, weil keine antiken Hinweise bekannt sind. Das ist auf alle Fälle ein sehr unsicherer Anhaltspunkt. Expansionen des Brutareals hat es aber in verschiedenen Gebieten Asiens gegeben. In Europa waren Türkentauben offenbar schon am Ende des 19. Jahrhunderts Brutvögel, aber noch um die folgende Jahrhundertwende ihre Verbreitung in Südosteuropa weitgehend unbekannt. Die Expansion nach Nordwesten über Mittel- bis Nordeuropa begann wohl erst in den 1930er-Jahren mit ersten Bruten in der Slowakei, Österreich und Polen am Ende des Jahrzehnts. Heute wird der Brutbestand der Niederlande auf 55 000 bis 70 000 Brutpaare geschätzt. Damit brüten deutlich mehr Türkentauben im Land als verwilderte Straßentauben[1]. In Deutschland liegt der Bestand nach der Jahrtausendwende nach groben Schätzungen mit 110 000 bis 205 000 Revieren noch unter der Zahl der Straßentauben; in der Schweiz wird die Zahl der Straßentauben mit 15 000 bis 25 000 Brutpaaren höchstens knapp erreicht[2]. Das mag damit zusammenhängen, dass in höheren Lagen Türkentauben als Standvögel Probleme haben zu überwintern und auch in Tallagen viele Dörfer nicht besiedeln, wie etwa am Nordalpenrand[3]. Allerdings deutet sich an, dass mit zunehmend milderen Wintern Türkentauben in Alpendörfer einwandern[4]. Großflächig ist der Bestand nach rund 30 Jahren Einwanderungsgeschichte rückläufig, wohl auch als Folge von Strukturänderungen in Dorf und Stadt. Die Entwicklung zeigt aber immer noch viel Bewegung[2]. Europaweit zeichnet sich Neubesiedlung von Gebieten vor allem in Gebieten abseits der ursprünglich nach Nordwesten ausgerichteten raschen Ausbreitungswellen ab, so in Spanien, Italien, aber auch in Schweden und Finnland. Aufgabe von besiedelten Gebieten wurde vor allem in Schottland, Norwegen und im Baltikum registriert[16].

Auch die Straßentaube hat neben der wildlebenden Felsentaube keinen Platz „im Brehm" gefunden. Als verwildertes Haustier lag sie allerdings nie im besonderen Interesse der Vogelkundigen und so wissen wir auch heute wenig über ihre Geschichte als wildlebender Vogel in Städten und Dörfern. Nach mehr oder minder gut gestützten Annahmen scheint es so, als ob die Besiedlung europäischer Städte sehr zögerlich eingetreten ist und erst im 19. Jahrhundert an Fahrt aufnahm[2,5]. Eine wichtige Rolle spielten dabei Taubenhaltungen als Quelle. Auch aktuelle Bestandsgrößen sind nur grobe Schätzungen, da eine realitätsnahe Erfassung methodisch schwierig ist. Man kann vor allem in ländlichen Gebieten wildlebende Straßentauben schwer von Schlagtauben trennen. Außerdem lösen Zählungen von Stadttauben nach wie vor wenig Begeisterung bei Vogelkundigen aus. Nach der Jahrtausendwende schätzte man für Deutschland 190 000 bis 310 000 Reviere, in der Schweiz 20 000 bis 35 000 Paare, in den Niederlanden 10 000 bis 20 000 Brutpaare[1,2,6]. Neuerdings scheinen bestandsmindernde Eingriffe aus teilweise übertriebenen Gründen und als Folge moderner Bauweise in manchen Städten zu Rückgängen geführt zu haben[6,7].

Beim Halsbandsittich liegen die Dinge wieder anders, denn er verdankt seine Existenz als Neubürger (Neozoon) Verfrachtungen mithilfe des Menschen. Die heute wildlebenden Brutvögel stammen von Flüchtlingen aus Haltungen, einige wurden wohl auch als lästig werdende Hausgenossen ausgesetzt. Die 2005 bis 2009 geschätzten 1400 bis 2100 Brutpaare in Deutschland konzentrieren sich auf Kolonien im Rheinland. Der erste deutsche Brutnachweis ist datiert auf das Jahr 1969 in Köln[2]. Auch in den Niederlanden fand die Brutansiedlung Ende der 1960er-Jahre statt[1]. Inzwischen hat sich der Neubürger in einer Reihe von europäischen

Ländern angesiedelt, vor allem in Gebieten mit mildem Winterklima. Die Sittiche fallen jedermann im Stadtbild auf, da sie in Parkanlagen mit höhlenreichen Bäumen Kolonien bilden. Und da gilt häufig auch das, was Brehm aus ihrem natürlichen Verbreitungsgebiet in Afrika und Indien berichtet: „Es dürfte dem Reisenden in jenen Gegenden schwer werden, die Halsbandsittiche zu übersehen. Sie verkünden sich auch dem Naturunkundigen vernehmlich genug durch ihr kreischendes Geschrei, welches das Stimmengewirr der Wälder immer übertönt und umso bemerklicher wird, als auch die Sittiche regelmäßig in mehr oder minder zahlreichen Trupps leben". Wenn man das Stimmengewirr der Wälder durch Verkehrslärm ersetzt, trifft man die Situation in manchen rheinischen Städten. Unüberhörbar bemerklich machen sie sich nicht nur in Brutkolonien, sondern auch, wenn sie sich an Schlafplätzen versammeln, an denen maximal 1000 bis 2500 Vögel zusammenkommen[1]. Im Juli 2010 zählte man in London sogar einmal 15 353 Halsbandsittiche an einem einzigen Schlafplatz, ein offenbar besonders sorgfältig ermittelter Rekord[8].

Ein besonders auffälliger und in Großbritannien sogar als königliches Besitztum eingeordneter Vogel war Brehm nur einige Zeilen wert. „Der zahme Schwan unserer Weiher ist der Höckerschwan, welcher heutigentages im Norden unseres Vaterlandes oder Nordeuropa überhaupt und in Ostsibirien als wilder Vogel lebt [...]". Schon seit Jahrhunderten wurden Höckerschwäne als schmucke Parkvögel mit großem Erfolg ausgesetzt. Ihre immer noch halbzahmen oder auch längst verwilderten Nachkommen leben heute in allen Ländern Mittel- und Westeuropas, gebietsweise sogar flächendeckend. Ende des 20. Jahrhunderts wurden für Europa 28 400 Brutpaare und 175 000 überwinternde Höckerschwäne geschätzt[9], wenig später erhöhte man auf 86 000 bis 120 000 Brutpaare[10]. Die Trends der halbwilden Populationen gehen langfristig nach oben. Durch die enge Verbindung zwischen Schwan und Mensch ergeben sich mittlerweile viele Geschichten. Die Jahrhunderte alte Tradition der Alsterschwäne oder die Zählung der königlichen Themseschwäne bieten Beispiele einer historischen Verbundenheit. Biologisch interessanter sind aber die teilweise sehr auffälligen Wanderungen. Da während der Sommermauser Schwäne bis zu sechs Wochen flugunfähig werden, suchen Nichtbrüter Mauserquartiere auf, in denen sie in Ruhe und bei ausreichender vegetabilischer Nahrung die kritische Phase überstehen können. Wichtige mitteleuropäische Mauserquartiere, in denen sich im Sommer Hunderte von Höckerschwänen versammeln, sind der Bodensee, das IJsselmeer und Flachgewässer an der deutschen Ostseeküste[11,12]. Unter den Brutvögeln mausern die Weibchen zu Beginn der Führungszeit der Jungen Mitte Juni bis Mitte August, die Männchen im Durchschnitt 28 Tage später Mitte Juli bis Mitte September[13]. So ist immer ein Altvogel der Familie flugfähig. Schwanenjunge tragen ein graues

Dunenkleid. „Die sogenannten weiß geborenen Schwäne, welche man als besondere Art (*Cygnus immutabilis*) hat aufstellen wollen, bilden nur eine Abart und können mit den grau geborenen von einem Elternpaar und gleichzeitig erzeugt werden". Diese von Brehm bereits als bemerkenswert empfundene und richtig eingeschätzte *immutabilis*-Mutante mit weißem Dunenkleid und fleischfarbenen statt schwärzlichen Beinen hat sich bis heute erhalten und kann in manchen Gebieten bis zu einem Viertel der Dunenjungen ausmachen, aber auch wieder verschwinden oder auf einen kleinen Bruchteil zurückgehen[2,14]. Bleibt noch der mythologische Schwanengesang. Singschwäne äußern ihren Ruf als tiefen, nasalen Posaunenklang[15]. Höckerschwäne sind zwar nicht stumm, wie etwa der britische Name Mute Swan vermuten lassen könnte, aber ihre gurgelnden und zischenden Laute sind wohl kaum als Gesang zu werten. Doch der im Flug singende und weithin hörbare Flugschall hat vielleicht dazu beigetragen, dass sich der altgriechische Mythos vom wundervollen Gesang bis in die Neuzeit gehalten hat.

Dank

Die Idee zum Projekt danke ich Verleger Gerhard Stahl. Auswahl und Behandlung wissenschaftshistorischer Themen aus rein fachlicher Sicht und für das Interesse einer interessierten Allgemeinheit ist aber ein weites Feld, auf dem kritisch gearbeitet werden muss. Daher vielen Dank für anregende Diskussion dem Verlag und seiner Lektorin Svenja Höchster. Viele Kollegen und Freunde konnte ich im Lauf vieler Jahre um Rat fragen, denen hier allen herzlich gedankt sei. Ute E. Zimmer und Ruth X. Raiss haben sich der Durchsicht des Manuskripts angenommen und damit dieses Buch trotz gesundheitlicher Probleme des Autors möglich werden lassen.

Quellen

Geschichten aus der Geschichte

1. Stresemann, E. (1951): Die Entwicklung der Ornithologie. Von Aristoteles bis zur Gegenwart. Peters, Berlin (Reprint 1996. Aula-Verlag Wiesbaden).
2. Nissen, C. (1953): Die illustrierten Vogelbücher. Ihre Geschichte und Bibliographie. Hirsemann Verlag, Stuttgart.
3. Uekötter, F. (2020): Von Vögeln, Mächten und Bienen. Vandenhoeck & Ruprecht, Göttingen.
4. Bergenhusener Thesen zum Verhältnis von Wissenschaft und Naturschutz. Vogelwarte 2019, 57: 56.
5. Gebhardt, L. (1964): Die Ornithologen Mitteleuropas. Brühlscher Verlag, Gießen.

Austernfischer

Man kann ihn nicht übersehen

1. Barthel, P. H. et al. (2020): Deutsche Namen der Vögel der Erde. Vogelwarte 58: 1-214.
2. Wolters, H. E. (1975-1982): Die Vogelarten der Erde. Parey, Hamburg.
3. del Hoyo, J. et al. (1996): Handbook of the Birds of the World. Vol. 3. Lynx Editions, Barcelona.
4. Glutz v. Blotzheim, U. N. & K. Bauer (1975): Handbuch der Vögel Mitteleuropas. Band 6. Aula-Verlag Wiebelsheim.
5. Wember, O. (2007): Die Namen der Vögel Europas. 2. Aufl. Aula-Verlag, Wiebelsheim.
6. Swennen, C. (1983): Differences in bill form of the Oystercatcher *Haematopus ostralegus*; a dynamic adaption to specific foraging techniques. Neth. J. Sea Res.17: 57-83.
7. Ditt Durell, Le V. et al. (1993): Sex-Related Differences in Diet and Feeding Method in the Oystercatcher *Haematopus ostralegus*. J. Animal Ecol. 62: 205-215.
8. Goss-Custard, J. D. et al. (1982): Use of Mussel *Mytilus edulis* beds by Oystercatchers *Haematopus ostralegus* according to Age and Population Size. J. Animal Ecol. 51: 543-554.
9. Cayford, J. T. & J. D. Goss-Custard (1990): Seasonal changes in the size selection of mussels, *Mytilus edulis*, by Oystercatchers, *Haematopus ostralegus*: an optimality approach. Animal Behav. 40: 609-624.
10. Coleman, R. A. et al. (1999): Limpet *Patella* spp. consumption by oystercatchers *Haematopus ostralegus*: a preference for solitary prey items. Mar. Ecol. Prog. Ser. 183: 253-261.

11. Boates, S. & J. D. (1989): Foraging behaviour of oystercatchers *Haematopus ostralegus* during a diet switch from worms *Nereis diversicolor* to clams *Scrobicularia plana*. Can. J. Zool. 67: 225-231.
12. Hulscher, J. B. (1976): Localisation of cockles (*Cardium edule*) by the Oystercatcher (*Haematopus ostralegus*) in darkness and daylight. Ardea 64: 292-360.
13. Exo, K. M. (1993): Höchstalter eines beringten Austernfischers (*Haematopus ostralegus*): 44 Jahre. Vogelwarte 37: 144.
14. Heg, D. et al. (2003): Fitness consequences of divorce in the oystercatcher, *Haematopus ostralegus*. Animal Behav. 66: 175-184.
15. Ens, B. J. et al. (1992): Territory quality, parental effort and reproductive success of oystercatchers (*Haematopus ostralegus*). J. Animal Ecol. 61: 703-715.

Bachstelze

Beweglich, unruhig und munter

1. Woodward, J. et al. (2017): The London Bird Atlas. London Nat. Hist. Soc. London.
2. Wichmann, G. et al. (2009): Die Vogelwelt Wiens, Atlas der Brutvögel. Naturhist. Mus. Wien.
3. Gedeon, K. et al. (2014): Atlas deutscher Brutvogelarten. Dachverband Deutscher Avifaunisten, Münster.
4. Davies, N. B. & A. I. Houston (1983): Time allocation between territories and flocks and owner-satellite conflict in foraging Pied Wagtails, *Motacilla alba*. J. Anim. Ecol. 52: 621-634.
5. Busche, G. & D. Meyer (1978): Ganzjährige Beobachtungen 1970-1975 an einem Massenschlafplatz der Bachstelze (*Motacilla alba*). Vogelwarte 29: 254-261.
6. Peitzmeier, J. (1947): Ornithologische Forschungen. Heft 1, Schöningh, Paderborn.
7. Raine, A. & D. Cachia (2010): Observations from a long term White Wagtail *Motacilla alba alba* roost in Valetta, Malta. Il Meril 32: 22-25.
8. Bairlein, F. et al. (2014): Atlas des Vogelzugs. Ringfunde deutscher Brut- und Gastvögel. Aula-Verlag, Wiebelsheim.
9. Svensson, L., K. Mullarney & D. Zetterström (2011): Der Kosmos Vogelführer. 2. Aufl., Franckh-Kosmos, Stuttgart.
10. Bezzel, E. (2020): Vögel. Was Sie schon immer fragen wollten. 222 Antworten für Neugierige. Aula-Verlag, Wiebelsheim.

Blässhuhn

Treibt sich mehr im Wasser als auf dem Lande umher

1. Werner, S. et al. (2018): 55 Jahre Wasservogelzählung am Bodensee. Ornithol. Beob. Beih. 13.
2. Kuhk, R. & E. Schüz (1959): Zur Biologie des Bläßhuhns (Fulica atra) im Winterquartier. Vogelwarte 20: 144-158.
3. Blaha, S. (1914): Beitrag zur Kenntnis des Fetts vom Wasserhuhn (*Fulica atra*), der Grund des eigentümlichen Geruches und Geschmackes des Fleisches dieser Tiere. Hoppe-Seyler's Z. physiol. Chemie. (Biol. Chemistry 89: 456-461).
4. Hurter, H. (1979): Nahrungsökologie des Bläßhuhns *Fulica atra* an den Überwinterungsgewässern im nördlichen Alpenvorland. Ornithol. Beob. 76: 257-288.
5. Randler, C. (2006): Feeding Bout lengths differ between Terrestrial and Aquatic Feeding Coots *Fulica atra*. Waterbirds 29: 95-99.
6. Randler, C. (2006): Positive Beziehung zwischen der Entfernung zum Ufer und der Sicherungsrate beim Blässhuhn *Fulica atra*. Ornithol. Anz. 45: 157-163.

7. Randler, C. (2005): Coots *Fulica atra* reduce their vigilance under increased competition. Behav. Process 68: 173-178.
8. Holm, T. E. et al. (2011): The feeding ecology and distribution of Common Coots *Fulica atra* affected by hunting taking place in adjacent areas. Bird Study 58: 321-329.
9. Brinkhof, M. W. G. (1997): Seasonal variation in food supply and breeding success in European Coots *Fulica atra*. Ardea 85: 51-65.
10. Halupka, L. et al. (2020): The effect of climate change on laying dates, clutch size and productivity of Eurasian Coots *Fulica atra*. Int. J. Biometeorol. 64: 1847-1863.
11. Amat, J. & R. C. Soriguer (1984): Kleptoparasitism of Coots by Gadwalls. Ornis Scand. 15: 188-194.
12. Holm, T. E. & P. Clausen (2009): Kleptoparasitism as an important feeding strategy for migrating Wigeon *Anas penelope*. Wildfowl, Spec. Issue 2: 158-166.
13. Källander, H. (2013): Intraspecific Kleptoparasitism in the Common Coot (*Fulica atra*). Waterbirds 35: 225-227.

Buchfink

Rivalität, winterlicher Zölibat und schwindende Wanderlust

1. Brecht, K. & A. Nieder (2020): Parting self from others: Individual and self recognition in birds. Neurosci. Behavioral Rev. 116: 99-108.
2. Ritter, M. & T. Slalathé (2020): Der Reiz der Vögel seit 1870. Martin Schmitz Verlag, Berlin.
3. www.unesco.de/kultur-und-natur.de (zuletzt besucht November 2020)
4. Bergmann, H.-H. (1993): Der Buchfink. Neues über einen bekannten Sänger. Aula-Verlag, Wiebelsheim..
5. Hanski, I. & A. Laurila (1993): Variation in song rate during the breeding cycle of the Chaffinch, *Fringilla coelebs*. Ethology 93: 161-169.
6. Budka, M. et al. (2019): Experienced males modify their behaviour during playback: the case of the Chaffinch. J. Ornithol. 160: 673-684.
7. Bairlein, F. et al. (2014): Atlas des Vogelzugs. Ringfunde deutscher Brut- und Gastvögel. Aula-Verlag, Wiebelsheim.
8. Faas, M. (2014): Breitfrontzug im Alpenvorland. Falke 61: 6/24-29.
9. Dierschke, J. et al. (2011): Die Vogelwelt der Insel Helgoland. OAG Helgoland, Helgoland.
10. Schifferli, A. (1963): Vom Zug des Buchfinken *Fringilla coelebs* in der Schweiz. Proc. XIII Intern. Ornithol. Congr. Ithaca 1963: 468-474.
11. Marfurt, B. (1971): Das Geschlechterverhältnis der Buchfinken *Fringilla coelebs* in der Schweiz im Winter 1961/62. Ornithol. Beob. 68: 245-249.
12. Bezzel, E.: unpubl.
13. Gatter, W. (2000): Vogelzug und Vogelbestände in Mitteleuropa. Aula-Verlag, Wiebelsheim.
14. Hüppop, O. & K. Hüppop (2011): Bird migration on Helgoland: the yield from 100 years of research. J. Ornithol. 152, Suppl. 1: 25-40.

Buntspecht

Ein wahrer Erhalter der Wälder

1. Zahner, V. et al. (2007): Vogelartenkenntnis von Schülern in Bayern. Vogelwelt 128: 203-214.
2. Glutz v. Blotzheim, U. N. & K. Bauer (1980): Handbuch der Vögel Mitteleuropas. Band 9. Akademische Verlagsges. Wiesbaden.
3. Bezzel, E. (1993): Dynamik der Nutzung einer Kleinfläche und Trommelaktivität beim Buntspecht (*Dendrocopos major*): 27 jährige Beobachtungen. Garmischer vogelkdl. Ber. 22: 34-54.

4. Bezzel, E.: unpubl.
5. www.vogelwarte.ch
6. Wimmer, N. & V. Zahner (2010): Spechte. Ein Leben in der Vertikalen. G. Braun Buchverlag, Karlsruhe.
7. Hansson, L. (1992): Requirements by the Great Spotted Woodpecker *Dendrocopos major* for a suburban life. Ornis Svecica 2: 1-6.
8. Blume, D. & J. Tiefenbach (1997): Die Buntspechte. Westarp Wissenschaften, Magdeburg.
9. Winkler, H. & W. Bock (1976): Analyse der Kräfteverhältnisse bei Klettervögeln. J. Ornithol. 117: 397-418.
10. Jenni, L. (1981): Das Skelettmuskelsystem des Halses von Buntspecht und Mittelspecht *Dendrocopos major* und *medius*. J. Ornithol. 122: 37-63.
11. Mainwaring, M. C. & I. R. Hartley (2008): Covering nest boxes with wire mesh reduces great spotted woodpecker D*endrocopos major* predation of blue tit *Cyanistes caeruleus* nestlings, Lancashire, England. Conserv. Evidence 5: 45-46.
12. Dengler, K. (2012): Thesen und Fakten rund um die Spechtringelung. Schr. R. Hochschule f. Forstwirtschaft 23, Rottenburg.
13. Ruge, K. (2019): Ringeln – überflüssiger Zeitvertreib oder Nahrungsssuche? Ornithol. Mitt. 71: 287-292.
14. Günther, E. & M. Hellmann (1995): Die Entwicklung von Höhlen der Buntspechte (*Picoides*) in naturnahen Laubwäldern des nordöstlichen Harzes (Sachsen-Anhalt). Ornithol. Jber. Mus. Heineanum 13: 27 – 52.
15. Leinemann, R. (1993): Die Bewirtschaftung von Eichenwäldern unter Berücksichtigung des Artenschutzes. Beih. Veröff. Naturschutz Landschaftspflege Bad.-Württ. 67: 171-176.
16. Leitl, R. (2018): Das Desaster im Wald – die Situation der Höhlen- und Quartierbäume aus der Sicht der Baumhöhlen bewohnenden Arten. Ornithol. Anz. 57: 82-83.
17. Altum, B. (1878): Spechte und ihre forstliche Bedeutung. Berlin.
18. Günther, S. (2020): Zum Ringeln der Spechte *Dendrocopos* im Tiergarten Hannover. Ornithol. Mitt. 72: 59-66.

Feldlerche

Verstummender Frühlingsbote, Signale für Agrarpolitik

1. Glutz v. Blotzheim, U. N. & K. Bauer (1985): Handbuch der Vögel Mitteleuropas. Band 10/I. Aula-Verlag, Wiebelsheim.
2. Briefer, E. et al. (2008a): When to be a dear enemy: flexible acoustic relationships of neighbouring skylarks, *Alauda arvensis*. Animal Behav. 76: 1319-1325.
3. Briefer, E. et al. (2008b): How to identify dear enemies: the group signature in the complex song of the skylark *Alauda arvensis*. J. exp. Biol. 211: 317-326.
4. Briefer, E. et al. (2011): Microdialect and group signature in the song of the skylark *Alauda arvensis*. Bioacoustics, 20: 219-233.
5. Szymanski, P. et al. (2017): The song of Skylarks *Alauda arvensis* indicates the deterioration of an acoustic environment resulting from wind farm start-up. Ibis 159: 769-777.
6. Hoffmann, J. et al. (2016): Moving Windows Abundance – A method to characterize the abundance dynamics of farmland birds: The example of Skylark *(Alauda arvensis*)- Ecol. Indicators 60: 317-328.
7. Schmidt, J.-U. et al. (2017): Effect of Sky Lark plots and additional tramlines on territory densities of the Sky Lark *Alauda arvensis* in an intensively managed agricultural landscape. Bird Study 64: 1-11.
8. Brüggemann, T. (2010): Fast 9000 Fenster für die Feldlerche. Natur in NRW 1: 29-31.

9. Joest, R. (2018): Wie wirksam sind Vertragsnaturschutzmaßnahmen für Feldvögel? Untersuchungen an Feldlerchenfenstern, extensivierten Getreideflächen und Ackerbrachen in der Hellwegbörde (NRW). Vogelwelt 138: 109-121.
10. Kuiper, M. W. et al. (2015): Effects of breeding habitat and field margins on the reproductive performance of Skylarks (*Alauda arvensis*) on intensive farmland. J. Ornithol. 156: 557-568.
11. Herzog, P. & M. Schönbrodt (2020): Mehrjährige Untersuchungen zur Feldlerchendichte und zur Wirksamkeit von Feldlerchenfenstern in einer großräumigen Agrarlandschaft in Sachsen-Anhalt. Ornithol. Jber. Mus. Heineanum 35: 197-212.
12. Boatman, N. D. et al. (2010): Agricultural land use and Skylark *Alauda arvensis*: a case study linking a habitat association model to spatially explicit change scenarios. Ibis 152: 63-76.
13. Utschick, H. (2020): Populationsverluste der Feldlerche *Alauda arvensis* von 2004 bis 2019 in der 57 km^2 großen Gemeinde Schweitenkirchen (Oberbayern). Ornithol. Anz. 59: 28-45.
14. Deutsche Ornithologen-Gesellschaft (2019): Weiterentwicklung der Gemeinsamen Agrarpolitik ab 2021: Erfordernisse zum Erhalt unserer Agrarvögel. Vogelwarte 57: 345-357. (www.do-g.de).

Grauschnäpper

Seine Stimmmittel sind sehr gering

1. Bezzel, E.: unpubl.
2. Bosch, S. (2006): Brutorttreue beim Grauschnäpper: 28 Jahre am selben Brutplatz. Ornithol. Mitt. 58: 338-339.
3. Møller, A. P. (2010): The fitness benefit of association with humans: elevated success of birds breeding indoors. Behav. Ecol. 21: 913-918.
4. Bolton, M. et al. (2007): Remote monitoring of nests using digital camera technology. J. Field Ornithol. 78: 213-220.
5. Stevens, D. K. et al. (2008): Predators of Spotted Flycatcher *Muscicapa striata* nests in southern England as determined by digital nest-cameras. Bird Study 55: 179-187.
6. Freeman, S. N. (2003): The decline of the Spotted Flycatcher *Muscicapa striata* in the UK: an integrated population model. Ibis 145: 400-412.
7. Bairlein, F. et al. (2014): Atlas des Vogelzugs. Ringfunde deutscher Brut- und Gastvögel. Aula-Verlag, Wiebelsheim.
8. Bergmann, H.-H. et al. (2008): Die Stimmen der Vögel Europas. Aula-Verlag, Wiebelsheim.
9. Svensson, L., K. Mullarney & D. Zetterström (2011): Der Kosmos Vogelführer. 2. Aufl., Franckh-Kosmos, Stuttgart.

Hausrotschwanz

Felsvogel auf dem Dach

1. Salomonsen, F. (1948): The distribution of birds and the recent climatic change in the North Atlantic area. Dansk Ornithol. Foren. Tidsskr. 42, 85-99.
2. Woodward, J. et al. (2017): The London Bird Atlas. London Nat. Hist. Soc. London.
3. Gedeon, K. et al. (2014): Atlas deutscher Brutvogelarten. Dachverband Deutscher Avifaunisten, Münster.
4. Münchner Merkur 14.10.2020.
5. SOVON (2018): Vogelatlas van Nederland. Kosmos Uitgevers, Antwerpen.

6. Reinsch, A. (1979): Hausrotschwanz *Phoenicurus ochruros* brütet erfolgreich in einem Generator. Anz. Ornithol. Ges. Bayern 18: 191.
7. Schmidt, K. (1994): Hausrotschwanzbruten auf fahrenden Lastkraftwagen. Thüringer Ornithol. Mitt. 43/44: 98-100.
8. Landmann, A. (1996): Der Hausrotschwanz. Aula-Verlag, Wiebelsheim.
9. Massow, S. & W. Schulz (1999): Neststandorte des Hausrotschwanzes (*Phoenicurus ochruros*) im Berliner Stadtgebiet. Berl. Ornithol. Ber. 9: 128-135.
10. Chen, J.-N. et al. (2011): Plasticity in nest site selection of Black Redstart (*Phoenicurus ochruros*): a response to human disturbance. J. Ornithol. 152: 603-608.
11. Bezzel, E. (2019): 55 Irrtümer über Vögel. Aula-Verlag, Wiebelsheim.
12. Weggler, M. & B. Leu (2001): Eine Überschuss produzierende Population des Hausrotschwanzes (*Phoenicurus ochruros*) in Ortschaften mit hoher Hauskatzendichte (*Felix catus*). J. Ornithol. 142: 273-283.
13. Landmann, A. & C. Kollinsky (1995): Age and plumage related territory differences in male black redstarts: the (non)-adaptive significance of delayed plumage maturation. Ethol. Ecol. & Evolution 7: 147-167.
14. Nicolai, B. (1994): Sind alte Männchen des Hausrotschwanzes (*Phoenicurus ochruros*) reproduktiver als junge? Orn. Ber. Mus. Heineanum 12: 93-95.
15. Weggler, M. (2000): Reproductive consequences of autumnal singing in the Black Redstart *Phoenicurus ochruros*. Auk 117: 65-73.
16. Weggler, M. (2001): Age-related reproductive success in dichromatic male Black Redstarts *Phoenicurus ochruros*: Why are yearlings handicapped? Ibis 143: 264-272.
17. Kleinschmidt, O. (1907/08): *Erithacus Domesticus*. Berajah, Zoographia infinita: 1-14.
18. Moltoni, E. (1946): Ibrido fa Codirosso (*Phoenicurus ph. phoenicurus* L.) e Codirosso spazzacamino (*Phoenicurus ochruros gibraltariensis* Gm.). Riv. Ital. Ornithol. 16: 169 – 172.
19. Landmann, A. (1987): Über Bastardierung und Mischbruten zwischen Gartenrotschwanz (*Phoenicurus phoenicurus*) und Hausrotschwanz (*Ph. ochruros*). Ökol. Vögel 9: 92-106.
20. Peterson, A. et al. (2014): A hybrid Common Redstart x Black Redstart (*Phoenicurus phoenicurus x P. ochruros*) breeding in southeastern Sweden. Ornis Svecica 24: 35-40.
21. Hegelbach, J. & T. Nabulon (1998): Gartenrotschwanz-Männchen *Phoenicurus phoenicurus* als Mischsänger und Brutpartner eines Hausrotschwanzweibchens *Ph. ochruros*. Ornithol. Beob. 95: 129-136.
22. Lang, M. (2019): Rotschwanz-Hybriden (*Phoenicurus ochruros x Ph. phoenicurus*): Eine Herausforderung für Feldornithologen und Taxonomen. Ornithol. Anz. 58: 1-15.
23. Bezzel, E.: unpubl.

Haussperling

Unerträglicher Schwätzer, erbärmlicher Sänger

1. Müller, F. (2018): Versuch einer Wintererfassung des Haussperlings *Passer domesticus* in Plauen. Ornithol. Mitt. 70: 131-138.
2. Keller, F. C. (1890): Ornis Carinthiae: Die Vögel Kärntens. Jb naturh. Landes Mus. Kärnten 38, Heft 31: 1-250.
3. Hanf, B. (1904): Die Vögel des Furtteiches und seiner Umgebung. St. Lambrecht, Kärnten.
4. Klüßendorf, N. (2016): Schlechte Zeiten für Sperlinge. Ornithol. Mitt. 68: 163- 214.
5. Long, J. L. (1981): Introduced Birds of the World. David & Charles, London.

6. Mitschke, A. & R. Mulsow (2003): Düstere Aussichten für einen häufigen Stadtvogel – Vorkommen und Bestandsentwicklung des Haussperlings in Hamburg. Artenschutzreport 14: 4-12.
7. Engler, B. & H.-G. Bauer (2003): Der Haussperling (*Passer domesticus*) und seine Bestandsentwicklung in Deutschland seit 1850. Artenschutzreport 14: 21-25.
8. Robinson, R. A. et al. (2005): Size and trend of the House Sparrow *Passer domesticus* population in Great Britain. Ibis 147: 552-562.
9. Bezzel, E. (2001): Bleibt nur der Spatz in der Hand? Vögel in der Planungslandschaft 2000. J. Ornithol. 142, Sonderh.1: 160-171.
10. Engler, B. & H.-G. Bauer (2002): Dokumentation eines starken Bestandsrückgangs beim Haussperling (*Passer domesticus*) in Deutschland auf Basis von Literaturangaben von 1850-2000. Vogelwarte 41: 196-210.
11. Landmann, A. & A. Danzl (2020): Langjährige Dynamik der Raumnutzung beim Haussperling *Passer domesticus* in zwei Montandörfern Tirols (Österreich). Ornithol. Beob. 117: 142-288.
12. Summers-Smith, J. D. (2000): Decline of House Sparrows in large towns. Brit. Birds 93: 256-257.
13. Woodward, J. et al. (2017): The London Bird Atlas. London Nat. Hist. Soc. London.
14. Chamberlain, D. E. et al. (2007): House sparrow (*Passer domesticus*) habitat use in urbanized landscapes. J. Ornithol. 148: 453-462.
15. Shaw, I. M. et al. (2008): The House Sparrow P*asser domesticus* in urban areas: reviewing a possible link between post-decline distribution and human socioeconomic status. J. Ornithol. 149: 293-299.
16. Peach, W. J. et al. (2018): Depleted suburban house sparrow *Passer domesticus* not limited by food availability. Urban Ecosystems 21. 1053-1065.
17. Kekkonen, J. et al. (2012): Levels of heavy metals in House Sparrows (*Passer domesticus*) from urban and rural habitats of southern Finland. Ornis Fennica 89:91-98.
18. Balmori, A. & O. Hallberg (2007): The Urban Decline of the House Sparrow (*Passer domesticus*): A possible Link with Electromagnetic Radiation. Electromag. Biol. & Medicine 26, issue 2.
19. Schroeder, J. et al. (2012): Der Einfluss von Umweltlärm auf Fütterungsverhalten und Fitness bei Haussperlingen. Vogelwarte 50: 266.
20. Post, M. von & H. G. Smith (2015): Effects in rural House Sparrow and Tree Sparrow populations by experimental nest-site addition. J. Ornithol. 156: 231-237.
21. Post, M. von et al. (2013): Effects of supplemental winter feeding on House Sparrows (*Passer domesticus*) in relation to landscape structure and farming systems in southern Sweden. Bird Study 60: 238-245.
22. Mock, D. W. & P. L. Schwagmeyer (2010): Not the nice Sparrow. The 2007 Margret Morse Nice Lecture. Wilson J. Ornithol. 122: 207-216.
23. Peach, W. J. et al. (2015): Invertebrate prey availability limits reproductive success but not breeding population size in suburban House Sparrows *Passer domesticus*. Ibis 157: 601-613.
24. Westphal, U. (2016): Mehr Platz für den Spatz. pala-Verlag, Darmstadt.
25. Bairlein, F. et al. (2014): Atlas des Vogelzugs. Ringfunde deutscher Brut- und Gastvögel. Aula-Verlag, Wiebelsheim.

Kohlmeise

Heiter, verfressen, mordlustig und erfolgreich

1. Schäff, E. (1913): Unsere Singvögel. Strecker & Schröder, Stuttgart.
2. Glutz v. Blotzheim, U. N. & K. Bauer (1993): Handbuch der Vögel Mitteleuropas. Band 13/I. Aula-Verlag, Wiebelsheim.

3. Keller, F. C. (1890): Ornis Carinthiae: Die Vögel Kärntens. Jb naturh. Landes Mus. Kärnten 38, Heft 31: 1-250.
4. Knaus, P. et al. (2018): Schweizer Brutvogelatlas 2013-2016. Schweizerische Vogelwarte, Sempach.
5. Gedeon, K. et al. (2014): Atlas deutscher Brutvogelarten. Dachverband Deutscher Avifaunisten, Münster.
6. Berlepsch, H. v. (1923): Der gesamte Vogelschutz. 10. Aufl. J. Neumann, Neudamm.
7. Ruge, K. (2005): Vogelschutz. Ein praktisches Handbuch. Franckh-Kosmos, Stuttgart.
8. Haenel, K. (1913): Unsere heimischen Vögel und ihr Schutz. H. Stürtz, Würzburg.
9. Maziarz, M. et al. (2016): Breeding success of the Great Tit *Parus major* in relation to attributes of natural nest cavities in a primeval forest. J. Ornithol. 157: 343 – 354.
10. Jäckel, A. J. (1891): Systematische Übersicht der Vögel Bayerns. R. Oldenburg, München-Leipzig.
11. Kluijver, H. N. (1966): Regulation of a bird population. Ostrich 38, Suppl. 6: 389 – 396.
12. Minot, E. & C. M. Perrins (1986): Interspecific interference competition – nest sites for Blue and Great Tits. J. Animal. Ecol. 55: 331-350.
13. Bueno-Enciso, J. et al. (2016): Effect of nestbox type on the breeding performance of two secondary hole-nesting passerines. J. Ornithol. 157: 759-772.

Lachmöwe

Niemals brütet sie einzeln

1. Schwemmer, P. et al. (2011): Habitatnutzung, Verbreitung und Nahrungswahl der Lachmöwe *(Larus ridibundus)* im küstennahen Binnenland Schleswig-Holsteins. Corax 21: 355-374.
2. Thyen, S. & P. H. Becker (2006): Effects of individual life-history traits and weather on reproductive output of Black-headed Gulls *Larus ridibundus* breeding in the Wadden Sea, 1991-1997. Bird Study 83: 132-141.
3. Bellebaum, J. (2002): Ein „Problemvogel“ bekommt Probleme: Bestandsentwicklung der Lachmöwe *Larus ridibundus* in Deutschland 1963-1999. Vogelwelt 123: 1489-202.
4. Glutz v. Blotzheim, U. N. & K. Bauer (1982): Handbuch der Vögel Mitteleuropas. Band 8/I. Akademische Verlagsgesellschaft, Wiesbaden.
5. Bairlein, F. et al. (2014): Atlas des Vogelzugs. Ringfunde deutscher Brut- und Gastvögel. Aula-Verlag, Wiebelsheim.
6. Wüst, W. (1981): Avifauna Bavariae. Bd 1. Ornithol. Ges. Bayern, München.
7. Andersson, M. et al. (1981): Food information in the Black-headed Gull, *Larus ridibundus*. Behav. Ecol. Sociobiol. 9: 199-202.
8. Brandl. R. & M. Gorke (1988): How to live in colonies: Foraging range and patterns of density around a colony of Black-headed Gulls *Larus ridibundus* in relation to the gull's energy budget. Ornis Scand. 19: 305-308.
9. Gorke, M. & R. Brandl (1986): How to live in colonies. Spatial foraging strategies of the black-headed gull. Oecologia 20: 388-290.
10. Jakubas, D. et al. (2020): Intercolony variation in foraging flight characteristics of black-headed gulls *Chroicocephalus ridibundus* during the incubation period. Ecol. Evol. 10: 5489-5505.
11. Wissel, C. & R. Brandl (1988): A model for the adaptive significance of partial reproductive synchrony within social units. Evol. Ecol. 2: 102-114.
12. Liordos, V. & A. W. Lauder (2015): Factors Affecting Nest Success of Tufted Ducks (Aythya fuligula) Nesting in Association with Black-headed Gulls (*Larus ridibundus*) at Loch Leven, Scotland. Waterbirds 38: 208-213.

13. Hölzinger, J. & H.-G. Bauer (2011): Die Vögel Baden-Württembergs. Bd. 2.0: Nicht-Singvögel 1.1. Eugen Ulmer Stuttgart.
14. Pöysä, H. et al. (2018): Collapse of a protector species drives secondary endangerment in waterfowl communities. Biol. Cons. : 1-21.
15. Bezzel, E. & R. Prinzinger (1990): Ornithologie. Eugen Ulmer, Stuttgart.
16. Lezalová-Pialková, R. (2011): Molecular evidence for extra-pair paternity and interspecific brood parasitism in the Black-headed Gull. J. Ornithol. 152: 291-295.
17. Schmitz-Ornés, A. (2016): Lachmöwenweibchen zeigen ihre Individualität: Farbmuster; Form und Größe der Eier. Vogelwarte 54: 383.
18. Rahn, K. & A. Schmitz Ornés (2020): Individuality in Egg Colouration of Black-headed Gulls *Chroicocephalus ridibundus* across the Years Confirmed through DNA Analyses. Ardea 108: 83-93.
18. Bergmann, H.-H. et al. (2008): Die Stimmen der Vögel Europas. Aula-Verlag, Wiebelsheim.

Mauersegler

Sein Reich ist die Luft

1. Hedenstöm, A. et al. (2016): Annual 10-Month Aerial Life Phase in the Common Swift *Apus apus*. Curr. Biol. 26: 3066-3070.
2. Hedrick, T. L. et al. (2018): Gliding for a free lunch: biomechanics of foraging flight in common swifts (*Apus apus*). J. Experim. Biol. 221, jeb186270. doi:10.1242/jeb.186270.
3. Bezzel, E. & R. Prinzinger (1990): Ornithologie. Eugen Ulmer, Stuttgart.
4. Glutz v. Blotzheim, U. N. & K. Bauer (1980): Handbuch der Vögel Mitteleuropas. Band 9. Akademische Verlagsgesellschaft, Wiesbaden.
5. Henningsson, P. et al. (2009): Flight speeds of swifts (*Apus apus*) : seasonal differences smaller than expected. Proc. R. Soc. B. 276: 2395-2401.
6. Henningson, P. (2010): Always on the wing – fluid dynamics, flight performance and flight behavior of common swifts. Diss. Univ. Lund.
7. Wellbrock, A. et al. (2013): Energiesparen mal anders – Heterothermie beim Mauersegler *Apus apus* während der Brutsaison. Vogelwarte 51: 273-274.
8. Gatter, W. (2000): Vogelzug und Vogelbestände in Mitteleuropa. Aula-Verlag, Wiebelsheim.
9. Bairlein, F. et al. (2014): Atlas des Vogelzugs. Ringfunde deutscher Brut- und Gastvögel. Aula-Verlag, Wiebelsheim.
10. Akesson, S. et al. (2020): Evolution of chain migration in an aerial insectivorous bird, the common swift *Apus apus.* Evolution 74/10:2377-2391.
11. Wellbrock, A. et al. (2014): Einmal Sauerland und zurück – Zugrouten und Überwinterungsgebiete von Mauerseglern *Apus apus* aus einer Brückenkolonie. Vogelwarte 52: 268-269.
12. Akesson, S. et al. (2012): Migration Routes and Strategies in a Highly Aerial Migrant, the Common Swift *Apus apus*, Revealed by Light-Level Geolocators. PLoS ONE 7(7): e41195. doi:10.1371/journal.pone.0041195.
13. Wellbrock, A. H. J. et al. (2017): 'Same procedure as last year?' Repeatedly tracked swifts show individual consistency in migration pattern in successive years. J. Avian Biol., 48: 897-903.
14. Hase, M. A. (2019): GPS bringt es auf den Punkt! Erste Aufzeichnungen von Zug- und Überwinterungsdaten beim Mauersegler mit Hilfe von GPS-Datenspeichern. Vogelwarte 57: 314-315.
15. Bruderer, B. & E. Weitnauer (1972): Radarbeobachtungen über Zug und Nachtflüge des Mauerseglers (*Apus apus*). Rev. Suisse Zool. 79: 1190-1200.

16. Bäckman, J. & T. Alerstam (2001): Confronting the winds: orientation and flight behaviour of roosting swifts, *Apus apus*. Proc. R. Soc. London 268: 1081-1087.
17. Bäckman, J. & T. Alerstam (2002): Harmonic oscillatory orientation relative to the wind in nocturnal roosting flights of the swift *Apus apus*. J. Experim. Biol.205: 905-910.
18. Dokter, A. M. et al. (2013): Twilight ascents by common swifts, *Apus apus*, at dawn and dusk; acquisition of orientation cues? Animal Behav. 85: 454-552.
19. Nilsson, C. et al. (2019): Flocking behaviour in the twilight ascents of Common Swifts *Apus apus*. Ibis 161: 674-678.
20. Rajchard, J. et al. (2006): Long-term decline in Common Swift *Apus apus* breeding success may be related to weather conditions. Ornis Fenn, 83:66-72.
21. Schaub, T. et al. (2016): Nest-boxes for Common Swifts *Apus apus* as compensatory measures in the context of building renovation: efficacy and predictors of occupancy. Bird Cons. Internat. 26: 164-176.
22. Wortha, S. & E. W. Arndt (2004): Annahme von Nisthilfen durch den Mauersegler (*Apus apus*) in Berlin. Ber. Vogelschutz 41: 113-126.
23. Meyer, S. (2019): Ansiedlungsverhalten des Mauerseglers *Apus apus* in der Kirche Oberkirch in der Nordwestschweiz. Ornithol. Beob- 116: 1-10.
24. Newell, D. (2019): A test of the use of artificial nest forms in common swift *Apus apus* nest boxes in southern England. Cons. Evidence 16: 24-26.
25. Weber, M. (2019): Erfolgreiche Ansiedlung von Mauerseglern (*Apus apus*) mit Hilfe einer Klangattrappe. Natursch. Südl. Oberrhein 10: 48-52.
26. Fusté, F. et al. (2013): Hand-reared common swifts (*Apus apus*) in a wildlife rehabilitation centre: assessment of growth rates using different diets. J. Zoo Aquarium Res. 1: 61-68.
27. www. mauersegler.com

Mäusebussard

Eine wahre Zierde der Gegend

1. Hirschfeld, A. et al. (2014): Illegale Greifvogelverfolgung. 4. Aufl., Komitee gegen Vogelmord, NABU, LBV.
2. Wittenberg, J. (1981): Die Brutbestandsentwicklung des Mäusebussards (*Buteo buteo*) in einem Vorzugshabitat bei Braunschweig – die Bedeutung natürlicher Faktoren und menschlicher Einflußnahme. Beitr. Naturkde. Niedersachsen 24: 194-201.
3. Bairlein, F. et al. (2014): Atlas des Vogelzugs. Ringfunde deutscher Brut- und Gastvögel. Aula-Verlag, Wiebelsheim.
4. Bauer, H.-H. et al. (2005): Das Kompendium der Vögel Mitteleuropas. Nonpasseriformes – Nichtsperlingsvögel. Aula-Verlag, Wiebelsheim.
5. Glutz v. Blotzheim, U. N., K. Bauer & E. Bezzel (1971): Handbuch der Vögel Mitteleuropas. Band 4 Akademische Verlagsgesellschaft, Frankfurt.
6. Guthmann, E. et al. (2006): Bestandsentwicklung und Bruterfolg des Mäusebussards *Buteo buteo* in Nordrhein-Westfalen von 1974-2003. Charadrius 41: 161-177.
7. Kenward, R. E. et al. (2001): Factors affecting predation by buzzards *Buteo buteo* on released pheasants *Phasianus colchicus*. J. appl. Ecol. 38: 813-822.
8. Parrot, D. (2015): Impacts and management of common buzzards *Buteo buteo* at pheasant *Phasianus colchicus* release pens in the UK: a review. Eur. J. Wildl. Res 61: 181-197.
9. Kostrzewa, J. (2008): Nahrungswahl von Mäusebussard *Buteo buteo* und Habicht *Accipiter gentilis* – eine Metaanalyse rheinischer und europäischer Daten der letzten hundert Jahre. Charadrius 44: 1-18.

10. Rooney, E. & W. I. Montgomery (2013): Diet diversity of the Common Buzzard (*Buteo buteo*) in a vole-less environment. Bird Study 60: 147-155.
11. Selas, V. (2001): Predation on reptiles and birds by the common buzzard, *Buteo buteo*, in relation to changes in its main prey, voles. Can. J. Zool. 79: 2086-2093.
12. Mebs, T. & D. Schmidt (2006): Die Greifvögel Europas, Nordafrikas und Vorderasiens. Franckh-Kosmos, Stuttgart.
13. Schneider, H.-G. et al. (1991): Der Mäusebussard (*Buteo buteo*) in Nordhessen. Ergebnisse langjähriger Untersuchungen (1975-1989) zur Bestandsentwicklung, Siedlungsdichte und Brutbiologie auf 3 Probeflächen. Vogelkdl. Hefte Edertal 17: 15-21.
14. Schuster, S. et al. (2012): Zusammenbruch von Populationszyklen bei Feldmäusen *Microtus arvalis* und überwinternden Mäusebussarden *Buteo buteo* im Bodenseegebiet. Vogelwelt 133: 99-103.
15. Mattern, U. (1979): Der Mäusebussard in Nordbayern – jagdliche Regulierung nicht erforderlich. Vogelschutz LBV H. 4: 10-12.
16. Jonker, R. M. et al. (2014): Climate change and habitat heterogeneity drive a population increase in Common Buzzards *Buteo buteo* through effects on survival. Ibis 156: 97-106.
17. Mueller, A.-K. et al. (2014): Was macht Greifvogelpopulationen erfolgreich? Eine multivariate Analyse zum Bruterfolg des Mäusebussards *Buteo buteo* in Ostwestfalen. Vogelwarte 52: 286-287.
18. Krüger, O. (2004): The importance of competition, food, habitat, weather and phenotype for the reproduction of Buzzard *Buteo buteo.* Bird Study 51: 125-132.
19. Krüger, O. et al. (2001): Maladaptive mate choice maintained by heterozygote advance. Evolution 55: 1207-1214.
20. Potiek, A. (2014): Änderungen der demographischen Parameter von verschiedenen Phänotypen sagen Populationstrends und Änderungen ihrer relativen Häufigkeit beim Mäusebussard voraus. Vogelwarte 52: 286.

Mönchsgrasmücke

Berühmte Gestalt der Forschungsgeschichte

1. Albegger, E. et al. (2015): Avifauna Steiermark – Die Vögel der Steiermark. BirdLife Österreich, Graz.
2. Steffens. R. et al. (2013): Brutvögel in Sachsen. Sächs. Landesamt f. Umwelt, Dresden.
3. Knaus, P. et al. (2018): Schweizer Brutvogelatlas 2013-2016. Schweizerische Vogelwarte, Sempach.
4. Gedeon, K. et al. (2014): Atlas deutscher Brutvogelarten. Dachverband Deutscher Avifaunisten, Münster.
5. Bairlein, F. et al. (2014): Atlas des Vogelzugs. Ringfunde deutscher Brut- und Gastvögel. Aula-Verlag, Wiebelsheim.
6. Ernst, S. (2013): Veränderungen der Ankunftszeiten von 25 häufigen Zugvogelarten im sächsischen Vogtland in den Jahren 1967 bis 2011. Mitt. Ver. Sächs. Ornithol. 11: 1-14.
7. Peintinger, M. & S. Schuster (2005): Veränderungen der Erstankünfte bei häufigen Zugvogelarten in Südwestdeutschland. Vogelwarte 43: 161-169.
8. Hüppop, O. & K. Hüppop (2011): Bird migration on Helgoland: the yield from 100 years of research. J. Ornithol. 152, Suppl. 1: 25-40.
9. Berthold, P. (2016): Mein Leben – für die Vögel. Franckh-Kosmos, Stuttgart.
10. Berthold, P. (2007): Vogelzug. Eine aktuelle Gesamtübersicht. 5. Aufl. Wiss. Buchgesellschaft Darmstadt.
11. Bezzel, E. (2006): Evolution bei der Mönchsgrasmücke: Was Zehennägel über Partnerwahl verraten. Falke 53, 298-302.

12. Bearhop, S. et al. (2005): Assortative Mating as a mechanism for rapid evolution of a migratory divide. Science 310: 502-504.
13. Redaktion (2005): England-Zieher bleiben unter sich. Max-Planck-Forschung 4: 5-6.
14. Hiemer, D. et al. (2018): First tracks of individual Blackcaps suggest a complex migration pattern. J. Ornithol. 159: 205-210.

Nachtigall

Ökogarten für die Sängerkönigin

1. www.giga.de/extra/magazin/gallery/gaerten-des-grauens
2. Gedeon, K. et al. (2014): Atlas deutscher Brutvogelarten. Dachverband Deutscher Avifaunisten, Münster.
3. Knaus, P. et al. (2018): Schweizer Brutvogelatlas 2013-2016. Schweizerische Vogelwarte, Sempach.
4. Boano, G. et al. (2004): Nightingale *Luscinia megarhynchos* survival rates in relation to Sahel rainfall. Avocetta 28: 77-85.
5. Wilson, A. M. (2002): Status of the Nightingale *Luscinia megarhynchos* in Britain at the end of the 20th century with particular reference to climate change. Bird Study 49: 193-204.
6. Bergmann, H.-H. et al. (2008): Die Stimmen der Vögel Europas. Aula-Verlag, Wiebelsheim.
7. Kipper, S. et al. (2017): A comparison of the diurnal song of the Common Nightingale (*Luscinia megarhynchos*) between the non-breeding season in The Gambia, West Africa and the breeding season in Europe. J. Ornithol. 158: 223-231.
8. Kipper, S. et al. (2006): Song repertoire size is correlated with body measures and arrival date in common nightingales, *Luscinia megarhynchos*. Animal Behav. 71: 211-217.
9. Sprau, P. et al. (2013): The predictive value of trill performance in a large repertoire songbird, the nightingale *Luscinia megarhynchos*. J. Avian Biol. 44: 1-8
10. Bartsch, C. et al. (2016): What is the whistle all about? A study on whistle songs, related male characteristics, and female song preferences in common nightingales. J. Ornithol. 157: 49-60.
11. Kunc, H. et al. (2007): Vocal interactions in common nightingales (*Luscinia megarhynchos*): males take it easy after pairing. Behav. Ecol. Sociobiol. 61: 557-563.
12. Patón D. et al. (2014): Sonometric variability of urban and wild Nightingales (*Luscinia megarhynchos* L.). In: Noise Pollution: 1-8. Nova Sci. Publ., New York.
13. Amrhein, V. et al. (2002): Nocturnal and diurnal singing activity in the nightingale: correlations with mating status and breeding cycle. Animal Behav. 64: 939-944.

Nebelkrähe

Systematik und unsere blöden Sinne

1. Parkin D. T. et al. (2003) The taxonomic status of Carrion and Hooded Crows. Brit. Birds 96: 274–290.
2. Sangster, G. (2018): Integrative taxonomy of birds in nature and delimination. In: T. Tietze, Bird Species: 9-30. Springer.
3. Joseph, L. (2018): Phylogeography and the role of hybridization in speciation. In: T. Tietze, Bird Species: 165-194. Springer.
4. Poelstra, J. W. et al. (2014): The genomic landscape underlying phenotypic integrity in the face of gene flow in crows. Science 344: 1410-1414.

Rabenkrähe

Imageprobleme, Zweiklasssengesellschaft, erstaunliche Intelligenz

1. Glutz v. Blotzheim, U. N. & K. Bauer (1993): Handbuch der Vögel Mitteleuropas. Band 13/III. Aula-Verlag, Wiebelsheim.
2. Bezzel, E. (2019): 55 Irrtümer über Vögel. Aula-Verlag, Wiebelsheim.
3. Gedeon, K. et al. (2014): Atlas deutscher Brutvogelarten. Dachverband Deutscher Avifaunisten, Münster.
4. Richner, H. (1989): Habitat-specific growth and fitness in Carrion Crows (*Corvus corone corone*). J. Animal. Ecol. 58: 427-440.
5. Tompa, F. (1976): Zum Rabenkrähe-Problem in der Schweiz. Teil II: Rabenkrähe und Landwirtschaft: Schäden und Abwehrmaßnahmen. Ornithol. Beob. 73: 195-208.
6. Langgemach, T. & E. Ditscherlein (2004): Zum aktuellen Stand der Bejagung von Aaskrähe (Corvus corone), Elster (*Pica pica*) und Eichelhäher (*Garrulus glandarius*) in Deutschland. Ber. Vogelschutz 41: 17-44.
7. www.sueddeutsche. de/muenchen/dachau (besucht November 2020)
8. Berlepsch, H. v. (1923): Der gesamte Vogelschutz. 10. Aufl. Neumann, Neudamm.
9. Münchner Merkur 24.11.2020
10. www. jagdverband.de, Rabenvögel und deren Bejagung (besucht November 2020)
11. Bezzel, E. (1988): Übles Raubzeug oder harmlose Singvögel? Das Schicksal von Eichelhäher, Elster und Rabenkrähe im Streit zwischen Jägern und Vogelschützern. Seevögel 9: 57-61.
12. Schaefer, T. (2004): Video monitoring of shrub-nests reveals nestpredators. Bird Study 51: 170-177.
13. Salathé, T. (1987): Crow predation on coot eggs: effects of investigator disturbance, nest cover, and predator learning. Ardea 78: 221-229.
14. Eickhorst, W. & J. Bellebaum (2004): Prädatoren kommen nachts – Gelegeverluste in Wiesenvogelschutzgebieten Ost- und Westdeutschlands. Natursch. u. Landschaftspfl. Niedersachs. 41: 81-89.
15. Langgemach, T. & J. Bellebaum (2005): Prädation und der Schutz bodenbrütender Vogelarten in Deutschland. Vogelwelt 1926: 259-298.
16. Madden, C. F. B. et al. (2015): A review of the impacts of corvids on bird productivity and abundance. Ibis 157: 1-16.
17. Reichholf, J. (2009): Langfristige Häufigkeitstrends von Rabenkrähen *Corvus c. corone* in Südostbayern und Wirkung des Krähenabschusses. Ornithol. Mitt. 61: 308-310.
18. Cristol, D. & P. V. Switzer (1999): Avian prey-dropping behavior. II: American crows and walnuts. Behavioral Ecol. 10: 220-225.
19. Reichholf, J. (2009): Rabenschwarze Intelligenz. Herbig, München.
20. Cristol, D. et al. (1997): Crows do not use automobiles as nutkrackers putting an anecdote to the test. Auk 114: 296-298.
21. Bezzel, E.: unpubl.
22. Müller, A. (1994): Langjährige Walnußwurfplatztradition der Rabenkrähe. Ornithol. Schnellmitt. Baden-Württemberg N. F. 46: 40-42.

Rauchschwalbe

Reisepläne, Ornamente, Nahrungsmangel und Wohnungsnot

1. Bairlein, F. et al. (2014): Atlas des Vogelzugs. Ringfunde deutscher Brut- und Gastvögel. Aula-Verlag, Wiebelsheim.
2. Scandolara, C. et al. (2014): Impact of miniatursized geolocators on barn swallow *Hirundo rustica* fitness traits. J. Avian Biol. 45: 1-7.

3. Matyjasiak, P. et al. (2016): No short-term effects of geolocators on flight performance of an aerial insectivorous bird, the Barn Swallow (*Hirundo rustica*). J. Orn. 157: 653-661.
4. Szép, T. et al. (2009): Comparison of trace element and stable isotope approaches to the study of migratory connectivity: an example using two hirundine species breeding in Europa and wintering in Africa. J. Ornithol. 150: 621-636.
5. Briedis, M. et al. (2018): Loop migration, induced by seasonally different flyway use, in Northern European Barn Swallows. J. Ornithol. 159: 885-991.
6. Ernst, S. (2013): Veränderungen der Ankunftszeiten von 25 häufigen Zugvogelarten im sächsischen Vogtland in den Jahren 1967 bis 2011. Mitt. Ver. Sächs. Ornithol. 11: 1-14.
7. Peintinger, M. & S. Schuster (2005): Veränderungen der Erstankünfte bei häufigen Zugvogelarten in Südwestdeutschland. Vogelwarte 43: 161-169.
8. Arai, E. et al. (2009): Divorce and asynchronous arrival in Barn Swallows *Hirundo rustica.* Bird Study 56: 411-413.
9. Gatter, W. (2000): Vogelzug und Vogelbestände in Mitteleuropa. Aula-Verlag, Wiebelsheim.
10. Neubauer, G. et al. (2012): Leaving on migration: estimating departure dates of Barn Swallows *Hirundo rustica* from summer roosts using a capture-mark-recapture approach. Bird Study 59: 144-154.
11. Saino, N. et al. (2015): White tail spots in breeding Barn Swallows *Hirundo rustica* signal body condition during winter moult. Ibis 157: 722-730.
12. Møller, A. P. (1990): Male tail length and female mate choice in the monogamous swallow *Hirundo rustica.* Animal Behaviour 39: 458-465.
13. Saino, N. et al. (1997): An experimental study of paternity and tail ornamentation in the Barn Swallow (Hirundo rustica). Evolution 51: 562-570.
14. Cuervo, J. J. & A. P. Møller (2006): Experimental tail elongation in male Barn Swallows *Hirundo rustica* reduces provisioning of young, but only in second broods. Ibis 148: 449-458.
15. Brown, C. R. & M. B. Brown (1999): Natural selection on tail and bill morphology in Barn Swallow Hirundo rustica during severe weather. Ibis 141: 652-659.
16. Liu, Y. et al. (2018): Ventral colour, not tail streamer length, is associated with seasonal reproductive performance in a Chinese population of Barn Swallows (*Hirundo rustica gutturalis*). J. Ornithol. 159: 675-685.
17. Altenburg, J. F. & T. J. Bouderwijn (2020): Bosuil predeert lokale boerenzwaluw-populatie: effecten op overleving, reproductie en partnerkeuze. Limosa 93: 15-22.
18. Evans, J. L. et al. (2003): Swallow *Hirundo rustica* population trends in England: data from repeated historical surveys. Bird Study 50: 178-181.
19. Loske, K.-H. (2008): Der Niedergang der Rauchschwalbe *Hirundo rustica* in den westfälischen Hellwegbörden 1977-2007. Vogelwelt 139: 57-71.
20. Orlowski, G. & J. Karg (2013): Partitioning the effects of livestock farming on the diet of an aerial insectivorous passerine, the Barn Swallow *Hirundo rustica.* Bird Study 60: 11-123.
21. van den Brink, B. (2003): Hygienemaatregelen op moderne boerenbedrijven en het lot van Boerenszwaluwen *Hirundo rustica.* Limosa 76: 109-116.
22. Kragten, S. et al. (2009): Breeding Barn Swallows *Hirundo rustica* on organic and conventional arable farms in the Netherlands. J. Ornithol. 150: 515-518.
23. Ambrosini, R. et al. (2011): Large-scale spatial distribution of breeding Barn Swallows *Hirundo rustica* in relation to cattle farming. Bird Study 58: 495-505.
24. MacHugh, N. M. et al. (2018): Use of field margins managed under agri-environment scheme by foraging Barn Swallows *Hirundo rustica.* Bird Study 65: 329-337.

Ringeltaube

In die Stadt - weg vom traurigen Sonntagsschützen

1. Bairlein, F. et al. (2014): Atlas des Vogelzugs. Ringfunde deutscher Brut- und Gastvögel. Aula-Verlag, Wiebelsheim.
2. Gedeon, K. et al. (2014): Atlas deutscher Brutvogelarten. Dachverband Deutscher Avifaunisten, Münster.
3. Woodward, J. et al. (2017): The London Bird Atlas. London Nat. Hist. Soc. London.
4. Wüst, W. (1986): Avifauna Bavariae. Band II. München 1886.
5. Wichmann, G. et al. (2009): Die Vogelwelt Wiens, Atlas der Brutvögel. Naturhist. Mus. Wien.
6. Schlemmer, R. et al. (2013): Die Brutvögel der Stadt Regensburg und ihre Bestandsentwicklung von 1982 bis 2012. Naturw. Ver. Regensburg.
7. Knaus, P. et al. (2018): Schweizer Brutvogelatlas 2013-2016. Schweizerische Vogelwarte, Sempach.
8. Bezzel, E. & F. Lechner (1978): Die Vögel des Werdenfelser Landes. Kilda-Verlag, Greven.
9. Bezzel, E.: unpubl.
10. Osnabrücker Zeitung 6.12.2004
11. Glutz v. Blotzheim, U. N. & K. Bauer (1985): Handbuch der Vögel Mitteleuropas. Band 9. Aula-Verlag, Wiesbaden.

Rotkehlchen

Liebenswerter Einzelgänger, rund ums „rote Tuch“ für Artgenossen

1. Bezzel, E.: unpubl.
2. Lindo, D. (2018): Urban Birding. Franckh-Kosmos, Stuttgart.
3. Opitz, H. (2014): Die Vögel des Jahres 1970-2013. Aula-Verlag, Wiebelsheim.
4. Bezzel, E. & F. Weick (1992): Das Rotkehlchen. Naturbuchverlag, Augsburg.
5. Schäffer, A. (2020): Sie haben die Wahl! Falke 67/11: 12-113.
6. Stickroth, H. (2021): Die Top-10-Kandidaten zur Wahl. Falke 68/1: 16-21.
7. Münchner Merkur 4.12.2020
8. Glutz v. Blotzheim, U. N. & K. Bauer (1988): Handbuch der Vögel Mitteleuropas. Band 11/I. Aula-Verlag, Wiebelsheim.
9. Lack, D. (1946): The life of the Robin. Witherby, London.
10. Lack, D. (1966): Population Studies of Birds. Clarendon Press, Oxford.
11. Bergmann, H.-H. et al. (2008): Die Stimmen der Vögel Europas. Aula-Verlag, Wiebelsheim.
12. Figuerola, J. et al. (2001): Age-related habitat segregation by Robins *Erithacus rubecula* during the winter. Bird Study 48: 252-255.
13. Campos, A. R. et al. (2011): Competition among European Robins *Erithacus rubecula* in the winter-quarters: sex is the best predictor of priority of access in experimental food resources. Ornis fennica 88: 226-233.
14. Telleria, J. L. et al. (2004): Consequences of the settlement of migrant European Robins *Erithacus rubecula* in wintering habitats occupied by conspecific residents. Ibis 146: 258-268.
15. Campos, A. et al. (2011): How do Robins *Erithacus rubecula* resident in Iberia respond to seasonal flooding by conspecific migrants? Bird Study 58: 435-442.
16. Adriaensen, F. & A. Dhondt (1990): Population dynamics and partial migration of the European Robin (*Erithacus rubecula*) in different habitats. J. Animal Ecol. 59: 1077-1090.
17. Dunn, M. et al. (2014): Trade-offs and seasonal variation in territorial defence and predator evasion in the European Robin *Erithacus rubecula*. Ibis 146: 77-84.

18. Jovani, R. et al. (2012): Age-related sexual plumage dimorphism and badge framing in the European Robin *Erithacus rubecula.* Ibis 154: 147-154.
19. Gatter, W. S. & M. Dallmann (2017): Folgen steigender Brutverluste bei Berglaubsänger *Phylloscopus bonelli (bonelli)* und den Kurzstreckenziehern Zilpzalp *P. collybita*, Rotkehlchen *Erithacus rubecula* und Zaunkönig *Troglodytes troglodytes.* Vogelwelt 137: 237-247.
20. Fenessy, G. J. & T. C. Kelly (2006): Breeding densities of Robin *Erithacus rubecula* in different habitats: the importance of hedgerow structure. Bird Study 53: 97-104.
21. Wiltschko, W. & F. W. Merkel (1965): Orientierung zugunruhiger Rotkehlchen im statischen Magnetfeld. Verh. Dtsch. Zool. Ges. 60: 362-367.
22. Wiltschko, W. (1973): Kompaßsysteme in der Orientierung von Zugvögeln. Abh: Akad. Wiss. Lit. Mainz 2: 6-52.
23. Kishkinev, D. et al. (2012): An attempt to develop an operant conditioning paradigm to test for magnetic discrimination behavior in a migratory songbird. J. Ornithol. 153: 1165-1177.
24. Gedeon, K. et al. (2014): Atlas deutscher Brutvogelarten. Dachverband Deutscher Avifaunisten, Münster.

Star

Lieber Freund des Menschen, aber ungeliebte Schwärme

1. Woodward, J. et al. (2017): The London Bird Atlas. London Nat. Hist. Soc. London.
2. Arbeitsgemeinschaft Berlin-Brandenburgischer Ornithologen (2001): Die Vogelwelt von Brandenburg und Berlin. Natur & Text, Rangsdorf.
3. Steffens, R. et al. (1998): Die Vogelwelt Sachsens. Gustav Fischer, Jena.
4. Feare, C. (1984): The Starling. Oxford Univ. Press, Oxford, New York.
5. Glutz v. Blotzheim, U. N. & K. Bauer (1993): Handbuch der Vögel Mitteleuropas. Band 13/III. Aula-Verlag, Wiebelsheim.
6. Zedler, W. (1965): Beobachtungen an den Schlafplätzen des Stars (*Sturnus vulgaris)* im Zentrum von München. Anz. Ornithol. Ges. Bayerm 7: 283-298.
7. Reichholf, J. (2008): Die Geschichte der Münchner Stachus-Stare und ihr Ende. Naturschutzreport München 2: 10-12.
8. Groot, P. de (1980): Information transfer in a socially roosting weaver bird (*Quelea quelea Ploceinae*): an experimental study. Anim. Behav. 29: 1249-1254.
9. Fischl, J. & D. F. Caccamise (1986): Relationship of Diet and Roosting Behavior in the European Starling. American Midland Naturalist 117: 395-404.
10. Fischl, J. & D. F. Caccamise (1983): Influence of habitat and season on foraging flock composition in the European Starling (*Sturnus vulgaris*). Oecologia 67: 532-539.
11. Hemelrijk C. K. et al. (2019): Damping of waves of agitation in starling flocks. Behavioral Ecol. and Sociobiol. 73: 125 (ref. Vogelwarte 57: 203).
12. Zedler, W. (1959): Starenschwärme und Greifvögel. Ornithol. Mitt. 11: 128-130.
13. Heldberg, H. et al. (2017): Common Starlings (*Sturnus vulgaris*) increasingly select for grazed areas with increasing distance-to-nest. PLoS ONE 12(8): e01182504, https: //doi.org/10.1371.
14. Jennings, T. & S. M. Evans (1980): Influence of position in flock and flock size on vigilance in the Starling, *Sturnus vulgari*s. Animal Behav. 28: 634-635.
15. Richarz, K. & M. Hormann (2008): Nisthilfen für Vögel und andere heimische Tiere. Aula-Verlag, Wiebelsheim.
16. Long, J. L. (1981): Introduced Birds of the World. David & Charles, London.

17. Berthold, P. (1968): Die Massenvermehrung des Stars *Sturnus vulgaris* in fortpflanzungsphysiologischer Sicht. J. Onithol. 109: 11-16.
18. Enquête L. P. O. (1981): Destruction massive d'Etourneaux en Normandie. L'homme et l'oiseau 19: 25-61.
19. Orell, M. & M. Ojanen (1980): Zur Abnahme des Stars (*Sturnus vulgaris*) in Skandinavien. J. Ornithol. 121: 397-401.
20. Feare, C. J. (1981): Zum Rückgang des Stars (*Sturnus vulgaris*) in Skandinavien: Bestandsdezimierung in Überwinterungsgebieten. J. Ornithol. 122: 435-437.
21. Rossbach. R. (1973): Weitere Erfahrungen mit der elektroakustischen Methode bei der Vertreibung von Staren – *Sturnus vulgaris* – an ihren Schlafplätzen. Emberiza 2: 176-179.
22. Bezzel, E.: unpubl.
23. Gedeon, K. et al. (2014): Atlas deutscher Brutvogelarten. Dachverband Deutscher Avifaunisten, Münster.
24. Robinson, R. A. et al. (2005): Status and population trends of Starling *Sturnus vulgaris* in Great Britain. Bird Study 52: 252-260.
25. Heldberg, H. et al. (2016): The decline of Starling *Sturnus vulgaris* in Denmark is related to changes in grassland extent and intensity of cattle grazing. Agric., Ecosyst. & Environ. 230: 24-31.
26. Freeman, S. N. et al. (2007): Changing demography and population decline in the Common Starling *Sturnus vulgaris*: a multiple approach on integrated Population Monitoring. Ibis 149: 587-596.
27. Versluis, M. et al. (2016): Demographic changes underpinning the population decline of Starlings *Sturnus vulgaris* in The Netherlands. Ardea 104: 153-165.
28. Witter, M. S. et al. (1994): Experimental investigations of mass-dependent predation risk in the European Starling, *Sturnus vulgaris*. Animal Behav. 48: 201-222.

Stieglitz

Bunte Farben an trockenen Disteln

1. Svensson, L., K. Mullarney & D. Zetterström (2011): Der Kosmos Vogelführer. 2. Aufl., Franckh-Kosmos, Stuttgart.
2. Bezzel, E. (2020): Vögel. Was Sie schon immer fragen wollten. 222 Antworten für Neugierige. Aula-Verlag, Wiebelsheim.
3. Bauer, H-G. et al. (2005): Das Kompendium der Vögel Mitteleuropas. Passeriformes - Sperlingsvögel. Aula-Verlag, Wiebelsheim.
4. Glutz v. Blotzheim, U. N. & K. Bauer (1985): Handbuch der Vögel Mitteleuropas. Band 14/II. Aula-Verlag, Wiebelsheim.

Stockente

Höchst gesellig, im Allgemeinen auch verträglich

1. Söderquist, P. et al. (2017): Admixture between released and wild game birds: a changing genetic landscape in European mallards (*Anas platyrhynchos*). Europ. J. Wildl. Res. 63: 98-111.
2. Sauter, A. et al. (2012): Individual behavioural variability of an ecological generalist: activity patterns and local movements of Mallards *Anas platyrhynchos* in winter. J. Ornithol. 153: 713-726.
3. Boos, M. et al. (2007): Weather and body condition in wintering Mallards *Anas platyrhynchos*. Bird Study 54: 154-159.
4. Kraus, R. H. S. et al. (2013): Global lack of flyway structure in a cosmopolitan bird revealed by a genome wide survey of single nucleotide polymorphisms. Mol. Ecol. 22: 41-55.

5. Bauer, H.-H. et al. (2005): Das Kompendium der Vögel Mitteleuropas. Nonpasseriformes – Nichtsperlingsvögel. Aula-Verlag, Wiebelsheim.
6. Sauter, A. et al. (2010): Evidence of climatic change effects on within-winter movements of European Mallards *Anas platyrhynchos*. Ibis 152: 600-609.
7. Gedeon, K. et al. (2014): Atlas deutscher Brutvogelarten. Dachverband Deutscher Avifaunisten, Münster.
8. Gunnarsson, G. (2012): Direct and indirect effects of winter harshness on the survival of Mallards *Anas platyrhynchos* in northwest Europe. Ibis 154: 307-317.
9. Sonnenburg, F. & M. Schmitz (2006): Häufigkeitsanteile und Färbungsmerkmale fehlfarbener Stockenten *Anas platyrhynchos* im Ballungsraum Rhein-Ruhr. Charadrius 42: 9-22.
10. Randler, Ch. (2002): Bestandsveränderungen bei Parkpopulationen der Stockente *Anas platyrhynchos*. Vogelwelt 123: 21-24.
11. Champagnon, J. et al. (2016); Robust estimation for survival and contribution of captive-bred Mallards *Anas platyrhynchos* to a wild population in a large-scale release programme. Ibis 158: 343-352.
12. Fog, J. (1964): Dispersal and survival of released Mallard (*Anas platyrhynchos* L.). Vildtbiol. Stat. Kalø 37: 21-57.
13. Baratti, M. et al. (2009): Molecular and ecological characterization of urban populations of the mallard (*Anas platyrhynchos* L.) in Italy. Ital. J. Zool. 76: 330-339.
14. Bezzel. E. (2019): 55 Irrtümer über Vögel. Aula-Verlag, Wiebelsheim.
15. Champagnon, J. et al. (2010): Changes in Mallard *Anas platyrhynchos* bill morphology after 30 years of supplemental stocking. Bird Study 57: 244-351.
16. Gunnarsson. G. et al. (2008): Survival estimates, mortality patterns, and population growth of Fennoscandian mallards *Anas platyrhynchos*. Ann. Zool. Fenn. 45: 486-495.
17. Nyenhuis, H. (1997): Zur Populationsdynamik und Zugphänologie der Wildenten (Anatidae) im Raum Weser-Ems. Allg. Forst- i. Jagdzeitung 168: 89-95.
18. Wahl, J. et al. (2011): Vögel in Deutschland – 2011. DDA, BfN, ÖAG VSW, Münster.
19. Bezzel, E. (2020): Warum ist gute jagdliche Tradition fragwürdig geworden? Artenschutzreport 42: 56-60.
20. Werner, S. et al. (2018): 55 Jahre Wasservogelzählung am Bodensee. Ornithol. Beob. Beih. 13.
21. Bezzel, E. & I. Geiersberger (1998): Wasservogeljagd am Staffelsee: Fallbeispiele für die Störwirkung verschiedener Jagdmethoden. Ornithol. Anz. 37: 61-68.
22. Champagnon, J. et al. (2016): Contribution of released captive-bred Mallards to the dynamics of the natural population. Ornis Fenn. 93: 3-11.
23. Bezzel, E. (1959): Beiträge zur Biologie der Geschlechter bei Entenvögeln. Anz. ornithol. Ges. Bayern 5: 269-355.
24. Jonsson, J. E. & A. Gardarsson (2001): Pair formation in relation to climate: Mallard, Eurasian Wigeon and Eurasian Teal wintering in Iceland. Wildfowl 52: 55- 68.

Turmfalke

Man wird ihn lieb gewinnen müssen

1. Wink, M. (2018): Ein neuer Stammbaum der Vögel. Falke 65/9: 8-18.
2. Kübler, S. et al. (2005): The kestrel (*Falco tinnunculus*) in Berlin: investigation of breeding biology and feeding ecology. J. Ornithol. 146: 271-278.
3. Preusch, M. R. & J. Edelmann (2010): Populationsdynamik von Turmfalken (*Falco tinnunculus*) und Schleiereule (*Tyto alba*) auf einer gemeinsamen Probefläche im Kraichgau (Südwestdeutschland). Vogelwarte 48: 33-41.

4. Koop, B. & R. K. Berndt (2014): Vogelwelt Schleswig-Holsteins. Bd. 7: Zweiter Brutvogelatlas. Wacholtzverlag, Neumünster.
5. Neuschwander, K. & H. Schmid (2002): In 50 Jahren erfolgreiche Bruten des Turmfalken F*alco tinnunculus* am selben Brutort. Ornithol. Beob. 99: 324-326.
6. Aschwanden. J. et al. (2005): Are ecological compensation areas attractive hunting sites for common kestrels (*Falco tinnunculus*) and long-eared owls (*Asio otus*)? J. Ornithol. 146: 279-286.
7. Constantini, D. et al. (2014): Reproductive performance of Eurasian Kestrel *Falco tinnunculus* in an agricultural landscape with a mosaic of land uses. Ibis 156: 768-776.
8. Casagrande, S. et al. (2008): Habitat utilization and prey selection of the kestrel F*alco tinnunculus* in relation to small mammal abundance. Ital. J. Zool. 752: 401-409.
9. Sumasgutner, P. et al. (2014): Conservation related conflicts in nest-site selection of the Eurasian Kestrel (*Falco tinnunculus*) and the distribution of its avian prey. Landscape and Urban Planing 127: 94-103.
10. Grimm, H. (1994): Notizen zum Brutbestand des Turmfalken (F*alco tinnunculus*) 1993 im Stadtgebiet von Erfurt. Veröff. Naturkdemus. Erfurt. 13: 161-166.
11. Videler, J. & A. Groenewold (1991): Field measurements of hanging flight aerodynamics in the Kestrel *Falco tinnunculus*. J. exp. Biol. 155: 519-530.
12. Masman, D. et al. (1988): Time allocation in the Kestrel (*Falco tinnunculus*), and the principle of energy minimization. J. Animal Ecol. 57: 411-432.
13. Mülner, B. (2000): Winterliche Bestandsdichten, Habitatpräferenzen und Ansitzwartenwahl von Mäusebussard (*Buteo buteo*) und Turmfalke (*Falco tinnunculus*) im oberen Murtal (Steiermark). Egretta 43: 20-36.
14. Riegert, J. et al. (2007): Increased hunting effort buffers against vole scarcity in an urban Kestrel *Falco tinnunculus* population. Bird Study 64: 262-261.
15. Mikula, P. et al. (2013): Bats and swifts as food of the European Kestrel (*Falco tinnunculus*) in a small town in Slovakia. Ornis fennica 90: 178-185.
16. Vitala, J. et al. (1995): Attraction of Kestrels to vole scent marks visible in ultraviolet light. Nature 373: 425-427.
17. Podulka, S. et al. (2004): Handbook of Bird Biology. Cornell Lab of Ornithol., Ithaka.
18. Morrison, M. L. et al. (2018): Ornithology. Foundation, Analysis, and Application. John Hopkins Univ. Press, Baltimore.
19. Sachslehner, L. M. (1996): „Nachtaktiver" Turmfalke (*Falco tinnunculus* L.) jagt Eulenfalter am beleuchteten Stephansdom in Wien. – Können Turmfalken im oberen UV-Bereich sehen? Ökol. Vögel 18: 55-645.
20. Zampiga, E. et al. (2008): Ultraviolet reflectance and female mating preferences in the common kestrel (*Falco tinnunculus*). Canadian J. Zool. 86, N. 6: 479-483.

Uhu

König der Nacht mit wechselndem Schicksal

1. Scherzinger, W. & T. Mebs (2020): Die Eulen Europas. 3. Aufl. Franckh-Kosmos Verlag; Stuttgart.
2. Hüttenvogel (1901) (= Pfannenberg, F.v. 1901): Die Hüttenjagd mit dem Uhu. Neumann-Neudamm.
3. Rockenbauch, D. (2018): Die ersten 50 Jahre nach der Heimkehr des Uhus (*Bubo bubo*) in Baden-Württemberg (1963-2012). Ökol. Vögel 33: 1-90.
4. Rau, F. et al. (2018): Wanderfalken und Uhus in Baden-Württemberg – Die Brutsaison 2017. Jber. Arb. Gem. Wanderfalkenschutz: 4-8.

5. Rockenbauch, D. (2005): Altes und Neues über den Uhu (*Bubo bubo*) in Baden-Württemberg. Artenschutzreport 17: 7-8.
6. Görner, M. (2020): Zur Aussetzung und Wiedereinbürgerung des Uhus *(Bubo bubo*) in Deutschland seit 1910. Acta ornithoecol. 9: 113-128.
7. Harms, C. (2016): Bauwerkbruten des Uhus *(Bubo bubo*) – Fallbeispiele zu Konflikten und Problemlösungen. Naturschutz südl. Oberrhein 8: 231-246.
8. Görner, M. (2016): Zu Ökologie des Uhus (*Bubo bubo*) in Thüringen – Eine Langzeitstudie -. Acta ornithoecol. 8: 151-319.
9. Lanz, U. & A. Pille (2005): Der Uhu (*Bubo bubo*) in Bayern – Bestand und Gefährdung. Artenschutzreport 17: 26-29.

Waldkauz

Gruseliges Nachtgespenst und Mobbingopfer

1. Zuberogoitia, I. et al. (2018): Factors affecting spontaneous vocal activity of Tawny Owls S*trix aluco* and implications for surveying large areas. Ibis 161: 495-503.
2. Worthington-Hill, J. & G. Convay (2017): Tawny Owl *Strix aluco* response to call-broadcasting and implications for survey design. Bird Study 64: 205-201.
3. Redpath, S. M. (1994): Censusing Tawny Owls *Strix aluco* by the use of imitation calls. Bird Study 41: 192-198.
4. Shekhovtsov, S. M. & A. A. Sharikow (2015): Individual and geographical variation in the territorial calls of Tawny Owl *Strix aluco* in eastern Europe. Ardeola 62: 299-310.
5. Appleby, R. M. & S.M. Redpath (1997): Variation in the male territorial hoot of the Tawny Owl *Strix aluco* in three English populations. Ibis 139: 152-158.
6. Jensen, R. A. et al. (2012): Predicting the distribution of Tawny Owl (*Strix aluco*) at the scale of individual territories in Denmark. J. Ornithol. 153: 677-689.
7. Gedeon, K. et al. (2014): Atlas deutscher Brutvogelarten. Dachverband Deutscher Avifaunisten, Münster.
8. Rumbutis, S. et al. (2017): Adaptive habitat preferences in the Tawny Owl *Strix aluco*. Bird Study 64: 421-430.
9. Hosking, E. & F. W. Lane (1970): An Eye for a Bird. Hutchinson, London.
10. Wallin, K. (1987): Defence as a Parental Care in Tawny Owl (*Strix aluco*). Behaviour 102: 213-230.
11. Grytsyshina, E. E. et al. (2016): Kinematic Constituents of the Extreme Head Turn of *Strix aluco* Estimated by Means of CT-Scanning. Doklady Biol. Sci 466: 24-27.
12. Scherzinger, W. & T. Mebs (2020): Die Eulen Europas. 3. Aufl. Franckh-Kosmos Verlag; Stuttgart.

Wasseramsel

Der Singvogel, der sich ins Wasser stürzt

1. Magoolagan, L. & S. P. Sharp (2018): Song function and territoriality in male and female White-throated Dippers *Cinclus cinclus*. Bird Study 65: 396-403.
2. Barthel, P. H. et al. (2020): Deutsche Namen der Vögel der Erde. Vogelwarte 58: 1-214.
3. Rijke, A. M. & A. A. Jesser (2010): The feather structure of Dipper: water repellency and resistance to water penetration. Wilson J. Ornithol. 122: 563-568.
4. Glutz v. Blotzheim, U. N. & K. Bauer (1985): Handbuch der Vögel Mitteleuropas. Band 10/II. Aula-Verlag, Wiebelsheim.
5. del Hoyo, J. et al. (2005): Handbook of the Birds of the World. Vol. 10. Lynx Editions, Barcelona.

6. Hegelbach, J. (2014): Die Mauser der Wasseramsel *Cinclus cinclus* und der Bezug zu Geschlecht, Alter und Bruttermin. Vogelwarte 52: 179-190.
7. Knaus, P. et al. (2018): Schweizer Brutvogelatlas 2013-2016. Schweizerische Vogelwarte, Sempach.
8. Gedeon, K. et al. (2014): Atlas deutscher Brutvogelarten. Dachverband Deutscher Avifaunisten, Münster.
9. SOVON (2018): Vogelatlas van Nederland. Kosmos Uitgevers, Antwerpen.
10. Hölzinger, J. (1999): Die Vögel Baden-Württembergs. Band 3.1: Singvögel 1. Eugen Ulmer, Stuttgart.
11. Knief, U. (2018): Wasseramseln *Cinclus cinclus* im nördlichen Landkreis Starnberg 2017/2018. Ornithol. Anz. 57: 54-60.
12. Hegelbach, J. (2013): Temperaturabhängiger Brutbeginn, Pflanzenphänologie und Zweitbrutanteil bei der Wasseramsel. Ornithol. Beob. 110: 453-464.
13. Chiu, A.-C. et al. (2013): Impact of extreme flooding on the annual survival of a riparian predator, the Brown Dipper *Cinclus pallasi.* Ibis 155: 377-383.
14. Garmisch-Partenkirchner Tagblatt 18.9.2020
15. Moreno-Rueda, G. & J. M. Rivas (2007): Recent changes in allometric relationships among morphological traits in the dipper (*Cinclus cinclus*). J. Ornithol. 148: 489-494.
16. Martinez, N. et al. (2020): Vorkommen von Wasseramsel *Cinclus cinclus* und Gebirgsstelze *Motacilla cinerea* in Abhängigkeit vom biologischen Zustand der Fliessgewässer. Ornitol. Beob. 117: 164-175.

Zaunkönig

Kleiner Kerl mit großer Stimme

1. Dallmann, M. (1987): Der Zaunkönig. Neue Brehm-Bücherei. A. Ziemsen Verlag, Wittenberg.
2. Barthel, P. H. et al. (2020): Deutsche Namen der Vögel der Erde. Vogelwarte 58: 1-214.
3. del Hoyo, J. et al. (2005): Handbook of the Birds of the World. Vol. 10 Lynx Editions, Barcelona.
4. Bergmann, H.-H. et al. (2008): Die Stimmen der Vögel Europas. Aula-Verlag, Wiebelsheim.
5. Fraticelli, F. (1996): Frequenza dell'attivitá canora dello Scricciolo, *Troglodytes troglodytes*, in un ambiente urbano. Riv. Ital. Ornithol. 66: 184-186.
6. Glutz v. Blotzheim, U. N. & K. Bauer (1985): Handbuch der Vögel Mitteleuropas. Band 10/II. Aula-Verlag, Wiebelsheim.
7. Morrison, M. L. et al. (2018): Ornithology. Foundation, Analysis, and Application. John Hopkins Univ. Press, Baltimore.
8. Wesolowski, T. (1983): The breeding ecology and behaviour of Wrens *Troglodytes troglodytes* under primaeval and secondary conditions. Ibis 125: 499-515.
9. Bentzien, D. (2003): Beobachtungen an einem Winterschlafplatz des Zaunkönigs (*Troglodytes troglodytes*). Hamburger avifaun. Beitr. 31: 145 – 151.
10. Bosch, S. (2014): Wenn Zaunkönige zusammen kuscheln: Verhalten einer Gruppe von Zaunkönigen (*Troglodytes troglodytes*) im Gemeinschaftsschlafplatz im Winter. Vogelwarte 52: 191-199.

Kurz geratene und fehlende Vogelgeschichten

1. SOVON (2018): Vogelatlas van Nederland. Kosmos Uitgevers, Antwerpen.
2. Gedeon, K. et al. (2014): Atlas deutscher Brutvogelarten. Dachverband Deutscher Avifaunisten, Münster.
3. Rödl, T. et al. (2012): Atlas der Brutvögel in Bayern. Verbreitung 2005 bis 2009. Eugen Ulmer, Stuttgart.

4. Bezzel, E.: unpubl.
5. Steffens, R. et al. (2013): Brutvögel in Sachsen. Landesamt f. Umwelt, Dresden.
6. Knaus, P. et al. (2018): Schweizer Brutvogelatlas 2013-2016. Schweizerische Vogelwarte, Sempach.
7. Hölzinger, J. & U. Mahler (2001): Die Vögel Baden-Württembergs. Band 2.3: Nicht-Singvögel 3. Eugen Ulmer, Stuttgart.
8. Woodward, J. et al. (2017): The London Bird Atlas. London Nat. Hist. Soc. London.
9. Wieloch, M. (1991). Population trends of the Mute Swan *Cygnus olor* in the Palaearctic. Wildfowl Suppl.1: 22-32.
10. BirdLife International (2004): Birds in Europe: population estimates, trends and conservation status, BirdLife Cons. Ser.12. BirdLife International, Cambridge.
11. Bairlein, F. et al. (2014): Atlas des Vogelzugs. Ringfunde deutscher Brut- und Gastvögel. Aula-Verlag, Wiebelsheim.
12. Werner, S. et al. (2018): 55 Jahre Wasservogelzählung am Bodensee. Ornithol. Beob. Beih.
13. Bauer, H.-G. et al. (2005): Das Kompendium der Vögel Mitteleuropas. Nonpasseriformes – Nichtsperlingsvögel. 2. Aufl. Aula-Verlag, Wiebelsheim.
14. Arbeitsgemeinschaft Berlin-Brandenburgischer Ornithologen (2001): Die Vogelwelt von Brandenburg und Berlin. Natur & Text, Rangsdorf.
15. Bergmann, H.-H. et al. (2008); Die Stimmen der Vögel Europas. Aula-Verlag, Wiebelsheim.
16. Keller, V. et al. (2020) European Bird Atlas 2. European Bird Census Council & Lynx Editions, Barcelona.

Register der Vogelarten

Register der Stichwörter

Abbildungsnachweis

Zeichnungen:
Die Quellenangaben zu den Zeichnungen finden sich in den jeweiligen Bildunterschriften.

Abbildungen:
Bergmann, H.-H. 111
Derer, F. 85
Fünfstück, H.-J. 24, 39, 66, 77, 94, 118, 137, 145, 158, 177, 182, 192, 212
Grimm, M. 129, 166 f.
Hofmann, A. 103
Krumenacker, T. 126
Martin, R. 220
Moning, C. 60, 150
Preusch, M. 201
Putze, M. 55
Robiller, C. 206
Schäf, M. 33,
Schattling, B. 47
Pfützke, S. 15

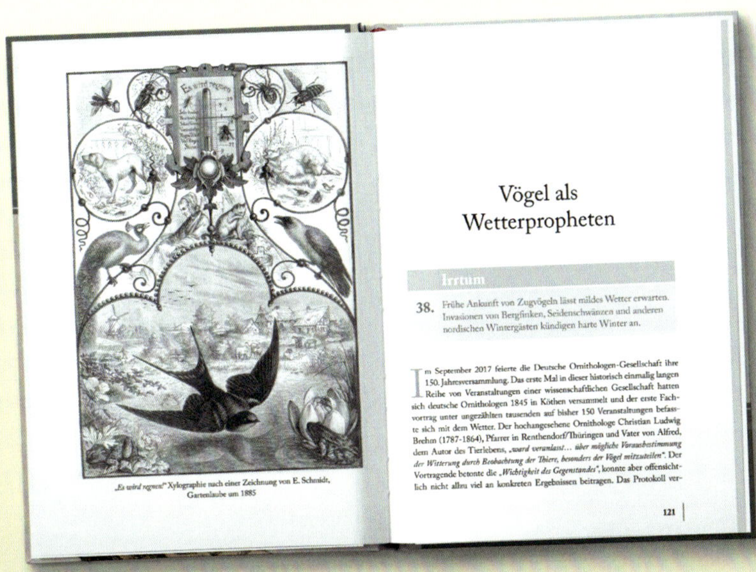

„Es wird regnen!" Xylographie nach einer Zeichnung von E. Schmidt, Gartenlaube um 1885

Vögel als Wetterpropheten

Irrtum

38. Frühe Ankunft von Zugvögeln lässt mildes Wetter erwarten. Invasionen von Bergfinken, Seidenschwänzen und anderen nordischen Wintergästen kündigen harte Winter an.

Im September 2017 feierte die Deutsche Ornithologen-Gesellschaft ihre 150. Jahresversammlung. Das erste Mal in dieser historisch einmalig langen Reihe von Veranstaltungen einer wissenschaftlichen Gesellschaft hatten sich deutsche Ornithologen 1845 in Köthen versammelt und der erste Fachvortrag unter ungezählten tausenden auf bisher 150 Veranstaltungen befasste sich mit dem Wetter. Der hochangesehene Ornithologe Christian Ludwig Brehm (1787-1864), Pfarrer in Renthendorf/Thüringen und Vater von Alfred, dem Autor des Tierlebens, *„ward veranlasst… über mögliche Vorausbestimmung der Witterung durch Beobachtung der Thiere, besonders der Vögel mitzuteilen"*. Der Vortragende betonte die *„Wichtigkeit des Gegenstandes"*, konnte aber offensichtlich nicht allzu viel an konkreten Ergebnissen beitragen. Das Protokoll ver-

121

Was Sie schon immer wissen wollten!

Das Leben und Verhalten unserer heimischen Vogelwelt wirft viele Fragen auf - und die Antworten darauf stecken voller Überraschungen. Gibt es überall Vögel? Welche Vögel leben auf dem offenen Meer? Was ist eigentlich ein Wiesenbrüter? Warum singen Vögel? Gibt es wild lebende Papageien in Deutschland? Einhard Bezzel, einer der renommiertesten und erfahrensten Ornithologen in Deutschland, tritt mit diesem Buch gleichsam in einen Dialog mit den Lesern ein, indem er 222 Fragen rund um unsere gefiederten Nachbarn so formuliert, wie sie sowohl von Anfängern als auch von „alten Hasen" hätten gestellt werden können. Die prägnanten, aber stets erschöpfenden Antworten sind oft verblüffend und halten viele neue Erkenntnisse bereit. Zusätzliche Infokästen enthalten die wichtigsten Fakten zu Verhalten und Lebensweise wie z.B. Vorratsspeicherung, Schwarmverhalten, Nestbau u.v.a.m. und tragen zum besseren Verständnis bei. Ein Buch, das alle an unserer Vogelwelt Interessierten so schnell nicht mehr aus der Hand legen werden!

Einhard Bezzel

Vögel: Was Sie schon immer fragen wollten

222 Antworten für Neugierige

224 S., 71 farb. Abb., 40 s/w-Abb., 12 Tabellen,
geb., 14,8 x 21 cm

ISBN 978-3-89104-833-7

Best.-Nr.: 315-01212 **€ 19,95**

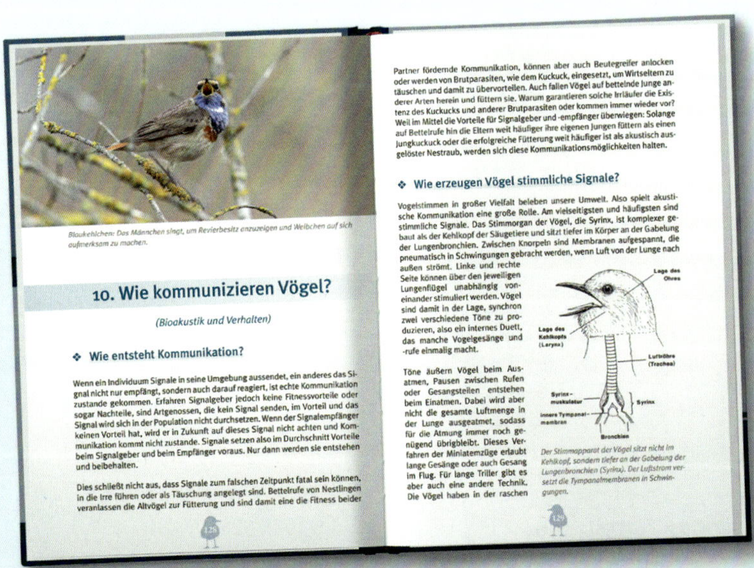

Blaukehlchen: Das Männchen singt, um Revierbesitz anzuzeigen und Weibchen auf sich aufmerksam zu machen.

10. Wie kommunizieren Vögel?

(Bioakustik und Verhalten)

❖ Wie entsteht Kommunikation?

Wenn ein Individuum Signale in seine Umgebung aussendet, ein anderes das Signal nicht nur empfängt, sondern auch darauf reagiert, ist echte Kommunikation zustande gekommen. Erfahren Signalgeber jedoch keine Fitnessvorteile oder sogar Nachteile, sind Artgenossen, die kein Signal senden, im Vorteil und das Signal wird sich in der Population nicht durchsetzen. Wenn der Signalempfänger keinen Vorteil hat, wird er in Zukunft auf dieses Signal nicht achten und Kommunikation kommt nicht zustande. Signale setzen also im Durchschnitt Vorteile beim Signalgeber und beim Empfänger voraus. Nur dann werden sie entstehen und beibehalten.

Dies schließt nicht aus, dass Signale zum falschen Zeitpunkt fatal sein können, in die Irre führen oder als Täuschung angelegt sind. Bettelrufe von Nestlingen veranlassen die Altvögel zur Fütterung und sind damit eine die Fitness beider Partner fördernde Kommunikation, können aber auch Beutegreifer anlocken oder werden von Brutparasiten, wie dem Kuckuck, eingesetzt, um Wirtseltern zu täuschen und damit zu übervorteilen. Auch fallen Vögel auf bettelnde Junge anderer Arten herein und füttern sie. Warum garantieren solche Irrläufer die Existenz des Kuckucks und anderer Brutparasiten oder kommen immer wieder vor? Weil im Mittel die Vorteile für Signalgeber und -empfänger überwiegen: Solange auf Bettelrufe hin die Eltern weit häufiger ihre eigenen Jungen füttern als einen Jungkuckuck oder die erfolgreiche Fütterung weit häufiger ist als akustisch ausgelöster Nestraub, werden sich diese Kommunikationsmöglichkeiten halten.

❖ Wie erzeugen Vögel stimmliche Signale?

Vogelstimmen in großer Vielfalt beleben unsere Umwelt. Also spielt akustische Kommunikation eine große Rolle. Am vielseitigsten und häufigsten sind stimmliche Signale. Das Stimmorgan der Vögel, die Syrinx, ist komplexer gebaut als der Kehlkopf der Säugetiere und sitzt tiefer im Körper an der Gabelung der Lungenbronchien. Zwischen Knorpeln sind Membranen aufgespannt, die pneumatisch in Schwingungen gebracht werden, wenn Luft von der Lunge nach außen strömt. Linke und rechte Seite können über den jeweiligen Lungenflügel unabhängig voneinander stimuliert werden. Vögel sind damit in der Lage, synchron zwei verschiedene Töne zu produzieren, also ein internes Duett, das manche Vogelgesänge und -rufe einmalig macht.

Töne äußern Vögel beim Ausatmen, Pausen zwischen Rufen oder Gesangsteilen entstehen beim Einatmen. Dabei wird aber nicht die gesamte Luftmenge in der Lunge ausgeatmet, sodass für die Atmung immer noch genügend übrigbleibt. Dieses Verfahren der Miniatemzüge erlaubt lange Gesänge oder auch Gesang im Flug. Für lange Triller gibt es aber auch eine andere Technik. Die Vögel haben in der raschen

Der Stimmapparat der Vögel sitzt nicht im Kehlkopf, sondern tiefer an der Gabelung der Lungenbronchien (Syrinx). Der Luftstrom versetzt die Tympanalmembranen in Schwingungen.